中国散裂中子源工程建造关键技术

主编单位　广东省建筑工程机械施工有限公司

　　　　　广东省建筑工程集团有限公司

　　　　　广东省土木建筑学会

主　　编　耿凌鹏　袁　斌　麦国文

副 主 编　黄　健　李宏亮　莫承礼　黄秋筠

中国建筑工业出版社

图书在版编目（CIP）数据

中国散裂中子源工程建造关键技术 / 耿凌鹏，袁斌，麦国文主编 . — 北京：中国建筑工业出版社，2020.10

ISBN 978-7-112-25324-1

Ⅰ.①中… Ⅱ.①耿… ②袁… ③麦… Ⅲ.①散裂反应—中子源—建筑工程—工程技术—中国 Ⅳ.① TU244.5

中国版本图书馆 CIP 数据核字（2020）第 137534 号

中国散裂中子源项目是国家"十一五"期间重点建设的十二大科学装置之首，和美国散裂中子源、日本散裂中子源、英国散裂中子源一起构成世界四大脉冲式散裂中子源。项目建设工期紧、结构复杂、技术难度高，涉及高精度和防辐射等综合技术，由于国外的技术封锁，没有可借鉴的工程建设案例。本书以该项目建设实践为基础，对项目建设中研发的施工关键技术进行系统的总结，主要内容包括工程简介及科研工作概述、防中子辐射重质混凝土的研制、防中子辐射重质混凝土的施工关键技术、防辐射屏蔽结构高精度施工关键技术、设备底座和管线高精度安装关键技术、涉放大体积混凝土地下复杂结构施工关键技术、高标准基底沉降控制技术和创新性成果及效益等，可供建筑工程领域、涉及放射性和高防水要求的工程建设领域的工程技术人员和研究生参考。

责任编辑：周方圆　张　晶
责任校对：张　颖

中国散裂中子源工程建造关键技术

主编单位　广东省建筑工程机械施工有限公司
　　　　　　广东省建筑工程集团有限公司
　　　　　　广东省土木建筑学会
主　编　耿凌鹏　袁　斌　麦国文
副主编　黄　健　李宏亮　莫承礼　黄秋筠

*

中国建筑工业出版社出版、发行（北京海淀三里河路9号）
各地新华书店、建筑书店经销
霸州市顺浩图文科技发展有限公司制版
临西县阅读时光印刷有限公司印刷

*

开本：787×1092毫米　1/16　印张：17½　字数：424千字
2020年9月第一版　2020年9月第一次印刷
定价：168.00 元
ISBN 978-7-112-25324-1
　　（36108）

编写委员会

主 编 单 位：广东省建筑工程机械施工有限公司

　　　　　　广东省建筑工程集团有限公司

　　　　　　广东省土木建筑学会

主　　　编：耿凌鹏　袁　斌　麦国文

副　主　编：黄　健　李宏亮　莫承礼　黄秋筠

主要编写人员：谢明鸣　傅　韬　程　艺　陈健平

　　　　　　　潘伟根　冯亦文　钟　生　黄天明

　　　　　　　单国威　何成勇　付梦求

序　言

PREFACE

　　大科学装置，是国家实现重要科学技术目标的大型设施，其建设和运行水平标志着一个国家核心、原始创新能力的高低。"十一五"期间，国家启动了散裂中子源这座大科学装置的建设，旨在为材料科学技术、生命科学、新能源等领域的研究提供强大的科研平台，助力中国解决关键核心技术"卡脖子"问题。

　　大科学装置的建设，有别于一般的基本建设项目，其影响面广、建设规模大，且技术综合、复杂，具有工程建设与技术研究的双重性。散裂中子源是我国首台脉冲型散裂中子源，要建造这座具有里程碑意义的重大工程，实现"从无到有""从0到1"，创新和突破至关重要，艰辛不言而喻。

　　中子穿透力极强，防辐射难度远高于核射线、X射线等，国内无防中子辐射实例，需要研制一种富含结晶水的防中子辐射重质混凝土并研发相应的施工工艺，其间遇到了超乎想象的技术挑战；射线装置区占地35000m²，有5个足球场大，结构工后不均匀沉降需小于0.2mm，沉降控制要求高；加速隧道和连接靶心的隧道群，位于地下28m，防水要求严苛；废束站由70多块钢板拼装而成，总重达400t，对精度要求极高，误差不能超过±3mm，此前核心技术掌握在国外，亟须研发"中国方案"。

　　在这些难题面前，项目承建单位广东省建筑工程集团有限公司、广东省机施公司全方位支持散裂中子源的建设，加大了科研投入，成立了技术攻关团队，上下团结一心、攻坚克难，一步一个脚印，最终成功解决了 80 多项国内无参考经验的技术难题，高质量完成建设任务。该项目获得了中国建设工程鲁班奖、中国土木工程詹天佑奖，依托该项目研发的创新关键技术获得了华夏建设科学技术奖。

从 2012 年到 2017 年，五年的拼搏奋斗，让松山湖畔的荔枝林变成了国家创新发展的科研高地。建设者们不光打破了国外的技术垄断，建造出了属于中国人自己的散裂中子源，还取得了丰硕的科技成果，填补了许多空白，为国家大科学装置建造技术积累了非常宝贵的财富。本书总结提炼的技术，涉及工程建设的多个重要工序，包含大量的原始施工资料和图片，是一本极具参考价值的书。

广东省土木建筑学会理事长
广东省建筑工程集团有限公司总工程师

前 言

FOREWORD

中国散裂中子源项目是国家"十一五"期间重点建设的十二大科学装置之首,是国际前沿的高科技多学科应用的大型研究平台,和世界正在运行的美国散裂中子源、日本散裂中子源、英国散裂中子源一起构成世界四大脉冲式散裂中子源。项目对优化国家大科学装置的整体布局,带动广东及周边地区人才培养、科技创新、高科技产业的发展,具有重要而深远的意义。项目位于东莞市大朗镇水平村,建设工期紧、结构复杂、技术难度高,涉及高精度和防辐射等综合技术,由于国外的技术封锁,没有可借鉴的工程建设案例。项目完成单位以中国散裂中子源项目建设为依托开展系列研究,针对该项目建设中的若干关键问题进行攻关,研发了系列的创新技术。

本书对项目建设中研发的施工关键技术进行系统的总结,主要内容包括工程简介及科研工作概述、防中子辐射重质混凝土的研制、防中子辐射重质混凝土的施工关键技术、防辐射屏蔽结构高精度施工关键技术、设备及管线高精度安装关键技术、涉放大体积混凝土地下复杂结构施工关键技术、高标准基底沉降控制技术和创新性成果及效益等。

研发的创新关键技术取得了丰硕成果,获授权发明专利14件、省级工法14项、广东省土木建筑学会科学技术奖一等奖6项、广东省建筑业协会科学技术奖一等奖4项,发表论文9篇,获2018-2019年度中国建设工程鲁班奖(国家优质工程)、第十七届中国土木工程詹天佑奖、2018-2019年度国家优质投资项目。中央电视台、广东电视台等多家权威媒体多次进行报道，国内外科技界对装置建设给予高度评价。

以上创新关键技术成功应用于中国散裂中子源项目，经中国科学院高能物理所辐射防护组验算，满足防辐射及精度要求；2017 年 8 月，中国散裂中子源首次打靶即捕获中子；2020 年初，本装置打靶功率提前达到设计指标 100kW 并在该功率下稳定运行。项目主要技术指标达国际领先水平，填补了国内脉冲中子应用领域建造技术的空白，打破了国外的技术垄断，使我国在防中子辐射大科学装置建造领域实现了重大跨越，对我国后续的散裂中子源和类似具有复杂结构防水、防辐射、高精度要求的工程建设项目具有极高的借鉴意义。

中国散裂中子源项目由广东省建筑工程集团有限公司全面负责施工总承包及总承包管理配合服务，广东省建筑工程机械施工有限公司参与工程建设过程管理和实施。各项创新关键技术的成功研发和应用，参与建设的广大建设者付出了辛勤的努力，同时还得到华南理工大学、广东省土木建筑学会、广东省建筑业协会等相关单位的专家、学者的大力帮助，在此对所有做出努力的人员表示衷心的感谢。

中国散裂中子源项目是我国首个涉及高精度和防辐射等综合技术的工程项目，本书所总结的一些技术还可能存在瑕疵或可进一步完善提高之处，创新实践、总结、再创新实践是我们探索和创新大型复杂工程项目建造技术的基本科学态度。本书不妥之处敬请指正。

目 录

CONTENTS

第一章

工程简介及科研工作概述

第一节 概述

中国散裂中子源项目是国家"十一五"期间重点建设的十二大科学装置之首，被列入国家"十二五"规划的"科技创新能力建设重点"，是国际前沿的高科技多学科应用的大型研究平台。中国散裂中子源作为面向多学科的大型公用研究平台，将在物理学、化学、生命科学、材料科学、新能源开发等领域产生重大影响。项目是我国最大的大科学装置之一，和世界正在运行的美国散裂中子源、日本散裂中子源、英国散裂中子源一起构成世界四大脉冲式散裂中子源。项目对优化国家大科学装置的整体布局，带动广东及周边地区人才培养、科技创新、高科技产业的发展，具有重要而深远的意义。

中国散裂中子源项目位于东莞市大朗镇水平村，项目的工期紧张，结构复杂，技术难度高，涉及高精度和防辐射等综合技术，是我国首个散裂中子源项目，没有可借鉴的工程建设案例。

项目完成单位以中国散裂中子源项目建设为依托开展系列研究，针对该项目建设中的若干关键问题进行攻关，研发了系列的创新技术，以期为今后的类似工程提供参考和借鉴。

第二节 工程简介

一、工程概况

中国散裂中子源项目的主要工程内容为散裂中子源配套设施和土建工程，包括主装置区、辅助设备区、实验配套区等为一体的科学实验室（图 1-1），其中主装置区是散裂中子源的工作区。工程总造价 7.45 亿元。2012 年 4 月 26 日开工，2017 年 9 月 21 日竣工。

散裂中子源原理是利用质子加速器产生高能质子，轰击重金属靶，将重金属的原子核打碎发生散裂，产生高通量、短脉冲中子，当中子束流入射到样品被散发出来，由靶站周围的谱仪接收，科研人员可以通过中子能量和动量的变化，从而获得样品物质结构的信息。整个工艺流程设备设置在深埋地下的隧道内，由长 245m 直线加速器隧道及直线到环传输线隧道，长 230m 的环形加速器隧道、长 123m 的环到靶站传输线隧道以及靶站组成（图 1-2、图 1-3）。

项目辐射大，若结构出现渗漏现象，将对现场及周边工作人员和水源产生严重影响；工艺设备设置的安装精度要求远远高于常规的工业与民用建筑工程。由于没有可借鉴的工程建设案例，如何保证结构的高精度和防辐射功能是本项目的重点和难点。

图 1-1 中国散裂中子源工程全景

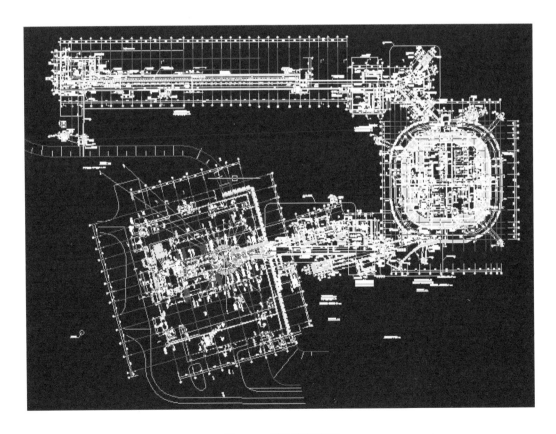

图 1-2 地下隧道平面

二、项目重点和难点

项目的重点和难点主要体现在以下几方面：

1. 防中子辐射重质混凝土的研制

中国散裂中子源是我国首台脉冲型散裂中子源，装置运行时质子打靶会产生中子辐射。中子穿透力极强，防辐射难度远高于原子核 γ 射线和 X 射线等，国内此前尚无类似工程实例。项目采用重质混凝土作为防中子辐射的屏蔽结构，其参数要求为：重质混凝土密度需达 3600kg/m³ 以上，混凝土内防中子辐射效果较好的保留结晶水需达 110kg/m³ 以上。防中子辐射重质混凝土工艺特殊且复杂，需满足防辐射、抗渗漏、低收缩、高密度、高均匀性等特殊要求，如何配制防中子辐射重质混凝土，是本项目研究的重点之一。

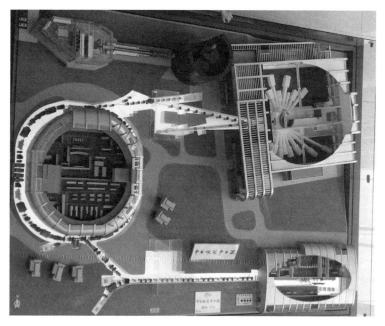

图 1-3　地下隧道模型

2. 防中子辐射重质混凝土的施工关键技术

中国散裂中子源的核心部位——靶站靶心和热室及延迟罐，是整个工程辐射最大的部位，也是防辐射的重点部位。考虑防中子辐射的特殊屏蔽要求，在靶站密封筒外设高 9.8m、直径 9.6m、壁厚 1.2～4m 的重质混凝土屏蔽体，另在靶站热室及延迟罐设壁厚 1～1.2m 的重质混凝土屏蔽体，混凝土强度等级为 C30。盖板均采用 1～1.1m 厚预制 C30 防中子辐射重质混凝土，如何实现大体积防中子辐射重质混凝土的高质量施工是本项目研究的重点之一。

3.防辐射屏蔽结构高精度施工关键技术

中国散裂中子源项目隧道屏蔽铁结构位于质子束流末端，与靶芯相连，为本工程防辐射的重点部位，施工精度要求高。屏蔽铁结构由左侧屏蔽层、右侧屏蔽层和屏蔽顶层组合而成，左侧屏蔽层和右侧屏蔽层分别位于质子束流的左右两侧，屏蔽顶层位于左侧屏蔽层和右侧屏蔽层的顶部。最重、最长屏蔽块尺寸为9598mm×9295mm，重量21.2t，重量大于20t的有5块，重量大于15t小于20t的有30块。为保证隧道内各种设备有足够的安装空间及满足高精度的定位要求，屏蔽铁隧道中心轴线偏差不大于5mm，净宽误差允许值为0～20mm，屏蔽铁结构的内表面大面不平度需小于10mm；相邻两立块顶部端面高度公差需小于3mm，全部立块顶部端面高度公差±5mm。如何能使如此大型的防辐射屏蔽铁结构达到高精度的安装定位要求，是重点研究的内容之一。

废束站的功能为收集不再加速的质子束流，进行辐射屏蔽处理，防止其对外产生辐射。收集废弃束流过程中，废束站屏蔽铁块的温度将会升高，为防止屏蔽铁块由于温度升高产生膨胀对外围混凝土造成破坏，以及温度传导至外围混凝土可能造成裂缝，必须在屏蔽铁块与外围混凝土之间留置一定空间。同时要严格控制空间大小，避免存留大量不利于装置运行的热气体。如何有效地保证屏蔽铁块与四周墙体（顶板）狭窄均匀的热效空间、防止外混凝土的开裂、减小钢板焊接变形和确保地下水的隔离，是重点研究的内容。

根据工艺要求，在直线隧道末端内设置可起吊型屏蔽铁盒的废束站，该废束站必须具备屏蔽性能、屏蔽铁盒可吊离及高精度定位的要求。需要根据内置可吊离型屏蔽铁盒和外包混凝土结构组成的废束站特点，围绕工艺上要求的屏蔽性能、内置屏蔽铁盒可吊离、高精度定位需要展开一系列技术的研发。

靶站密封筒外侧为重质混凝土墙，内侧为靶站内部屏蔽体组件。筒体需要在装置现场拼焊各分块，且需要避免靶站重质混凝土屏蔽体浇筑时可能会对靶站屏蔽体密封钢筒、中子通道穿墙管等的几何形状和空间定位产生的不利影响。高精度、高效率地完成密封筒的拼装、开孔及支撑是一项技术难题。

热室壳体是散裂中子源靶站的重要组成部分，高光洁度的壳体，可以保证辐射污染物的完全收集、完整的密封性，可以保证辐射污染物的不向外界扩散。热室壳体内部尺寸18000mm×4650mm×4000mm（长×宽×高），整体总重量约35t，近百种类型的工艺管线必须精确定位，保证壳体各面墙体组装后垂直度公差小于2mm/m是本工程要解决的技术难点。

4.防辐射结构基板和设备底座高精度安装

中子源工程靶站靶心是整个工程辐射量最大的部位，是防辐射的重点部位。靶心结构由7m厚混凝土靶心基础、靶站密封筒、侧壁及顶部盖板组成，其中基础底板是靶站设备安装和定位的基础，为 12.2t 重的 Q245R 实心圆板。为避免辐射泄漏，达到最佳的防水效果，在混凝土靶心基础设置防水钢筒，采用槽钢为骨架，密辅 5mm 厚钢板做成。靶心墙身结构外侧为 1.2m 厚重质混凝土，内置直径为 9.6m 密封筒。密封筒由钢板在施工现场分块焊接而成，总高 9800mm，其底座锚杆共 72 个。筒体是靶站密封筒的主体部分，其外侧为重质混凝土墙，内侧为靶站内部屏蔽体组件。筒体上设置有质子输运线通道开口、氦容器排污管开口等 20 多个开口。在安装好靶站密封筒及地面以下的钢屏蔽体等部件后，在筒体外侧浇筑 1m 厚及 1.2m 厚重质混凝土屏蔽墙，并在靶站各设备安装完成后，在其顶部盖上 1m 厚重质混凝土材质的盖板并用薄膜密封以达到密封效果。靶心基础底板高精度施工和密封筒的高精度安装是重点研究的内容之一。

（环形加速隧道）RCS 内埋设大量质子加速器基座的基础预埋基板为钢板，由锚板和锚筋组成，施工中保证预埋基板的平面位置和高程的精确度尤为关键，直接关系到束流装置的安装质量，影响后期的各种结构、各种设备的安装工作。如何保证数量多、形式多样、重量较大预埋件的预埋精度是重点研究的内容。

散裂中子源项目设备复杂，供电、监控接口多，功率大，考虑安装难度及后期的维修，要求安装高度在 3～5m。项目对辐射剂量限制要求严格，各涉放区域具有放射性的空气通过涉放风管集中排至排风中心进行复杂处理，因此，对涉放风管有 50 年寿命内不发生泄漏的高质量要求。如何保证大量线型复杂的综合管线及涉放风管的高精度安装是重点研究内容。

5. 涉放大体积混凝土地下复杂结构施工关键技术

本工程加速器隧道长度较长，必须设置多道诱导缝以控制隧道钢筋混凝土结构的裂缝能诱导性开展，避免无规则开裂甚至产生通缝造成辐射外泄。诱导缝断面平行于隧道截面，沿隧道底板、侧壁及顶板同一位置断开。诱导缝的设置及后浇带的应用，虽然可解决长隧道结构的伸缩变形，但是在诱导缝处亦形成了容易渗漏及辐射外泄的薄弱位置，若处理不好，将造成渗漏及辐射超标。需研发一种新型防水可变形抗辐射诱导缝结构，并形成相应的综合施工技术，以达到控制开裂进而保证隧道钢筋混凝土结构的防水及抗辐射效果。

项目的地下结构是辐射最大的位置，若该位置出现渗漏现象，很可能对周边水源造成污染。因此，为避免辐射通过水源外泄，隧道的防水要求非常高。尽管采用新型防水抗辐射诱导缝结构以及抗辐射混凝土施工的防水措施基本可以防止混凝土的开裂，但仍需采用有效的保障措施，确保隧道不出现渗漏现象。项目选用水泥基渗透结晶型防水材料 XYPEX 作为地下隧道的防水保障，需研究水泥基渗透结晶型防水材料 XYPEX 在超深地下抗辐射复杂混凝土结构的施工工艺。

RCS 隧道管沟层位于地下 18.2m，层高 3.45m，占地面积约 6000m²，筏板厚度为 0.9m

和 1.2m，剪力墙结构墙厚为 300～1800mm，剪力墙侧壁密集、连续分隔成不同大小单元间，侧壁曲折，弧形墙体众多，封闭的单元间采取砂及 C15 混凝土回填。大体积钢筋混凝土结构施工以及防水、防裂和不均匀沉降控制要求十分高，地面年沉降量小于 1mm，不均匀沉降小于 0.3mm，施工难度大。解决超深地下抗辐射复杂混凝土结构的施工难题是重点研究内容。

6. 高标准基底沉降控制技术

中国散裂中子源项目共设置了 27 个准直永久点，按分布部位的不同，可分为园区永久点、装置永久点、园区矮点、园区高点。园区点在主体结构施工中用于精确定位放线，装置永久点用于设备的高精度安装和定期复测。准直永久点施工的重点难点主要体现在准直桩防干涉隔离、深井结构防水以及准直点预埋件的高精度预埋。

中国散裂中子源项目主装置区直线设备楼、LRBT 设备楼、RCS 设备楼、RTBT 设备楼、靶站设备楼及相应隧道工程基坑占地面积约为 20843m^2，基坑周边长度约 1503m。基坑底面标高为 -22.05～-10.1m，平面、立面不规则且地质变化复杂，采用钻孔灌注桩、搅拌桩、喷锚、土钉、放坡相结合的支护方式。由于基坑界面多，基底沉降控制要求非常高，须采取相应技术措施，确保基坑开挖安全和减少对基底岩层的扰动。

第三节　科研工作简介

一、主要研发工作

针对本项目的重点和难点，由广东省建筑集团有限公司、广东省建筑工程机械施工有限公司和华南理工大学等主要单位组成了由公司总部技术人员、现场技术人员以及高校专家组成的研发团队，共同进行技术攻关，主要研发如下的施工关键技术：

1. 防中子辐射重质混凝土的研制

包括：原材料的优选，胶凝材料优化，重晶石防辐射混凝土配合比的试验，防中子辐射重质混凝土配合比的试验等。

2. 防中子辐射重质混凝土的施工关键技术

包括：防中子辐射重质混凝土的现场施工技术和重质混凝土异型预制盖板高精度施工技术等。

3. 防辐射屏蔽结构高精度施工关键技术

包括：大型防辐射隧道屏蔽铁结构安装技术，废束站施工关键技术和屏蔽薄钢壳高精度施工技术等。

4. 设备及管线高精度安装关键技术

包括：靶站大型基板及密封筒高精度安装技术、质子束流加速器预埋基板高精度施工技术和管线高精度安装关键技术等。

5.涉放大体积混凝土地下复杂结构施工关键技术

包括：涉放大体积混凝土地下复杂结构防裂、防水关键技术和环形加速隧道（RCS）圆形迷宫结构施工技术等。

6.高标准基底沉降控制技术

包括：沉降测量精度保障技术和高标准基底沉降控制技术等。

二、主要研究方法

通过资料收集、调研，为制定项目实施的技术方案提供参考。根据项目的各分项内容的特点，组织由工程技术人员和高校教师组成的研发组，通过制定具体的技术措施和实际方案。联合现场技术人员、材料和加工合作单位进行技术攻关，利用计算机模拟技术模拟施工全过程，进行现场施工试验，根据现场施工试验结果优化实施方案。实施过程中通过制定和执行完善的实施细则，并进行全过程监控，发现问题及时纠偏并完善具体的技术措施。

采用的技术路线如图 1-4 所示。

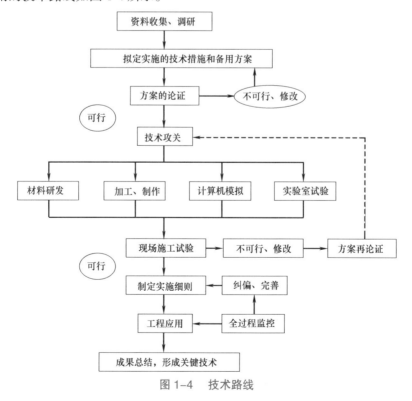

图 1-4　技术路线

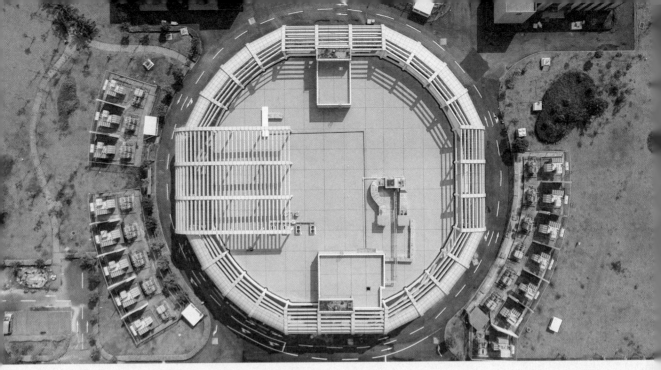

第二章

防中子辐射重质混凝土的研制

第一节 概述

由于考虑靶站靶心及热室防辐射技术要求，靶站密封筒体、热室侧墙、延迟罐的侧墙和底板均采用 C30 现浇防中子辐射重质混凝土，盖板采用预制 C30 防中子辐射重质混凝土。

重质混凝土工艺特殊且复杂，需满足防辐射、抗渗漏、低收缩、高密度、高均匀性等特殊要求。按设计及工艺要求，重质混凝土密度需达 3600kg/m³ 以上，并需具有良好的防中子辐射能力。本研究结合工程可用的原材料情况，首先开展了重晶石重质混凝土的研究，采用重晶石为骨料，并添加硼玻璃粉的技术路线制备重晶石防辐射混凝土。然后根据中科院提出的重质混凝土中氢含量不低于 12kg（折合水含量为 108kg）的要求，进一步开展了掺加含结晶水骨料防中子辐射重质混凝土的研究。在实验室混凝土配合比研究的基础上，广东省建筑工程集团有限公司和广东省建筑工程机械施工有限公司开展了第一次的施工模拟实验研究，华南理工大学开展了重质混凝土性能及结晶水研究。根据模拟施工情况，进一步优选原材料，并对防中子辐射重质混凝土优化研究，研发了适用本工程特殊要求的重质混凝土。

第二节 国内外研究概况

随着核技术的发展，中子及中子源技术已广泛应用于科学研究、农业育种、医疗诊断以及军用中子武器中，在为人类社会创造价值的同时，也给人类带来了危害。中子通过物质时具有很强的穿透性，主要通过电离和激发形式来伤害人体，较 γ 射线、χ 射线危害更大，情况也更复杂。辐射防护主要包括时间、距离和屏蔽三种方法，由于中子源大多数固定不动，辐射防护最理想的方法是屏蔽。

核辐射中主要有 α 射线、β 射线、γ 射线、χ 射线及中子流。其中，α 射线、β 射线穿透力弱，容易被吸收，一般厚度的防护材料就能挡住。因此，防核辐射材料主要屏蔽的是 γ 射线、χ 射线和中子流。γ 射线是一种高频、高能量电磁波，当它通过高密度材料时，由于康普顿散射效应将损失大部分能量。中子流不带电，具有很强的穿透力，与物质作用时发生快中子的散射与减速、慢中子的吸收。硼、镉、锂、氢元素对中子的吸收截面大于其他的元素，吸收中子射线效果明显，此类元素及其化合物也因此被称为"中子吸收剂"。当材料具备一定的密度和厚度并含有"中子吸收剂"时，就能有效屏蔽核辐射。

中子主要由核反应产生，不带电荷，不受物质库伦场影响，穿透力强。根据中子能量的高低，可以把中子分为慢中子（0eV ~ 1keV）、中能中子（1 ~ 100keV）、快中子（100keV～10MeV）和高能中子（能量高于 10MeV 的中子）四大类。中子与混凝土作用主要包括三种形式：①高能中子及一部分快中子（>1MeV）与混凝土中含有的重元素原子核发生非弹性散射；②中能中子及一部分快中子（<1MeV）与混凝土中含有的轻元素原子核发生弹性散射；③快中子和中能中子减速后成为慢（热）中子被一些原子核俘获吸收。在上述三种形式中，除了弹性散射之外，其余两种形式均会产生次级辐射。所以，中子辐射屏蔽实际上是将高能中子、快中子、中能中子减速和将慢（热）中子吸收。

水泥基中子屏蔽材料研究主要针对复合材料中所含的各种组分及元素进行规划、设计，使水泥混凝土中含有与高能中子及一部分快中子发生非弹性散射截面大的重元素、较多的起慢化作用的轻元素及具有大中子吸收截面的含硼元素等，并通过中子与这些元素的复合作用来达到屏蔽的目的。水泥基快中子减速材料主要是在水泥混凝土中掺杂富氢材料和重元素材料。富氢材料包括有机、无机富氢材料：有机富氢材料如聚乙烯、聚丙烯、石蜡等；无机富氢材料如一些富含结晶水的蛇纹石、钛铁矿等。重元素材料包括重晶石及一些富含铁的矿石等。

Nunomiya 等采用裂变中子源（出射中子能量约为 20MeV），对中子在水灰比较大的普通混凝土和密度为 7.8g/cm^3 的钢板中的衰减长度进行了比较，中子在 600mm 厚的混凝土的能量衰减中，能量小于 10MeV 衰减均匀，主要原因是中子混凝土中轻元素（主要是 H 元素）的弹性碰撞，在 300mm 的钢板的衰减中，1MeV 的中子含量较多，主要是由于中子在此能量下，铁的非弹性散射截面很小，说明混凝土中的水和铁对快中子都有减速作用，但水对中子是均匀减速，铁只能对一定能量范围的快中子有减速作用。伍崇明等对含结晶水较多的蛇纹石混凝土、钛铁矿混凝土进行了研究，结果表明蛇纹石混凝土和钛铁矿混凝土都可以用来屏蔽快中子。日本 Ueka 等采用 252Cf 中子源，对蛇纹石混凝土层外附加一层聚乙烯、普通混凝土层外附加一层聚乙烯的中子屏蔽效果进行了测试，结果表明前者的屏蔽效果要明显好于后者，主要是由于蛇纹石混凝土中含有大量结晶水（富含氢元素），而且蛇纹石混凝土的力学性能几乎与普通混凝土相同，说明蛇纹石可以作为快中子的屏蔽材料。El-Khayatt 采用 Monte Karlo 方法，计算了白云石混凝土（2.5g/cm^3）、重晶石混凝土（3.49g/cm^3）、磁褐铁矿混凝土（3.6g/cm^3）、钛铁矿混凝土（3.69g/cm^3）对 2～12MeV 中子的有效反应截面，结果表明钛铁矿混凝土对快中子的有效反应截面最大，主要是因为钛铁矿密度较大，同时含有大量的氢元素（以结晶水形式存在）、铁元素，可以有效减速中子。Makarious 等采用 ET-RR-1 加速器中子源（出射中子约为 3.5MeV）对不同密度的钛铁矿混凝土、普通混凝土、钛铁矿褐铁矿混凝土、钛铁矿加钢渣混凝土的中子屏蔽性能进行了研究，发现密度为 3.5g/cm^3 的钛铁矿混凝土对中子的屏蔽效果有效，但是在混凝土内部 300mm 厚处（此时中子能量略大于 0.4eV）产生二次 γ 射线较多，在钛铁矿混凝土中加入钢渣后（密度为 4.6g/cm³）对二次 γ 射线吸收较好。Bashter 等采用出射能量为 1.5～10MeV 的中子，测试计算了赤铁矿—蛇纹石混凝土（密度为 2.5g/cm³）、钛铁矿褐铁矿混凝土（密度为 2.9g/cm³）有效中子反应截面，其分别为 0.116cm⁻¹ 和 0.143cm⁻¹，表明钛铁矿褐铁矿混凝土对快中子的屏蔽效果好。Kharita 等对白云石混凝土、蛇纹石混凝土、赤铁矿混凝土的中子半衰减厚度进行了研究，发现赤铁矿混凝土的半衰减厚度比其他两种混凝土高出 10%。Kharita 等还对加入碳粉的赤铁矿混凝土及普通混凝土的性能进行了研究，发现在赤铁矿混凝土中加入 6% 的碳粉能够明显地改善混凝土的工作性能，同时其对中子的屏蔽性能没有改变。

刘群贤还对用于中子屏蔽的赤铁矿混凝土的工程施工技术进行了研究，其含结晶水较多，同时掺了 UEA 膨胀剂用于控制大体积混凝土所产生的裂缝，可以用于快中子屏蔽。刘霞等认为褐铁矿混凝土较赤铁矿混凝土的防中子能力强，因为褐铁矿含有的结晶水多于赤铁矿。曾志献对厚度为 1.8～3.4m 的普通碎石＋重钢渣混凝土的力学性能、施工技术等进行了应用研究，屏蔽工程经 1 年使用后，未发现中子穿透量超标现象，主要是由于其厚度大，同时在混凝土中掺杂了重矿渣，有利于快中子减速。徐鹏雄结合汕头肿瘤医院医疗住院楼二期工程，着重介绍了配制重晶石混凝土的原材料，配合比设计及重晶石混凝土的质量控制和施工工艺。刘霞等技术人员以重晶石为骨料，介绍了不同地区和不同性质重晶石对重质混凝土性能影响试验，成功配制了密度范围在 3000～4000kg/m³，强度范围在 30～40MPa 重晶石混凝土。吴文贵等介绍了重晶石混凝土结构施工准备阶段寻找重骨料料源及配合比优化情况，分析了重晶石混凝土的搅拌、运输以及施工特点；提出了施工中存在的问题及解决对策。

水泥基慢中子吸收材料主要是在水泥混凝土中掺杂富含硼元素材料。富含硼元素材料包括硼的各种无机化合物，如碳化硼、硼砂、硼酸及一些含硼元素较多的矿石等。

Atsuhiko 等采用出射能量分别为 2.45MeV 和 14MeV 的中子，研究了含硼混凝土的屏蔽性能，发现含硼量为 2%（质量比含量）的混凝土比含硼量为 1% 的混凝土的热中子屏蔽效果好，但对快中子则无差别，主要是由于硼对慢中子的吸收截面大，是较好的慢中子吸收材料。王萍等对 0.15m 厚的掺硼重晶石—钢渣混凝土试板进行了研究，发现其对 241 Am-Be 中子源产生的中子流的屏蔽效果明显优于普通混凝土，剂量当量值较普通混凝土减少 20%。Turgay 等测试了掺有硬硼酸钙石的重晶石混凝土的中子屏蔽效果（采用 241 Am-Be 中子源），结果显示掺有硬硼酸钙石的混凝土中子透射率大大低于未掺的混凝土，主要是由于硬硼酸钙中富含有大量的硼元素，硼元素对热中子有较好的吸收作用。

第三节 实验依据及方法

针对本工程重质混凝土密度高、体积大的特点，结合工程可用的原材料情况，首先开展了重晶石重质混凝土的研究，采用重晶石为骨料，并添加硼玻璃粉的方法制备重晶石防辐射混凝土。然后根据中科院提出的重质混凝土中氢含量不低于12kg（折合水含量为108kg）的要求，进一步开展了掺加含结晶水骨料防中子辐射混凝土的研究。

在实验室混凝土配合比研究的基础上，广东省建筑工程集团有限公司和广东省建筑工程机械施工有限公司开展了第一次施工模拟实验研究，华南理工大学开展了重质混凝土性能及结晶水研究。根据模拟施工情况，进一步优选原材料，华南理工大学开展了防中子辐射混凝土优化研究，再次提供给广东省建筑工程集团有限公司和广东省建筑工程机械施工有限公司开展了第二次施工模拟实验研究，试验完成后展开了防中子辐射重质混凝土的正式施工。

一、实验依据

实验依据的标准如下：

《通用硅酸盐水泥》GB 175—2007

《水泥化学分析方法》GB/T 176—2008

《混凝土外加剂》GB 8076—2008

《水泥胶砂强度检验方法（ISO 法）》GB/T 17671—1999

《用于水泥和混凝土中的粒化高炉矿渣粉》GB/T 18046—2008

《普通混凝土拌合物性能试验方法标准》GB/T 50080—2002

《普通混凝土力学性能试验方法标准》GB/T 50081—2002

《普通混凝土长期性能和耐久性能试验方法标准》GB/T 50082—2009

《混凝土强度检验评定标准》GB/T 50107—2010

《混凝土外加剂应用技术规范》GB 50119—2013

《大体积混凝土施工规范》GB 50496—2009

《重晶石防辐射混凝土应用技术规范》GB/T 50557—2010

《矿物掺合料应用技术规范》GB/T 51003—2014

《普通混凝土用砂、石质量及检验方法标准》JGJ 52—2006

《水运工程大体积混凝土温度裂缝控制技术规程》JTS 202—1—2010

《水工混凝土试验规程》SL 352—2006

《混凝土结构耐久性设计与施工指南》CCES 01—2004

《混凝土碱含量限值标准》CECS 53—1993

二、实验方法

1. 骨料试验方法

实验所用的骨料按照《普通混凝土用砂、石质量及检验方法标准》JGJ 52（以下简称"标准"）进行检验。其中重晶石砂、河砂、铁砂等细骨料的筛分按照标准第 6.1 节进行实验；细骨料的表观密度按照标准第 6.2 节标准法的要求进行试验；细骨料的含水率按照标准第 6.6 节标准法的要求进行试验。重晶石、蛇纹石等粗骨料的筛分析按照标准第 7.1 节的要求进行试验；表观密度按照标准第 7.3 节简易法的要求进行试验。

2. 砂浆试验方法

按照《水泥胶砂强度检验方法（ISO 法）》GB/T 17671 规定的方法制备胶砂。采用 JJ-5 型水泥胶砂搅拌机搅拌成型，采用 ZS-15 型水泥胶砂振实台进行振实，采用水泥胶砂试模（图 2-1）于水泥胶砂的成型。能同时成型三条 40mm × 40mm × 160mm 棱柱体试件，可拆卸。

(b) 水泥胶砂振实台

(a) 水泥胶砂搅拌机

(c) 水泥胶砂试模

图 2-1　水泥胶砂试验仪器及试模

按照《水泥胶砂流动度测定方法》GB/T 2419 规定的跳桌法测定胶砂的流动度，衡量其流动性。实验采用 NLD-3 型水泥胶砂流动度测定仪，见图 2-2，落距 10mm，振动次数 25 次。

按照《水泥胶砂强度检验方法（ISO 法）》GB/T 17671 规定的方法测定胶砂的抗压抗折强度，使用 YAW-300CE 全自动压力试验机（图 2-3），抗折强度加载速率为

50N/s。抗压强度加载速率为2400N/s。

图2-2　水泥胶砂流动度测定仪　　　　　图2-3　水泥胶砂压力试验机

3. 混凝土试验方法

混凝土采用60L混凝土搅拌机搅拌，每次搅拌不超过40L，搅拌完成后，将重质混凝土料倒出搅拌机，人工拌合后，测定混凝土性能。

重质混凝土的抗压强度、劈裂抗拉强度、轴心抗压强度、弹性模量试验按照《普通混凝土力学性能试验方法标准》GB/T 50081进行。成型150mm试件，测定1d、3d、7d、28d的抗压强度和劈裂抗拉强度。抗压强度加压速度为11kN/s，劈裂抗拉强度加压速度为1.8kN/s。

抗压强度实验采用300t压力试验机，YAW-3000微机控制电液伺服压力试验机见图2-4。

混凝土劈裂抗拉强度、弹性模量采用60t万能试验机，WA-E系列屏显式电液伺服万能试验机见图2-5。

图2-4　YAW-3000压力试验机图　　　　图2-5　WA-E600电液伺服万能试验机

混凝土轴心抗压强度采用 300t 压力试验机，TYE-3000KE 型微机控制全自动压力试验机见图 2-6。

混凝土轴心抗拉强度实验所用 5t 万能试验机，WD-50E 型精密型微控电子式万能试验机见图 2-7。

图 2-6　TYE-3000KE 压力试验机　　　　图 2-7　WD-50E 万能试验机

重质混凝土的干燥收缩、混凝土早期开裂试验按照《普通混凝土长期性能和耐久性能试验方法标准》GB/T 50082 进行。

重质混凝土绝热温升、导热、比热、导温性能试验和轴心抗拉强度试验按照《水工混凝土试验规程》SL 352 进行试验。试验所用混凝土热物理性能测定仪为 HR-2A 型混凝土热物理参数测定仪，见图 2-8。

4. 微观分析试验方法

（1）扫描电镜形貌分析：扫描电镜常用于观测试样的微观形貌，可用于分孔隙结构等微观特性，以及砂浆和混凝土的水化产物、界面的结合状态及其密实性等。砂浆取抗压强度后立方体内部粒径小于 5mm 的碎块，写上编号，并放入真空干燥箱内抽真空。真空干燥两天以上，观测之前取出试样，将试样粘结在观测盘上，采用CRESSINGTON 产 108 Sputter Coater 镀膜仪（图 2-9）对样品进行镀金处理，然后用蔡司（ZEISS）产 EVO® 18 Special Edition 扫描电子显微镜（图 2-10）进行实验观测。

（2）热分析：在混凝土、砂浆等体系中，随龄期的增长，其水化反应持续进行，也使得体系的物相组成发生变化，其结晶水含量也会发生变化，从而影响其防中子辐射性能。本试验以热分析技术来分析样品的结晶水含量。本试验以热重（TG）及差热扫描分析(DSC)相结合的方法，采用 NETZSCH 公司产 STA499-F3 型热分析仪（图 2-11）进行测试。在抗压强度试验后敲碎，取内部颗粒，加入粉磨机粉磨，取样待用。

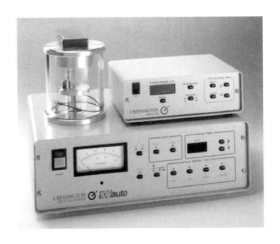

图 2-8　混凝土热物理参数测定仪　　　　图 2-9　镀膜仪图

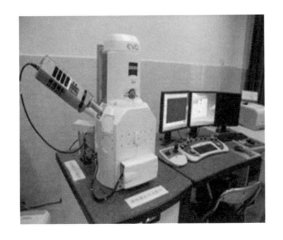

图 2-10　扫描电子显微镜　　　　图 2-11　STA499-F3 型热分析

第四节　重晶石防辐射混凝土实验研究

采用重晶石为骨料，掺加硼玻璃粉提高混凝土抗中子性能，研究重晶石防辐射混凝土的优选配比，重点考虑重晶石防辐射混凝土的密度、强度。由于重晶石骨料易碎，其破碎工艺与普通碎石不同，通过多批重晶石骨料的密度、级配等的分析，提出了重晶石骨料的技术要求。由于重晶石的热膨胀系数较高，胶凝材料组成设计时采用大掺量矿物掺合料方案，以减少混凝土的温升，提高混凝土抗裂能力。

一、原材料

1. 水泥
采用广州市珠江水泥有限公司生产的"粤秀牌"P·Ⅱ 42.5R 水泥。混合材料品种为石灰石和矿渣，掺量为 10% ～ 15%。石膏种类为天然二水石膏。

2. 矿渣

采用广东韶钢嘉羊新型材料有限公司产 S95 级"联峰"牌粒化高炉矿渣粉，其流动度比为 106%，活性指数为 97%。

3. 粉煤灰

采用东莞市日顺建材有限公司产的 II 级粉煤灰，需水量比为 102%。

4. 重晶石粉

采用 400 目重晶石粉，白色粉末，2012 年 9 月 22 日送样。

5. 硼玻璃粉

采用郑州龙祥陶瓷有限公司产的硼玻璃粉，白色粉末。粒度全部通过 180 号筛，通过 230 号筛者不少于 98%。化学成分控制值和实测值见表 2-1。

硼玻璃粉化学成分 　　　　　　　　　　　　　　　　　表 2-1

化学成分	二氧化硅	三氧化二铝	三氧化二硼	三氧化二铁	氧化钙
控制值（%）	35 ～ 38	9 ～ 11	29.5 ～ 31.5	< 0.35	< 0.9
实测值（%）	37.02	9.98	29.5	0.33	0.89
化学成分	氧化钾	氧化钠	氧化镁	二氧化钛	烧失量
控制值（%）	> 5.2	< 17	< 0.4	< 0.2	< 0.9
实测值（%）	6.74	14.05	0.38	0.12	0.89

6. 重晶石砂

（1）重晶石砂 A：2012 年 9 月 11 日送样，表观密度 4210kg/m³，细度模数为 2.9，筛分结果见表 2-2。送来时照片见图 2-12，烘干筛分后照片见图 2-13。

图 2-12　重晶石砂 A 照片

图 2-13　重晶石砂 A 烘干筛分后照片

（2）0 ～ 4mm 重晶石砂 B1：2012 年 9 月 22 日共送来两种重晶石砂（0 ～ 4mm 和 4 ～ 12mm），重晶石砂以生产筛网尺寸进行命名。表观密度 4290kg/m³，细度模数为

2.0，筛分结果见表 2-3，照片见图 2-14。

（3）4 ～ 12mm 重晶石砂 B2：表观密度 4400kg/m³，细度模数为 4.0，筛分结果见表 2-4，照片见图 2-15。通过搭配 0 ～ 4mm 和 4 ～ 12mm 重晶石砂可作为细骨料使用。考虑到施工的简便性，后续要求生产 0 ～ 12mm 的重晶石砂进行试配研究。

重晶石砂 A 筛分试验结果　　　　　　　　　　　　　　　　表 2-2

筛孔直径（mm）	4.75	2.36	1.18	0.60	0.30	0.15
累计筛余（%）	0	22	44	62	78	84

重晶石砂 B1 筛分试验结果　　　　　　　　　　　　　　　　表 2-3

筛孔直径（mm）	4.75	2.36	1.18	0.60	0.30	0.15
累计筛余（%）	0	0	19	44	62	78

重晶石 B2 砂筛分试验结果　　　　　　　　　　　　　　　　表 2-4

筛孔直径（mm）	4.75	2.36	1.18	0.60	0.30	0.15
累计筛余（%）	0	34	83	91	93	95

图 2-14　重晶石砂 B1 照片

图 2-15　重晶石砂 B2 照片

（4）0 ～ 2mm 重晶石砂 C：2012 年 10 月 13 日送样，表观密度 4350kg/m³。细度模数为 3.6，筛分结果见表 2-5，照片见图 2-16。0 ～ 12mm 重晶石砂与上次送样的级配差距很大，4.75mm 以上的颗粒占到 46%。经向厂家了解，这主要是由于生产量少，进料量不稳定导致实际筛分效率差异所致。为方便施工控制，考虑后续的重晶石砂用0 ～ 4mm 和 4 ～ 8mm 的细骨料搭配使用。

重晶石砂 C 筛分试验结果　　　　　　　　　　　　　　　　表 2-5

筛孔直径（mm）	19	16	9.5	4.75	2.36	1.18	0.60	0.30	0.15
累计筛余（%）	0	2	5	46	72	81	87	91	94

图2-16 重晶石砂C照片

7. 重晶石

由于重晶石的表观密度是控制重质混凝土密度的主要因素,因此首先对送样的重晶石进行表观密度检测,表观密度达到《重晶石防辐射混凝土应用技术规范》GB/T 50557—2010标准的Ⅱ级重晶石粗骨料要求(不小于4200kg/m³)的重晶石才进行后续试验研究。多次重晶石送样的检测结果如下:

(1)重晶石(工地试配用,2012年8月20日送样):表观密度4380kg/m³,见图2-17。

(2)重晶石(2012年9月11日送样):因级配不良,约50%小于5mm,退回供货商。

(3)重晶石(2012年9月14日送样):表观密度3430kg/m³。未采用。

(4)重晶石(2012年9月17日送样):表观密度3530kg/m³。未采用。

(5)重晶石(2012年9月19日送样):表观密度4430kg/m³。要求生产厂家采用此矿源少量生产重晶石骨料进行试配,见图2-18。

图2-17 工地试配用重晶石照片

图2-18 重晶石(2012年9月19日送样)

2012年9月22日共送来三种重晶石(12～20mm、20～30mm和30～40mm),重晶石以生产筛网尺寸进行命名。

(1)12～20mm重晶石B1:表观密度4350kg/m³,筛分结果见表2-6,照片见图2-19。

(2)20～30mm重晶石B2:表观密度4310kg/m³,筛分结果见表2-7,照片见图2-20。

重晶石B1筛分试验结果						表2-6
筛孔直径(mm)	31.5	26.5	19	16	9.5	4.75	2.36
累计筛余(%)	0	0	0	0	1	69	99

重晶石 B2 筛分试验结果   表 2-7

筛孔直径（mm）	31.5	26.5	19	16	9.5	4.75	2.36
累计筛余（%）	0	0	25	47	93	100	100

图 2-19　重晶石 B1 照片　　　　　　图 2-20　重晶石 B2 照片

（3）30 ～ 40mm 重晶石 B3：表观密度 4320kg/m³。筛分结果见表 2-8，照片见图 2-21。

重晶石 B3 筛分试验结果   表 2-8

筛孔直径（mm）	31.5	26.5	19	16	9.5	4.75	2.36
累计筛余（%）	0	1	25	51	93	99	99

因标称骨料尺寸与实际尺寸差异较大，且尺寸偏小，要求厂家采用更大的筛网生产较大粒径的粗骨料，送小样进行检测。

2012 年 10 月 7 日送小样 40 ～ 60mm 重晶石 B4，筛分结果见表 2-9，满足 16 ～ 31.5mm 单粒级要求，照片见图 2-22。

重晶石 B4 筛分试验结果   表 2-9

筛孔直径（mm）	53	37.5	31.5	26.5	19	16	9.5	4.75	2.36
累计筛余（%）	0	0	4	21	97	99	99	99	100

图 2-21　重晶石 B3 照片　　　　　　图 2-22　重晶石 B4 照片

根据上述样品的颗粒级配，后续要求生产 12 ～ 20mm、20 ～ 40mm 和 40 ～ 60mm 的重晶石进行试配研究。2012 年 10 月 13 日共送来三种重晶石（12 ～ 20mm、

20 ~ 40mm 和 40 ~ 60mm），重晶石以生产筛网尺寸进行命名。

（1）12 ~ 20mm 重晶石 C1：满足 5 ~ 20mm 连续级配要求，筛分析结果见表 2-10，照片见图 2-23。

（2）20 ~ 40mm 重晶石 C2：表观密度 $4350kg/m^3$，满足 5 ~ 25mm 连续级配要求，筛分析结果见表 2-11，照片见图 2-24。

图 2-23 重晶石 C1 照片 　　　　　图 2-24 重晶石 C2 照片

（3）40 ~ 60mm 重晶石 C3：筛分结果见表 2-12，照片见图 2-25。

重晶石 C1 筛分试验结果 　　　　表 2-10

筛孔直径（mm）	31.5	26.5	19	16	9.5	4.75	2.36
累计筛余（%）	0	0	1	2	49	97	99

重晶石 C2 筛分试验结果 　　　　表 2-11

筛孔直径（mm）	31.5	26.5	19	16	9.5	4.75	2.36
累计筛余（%）	0	1	33	56	96	99	99

重晶石 C3 筛分试验结果 　　　　表 2-12

筛孔直径（mm）	53	37.5	31.5	26.5	19	16	9.5	4.75	2.36
累计筛余（%）	0	47	77	87	95	97	99	99	100

图 2-25 重晶石 C3 照片

对比两次送样的粗骨料筛分情况可见，12 ~ 20mm 重晶石 C1 与上次送样的 B1 级配差距很大，颗粒较上次送样明显偏粗。20 ~ 40mm 重晶石 C2 与上次送样 B3 基本接近。40 ~ 60mm 重晶石 C3 与上次送样的 B4 级配差距很大，基本在 31.5mm 以上。

为保证混凝土配合比的稳定性，施工时应提高重晶石骨料质量的稳定性。

8. 减水剂

（1）减水剂 A：采用广东省江门强力建材科技有限公司产的 QL-PC5 型高性能减

水剂，标准型聚羧酸系，水剂，固含量为20%。

（2）减水剂B：采用广东省江门强力建材科技有限公司产的QL高性能减水剂，缓凝型聚羧酸系，水剂，固含量为13%，调整减水剂配比用。

（3）减水剂C：采用广东省江门强力建材科技有限公司产的QL高性能减水剂，缓凝型聚羧酸系，水剂，固含量为10%。

9.膨胀剂

采用广东粤盛特种建材有限公司产膨胀剂，分氧化钙和硫铝酸盐两种。

二、胶凝材料优化研究

首先对掺加粉煤灰和矿渣的胶凝材料性能（包括水泥胶砂强度和水化热等）进行了研究，并对比研究了膨胀剂的影响，初步优选胶凝材料组成。进而掺加重晶石粉、硼玻璃粉，研究其对水泥胶砂性能的影响，优选胶凝材料组成，为后续混凝土试验做准备。

通过调整胶凝材料组成，共制备了8种胶凝材料，以水胶比为0.45、胶砂比为1：3.0进行水泥胶砂强度实验和水化热实验，配合比和水泥胶砂强度见表2-13。

胶凝材料组成及力学性能　　　　　　　　　　　　　　表2-13

编号	胶凝材料组成（%）				抗折强度（MPa）			抗压强度（MPa）		
	水泥	矿渣	粉煤灰	膨胀剂	3d	7d	28d	3d	7d	28d
1	85	—	15	—	5.6	6.3	8.2	33.4	35.7	45.1
2	50	35	15	—	4.6	6.4	9.7	24.3	32.2	50.9
3	40	45	15	—	4.0	6.3	8.6	19.4	28.8	48.3
4	35	50	15	—	3.5	5.9	8.4	15.8	27.9	42.9
5	30	55	15	—	2.9	4.6	8.6	13.4	24.3	40.5
6	40	37	15	8（氧化钙）	3.5	6.0	8.2	18.3	22.4	45.2
7	40	37	15	8（硫铝酸盐）	4.1	6.4	9.6	21.0	30.7	48.4
8	40	40	20	—	3.4	5.1	8.1	17.5	27.2	43.1

由表2-13中1～5号样品可见，在粉煤灰用量一致的情况下，以矿渣粉取代水泥，使得胶凝材料强度有先增加、后降低的趋势。对比3号、6号、7号样品可见，以膨胀剂取代矿渣粉，对胶凝材料胶砂强度有影响，但影响不大。对比3号、8号样品可见，在水泥用量一致的情况下，以粉煤灰取代矿渣，会降低胶凝材料强度。从28d抗压强度看，所选8种胶凝材料的强度均超过40MPa，预测以其配制的混凝土强度均能满足C30的要求。

胶凝材料的水化热数据见表2-14，根据水化热作图2-26。

胶凝材料组成及水化热
表 2-14

编号	胶凝材料组成（%）				水化热（J/g）			
	水泥	矿渣	粉煤灰	膨胀剂	1d	3d	5d	6d
1	85	—	15	—	194.06	269.48	291.99	298.49
2	50	35	15	—	143.14	214.88	248.07	258.90
3	40	45	15	—	120.09	194.76	227.28	237.45
4	35	50	15	—	110.98	187.05	218.66	228.28
5	30	55	15	—	101.24	178.18	208.43	217.44
6	40	37	15	8（氧化钙）	131.84	203.71	236.98	247.30
7	40	37	15	8（硫铝酸盐）	120.19	214.59	239.54	246.55
8	40	40	20	—	111.51	185.01	217.18	227.27

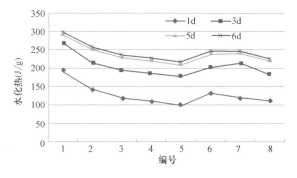

图 2-26　胶凝材料的水化热

　　由表 2-14 和图 2-26 中 1～5 号样品可见，在粉煤灰用量一致的情况下，以矿渣粉取代水泥，使得胶凝材料水化热降低。对比 3 号、6 号、7 号样品可见，以膨胀剂取代矿渣粉，使得胶凝材料水化热增加，但不同种类膨胀剂的影响有所差异。从降低水化热、控制混凝土温度裂缝的角度考虑，不宜掺加膨胀剂。对比 3 号、8 号样品可见，在水泥用量一致的情况下，以粉煤灰取代矿渣，会降低胶凝材料水化热。

　　根据 GB 200—2003 中低热矿渣硅酸盐水泥的标准，其 3d 水化热应不大于 197J/g，7d 水化热应不大于 230J/g。从上述 8 种胶凝材料 3d 水化热看，3 号、4 号、5 号、8 号样品均能满足要求；从上述 8 种胶凝材料 6d 水化热看，4 号、5 号、8 号样品均小于 230J/g，但可能 4 号、8 号样品的 7d 水化热会超标。

　　从降低水化热、控制混凝土温度裂缝的角度考虑，4 号、5 号、8 号样品是较好的选择，即大掺量矿渣和粉煤灰，不掺加膨胀剂。进而在大掺量粉煤灰和矿渣的基础上，研究重晶石粉和硼玻璃粉掺加对水泥胶砂强度的影响。水胶比取 0.50，采用标准砂，胶砂比为 1 ：3.0。胶凝材料组成和胶砂强度见表 2-15。

　　由表 2-15 中 9 号、10 号样品可见，在粉煤灰用量一致的情况下，以硼玻璃粉取代矿渣，使得胶凝材料强度略有增加。由 10 号、11 号样品可见，在粉煤灰和矿渣总用量为

胶凝材料组成和胶砂强度 表 2-15

编号	胶凝材料组成（%）					抗折强度（MPa）			抗压强度（MPa）		
	水泥	矿渣	粉煤灰	重晶石粉	硼玻璃粉	3d	7d	28d	3d	7d	28d
9	35	45	20	—	—	1.9	4.8	8.5	13.2	22.1	39.2
10	35	42	20	—	3	2.9	5.2	8.8	12.8	22.8	42.1
11	35	47	15	—	3	3.0	4.8	8.1	13.3	23.0	40.7
12	35	42	10	10	3	2.4	3.5	8.1	10.5	19.2	37.2
13	35	42	0	20	3	2.1	4.6	7.1	9.6	16.2	32.2
14	40	42	15	—	3	3.3	5.9	8.6	14.2	26.2	41.8
15	40	47	10	—	3	3.2	5.8	8.4	14.1	26.1	44.0
16	45	37	15	—	3	3.2	5.5	8.7	13.5	26.0	45.0
17	45	37	—	15	3	2.9	4.9	8.2	10.7	21.4	35.0

62% 的情况下，粉煤灰掺量降低 5%，对胶凝材料强度影响不大。由 10 号、12 号、13 号样品以及 16 号、17 号样品可见，以重晶石粉取代粉煤灰，使得胶凝材料强度有较明显降低。由 11 号、14 号、16 号样品可见，保持粉煤灰和硼玻璃粉掺量不变，降低矿渣取代水泥的比例率，胶凝材料强度略有提高。

总的看来，掺加少量硼玻璃粉和重晶石粉不会对胶砂强度产生过大影响，且可通过提高水泥用量的方式进行弥补，能够采用大掺量矿渣和粉煤灰的胶凝材料组成。

三、重晶石防辐射混凝土实验研究

采用上述优选的胶凝材料组成，进行了重晶石防辐射混凝土配合比研究。通过工作性能和抗压强度实验研究，初步确定了重晶石混凝土的原材料要求以及配合比。由于重晶石骨料性能波动较大，其对混凝土配合比参数影响较大。根据重晶石骨料性能的不同，分批进行了重晶石混凝土试验。

1. 重晶石 B 混凝土实验研究

根据《重晶石防辐射混凝土应用技术规范》GB/T 50557，对于 C30 混凝土，标准差应取 5.5MPa，计算得到重质混凝土的配制强度为 39.1MPa，对应的水灰比为 0.38。由于前述砂浆试验得到的强度较高，故采用较高的水胶比进行重质混凝土初步设计。

硼玻璃粉中的硼含量约为 9%，10kg 的硼玻璃粉中含有 0.9kg 的硼。业主提出的硼用量为不低于 $0.7kg/m^3$，故以硼玻璃粉掺量不低于 $10kg/m^3$ 或胶凝材料的 3% 进行设计。

采用重晶石 B 进行混凝土试配试验，以水泥、矿渣、粉煤灰、重晶石粉、硼玻璃粉为粉体材料，以水泥、矿渣和粉煤灰为胶凝材料进行配合比设计。混凝土配合比参数见表 2-16，混凝土材料用量见表 2-17。

混凝土配合比参数 表 2-16

配合比编号	水粉比（%）	水胶比（%）	砂率（%）	粉体材料用量（kg/m³）	粉体材料组成（%）					用水量（kg/m³）	减水剂A掺量（%）
					水泥	矿渣	粉煤灰	重晶石粉	硼玻璃粉		
Z1	0.45	0.46	33.0	315	35	42	20	—	3	141.8	0.40
Z2	0.42	0.44	33.5	360	35	42	20	—	3	152.3	0.50
Z3	0.40	0.41	33.5	36	35	42	20	—	3	142.2	0.60
Z4	0.42	0.44	33.5	360	35	47	15	—	3	152.3	0.50
Z5	0.42	0.49	33.5	360	35	42	10	10	3	152.3	0.50
Z6	0.42	0.55	33.5	360	35	42	—	20	3	152.3	0.50
Z7	0.40	0.41	35.0	380	40	42	15	—	3	150.1	0.60
Z8	0.40	0.41	35.0	380	40	47	10	—	3	150.1	0.60
Z9	0.40	0.41	37.0	400	45	37	15	—	3	158.0	0.60
Z10	0.40	0.41	37.0	400	97	—	—	—	3	158.0	0.70
Z11	0.30	0.50	39.0	500	60	—	—	38	2	150.0	0.55
Z12	0.30	0.50	39.0	600	60	—	—	38	2	180.0	0.65
Z13	0.30	0.50	40.0	600	40	20	—	38	2	180.0	0.65
Z14	0.30	0.50	40.0	600	30	30	—	38	2	180.0	0.55
Z15	0.28	0.56	40.0	648	33.3	16.7	—	48.1	1.9	180.0	0.60
Z16	0.23	0.50	40.0	720	30	15	—	53.3	1.7	162.0	0.50

混凝土材料用量（单位：kg/m³） 表 2-17

配合比编号	水泥	矿渣	粉煤灰	重晶石粉	硼玻璃粉	水	减水剂A	砂B1	砂B2	石B1	石B2	石B3
Z1	110	132	63	0	9.45	140.7	1.26	634	423	0	1288	858
Z2	126	151	72	0	10.8	150.8	1.80	633	422	0	1256	837
Z3	126	151	72	0	10.8	140.5	2.10	635	423	0	1260	840
Z4	126	169	54	0	10.8	150.8	1.80	633	422	0	1256	837
Z5	126	151	36	36	10.8	150.8	1.80	633	422	0	1256	837
Z6	126	151	0	72	10.8	150.8	1.80	633	422	0	1256	837
Z7	152	160	57	0	11.4	148.3	2.28	657	438	0	2034	0
Z8	152	179	38	0	11.4	148.3	2.28	657	438	0	2034	0
Z9	180	148	60	0	12.0	156.1	2.40	689	459	0	1954	0
Z10	388	0	0	0	12	155.8	2.80	689	459	0	1954	0
Z11	300	0	0	190	10	147.8	2.75	704	470	1836	0	0
Z12	360	0	0	228	12	176.9	3.90	674	449	1757	0	0
Z13	240	120	0	228	12	176.9	3.90	691	461	1728	0	0
Z14	180	180	0	228	12	177.4	3.30	691	461	1728	0	0
Z15	216	108	0	312	12	176.9	3.89	691	461	1728	0	0
Z16	216	108	0	384	12	159.1	3.60	691	461	1728	0	0

由于 30 ～ 40mm 的重晶石用完，Z7 ～ Z9 只采用 B1、B2 两种重晶石，并相应增加胶凝材料量和砂率。Z9 和 Z10 试配时发现 20 ～ 30mm 重晶石粒径进一步降低，故增加了胶凝材料用量和提高砂率。由于 20 ～ 30mm 和 30 ～ 40mm 的重晶石用完，Z11 ～ Z16 采用 12 ～ 20mm 重晶石进行试验。

上述配合比表明，如能够有效控制粗细骨料级配和稳定性，使骨料能够形成良好级配，则能够降低胶凝材料用量。

成型 100mm 立方体强度试件，尺寸系数取 0.95，混凝土性能见表 2-18。

混凝土性能　　　　　　　　　　　　　　　　　　表 2-18

配合比编号	坍落度（mm）	湿表观密度（kg/m³）	抗压强度（MPa）			试件密度（kg/m³）
			3d	7d	28d	
Z1	—	—	16.1	24.8	36.1	3714
Z2	0	3700	17.2	25.8	33.0	3733
Z3	—	—	17.5	27.0	37.5	3640
Z4	0	3640	17.2	25.9	34.5	3664
Z5	0	3650	16.0	22.7	33.8	3687
Z6	0	3700	15.9	22.3	32.3	3709
Z7	0	3690	21.4	30.2	42.1	3704
Z8	0	3709	23.7	33.5	37.6	3724
Z9	20	3635	24.5	33.7	41.0	3692
Z10	离析	—	—	—	—	—
Z11	0	3733	28.3	35.5	38.1	3703
Z12	50	3673	32.7	40.4	42.3	3638
Z13	125	3707	21.8	29.0	39.0	3649
Z14	180	3727	19.7	32.0	43.0	3645
Z15	190	3687	20.0	30.8	40.1	3642
Z16	40	3720	22.3	35.6	46.4	3630

注：试件密度是指用抗压强度试件进行测定的密度（质量／体积）。

由表 2-18 可见，混凝土表观密度多数超过 3650kg/m³，采用此种来源的重晶石骨料能够满足混凝土表观密度要求。采用减水剂 A 时，当掺量较低时，混凝土坍落度较低；但当掺量达到 0.70% 时，混凝土出现离析现象；表明现有减水剂不适用于重质混凝土体系，应对减水剂进行调整。对比 Z2 和 Z3，随着水胶比降低，混凝土的抗压强度增大，但在水泥用量为 35% 时（Z1 ～ Z6），混凝土的抗压强度均偏低。对比 Z2、Z5 和 Z6，以重晶石粉取代粉煤灰后，混凝土早期强度降低，但 28d 强度基本相同，这表明重晶石粉活性较低。对比 Z3 和 Z7，降低粉煤灰掺量，增加水泥掺量可明显提高混凝土的抗压强度。对比 Z7 和 Z8，降低粉煤灰掺量，增加矿渣掺量可以提高混凝土早期抗压强度，但 28d 强度反而有所降低。对比 Z7 和 Z9，降低矿渣掺量，增加水泥掺量可以提高混凝土的早期抗压强度，但28d的强度反而略有降低，但强度均满足C30重质混凝土的设计要求。对比Z11和Z12，增加胶凝材料用量可改善流动性，并提高混凝土抗压强度。对比Z12和Z13、Z14，以矿渣取代水泥会提高流动性，并降低混凝土早期强度，但对28d强度影响不大。在水胶比为0.50时，即便采用大掺量的重晶石粉，其强度能满足C30要求。矿渣比例对强度有一定影响，矿渣掺量增加，3d强度有所降低。对比Z13和Z15，在用水量、矿渣取代水泥量一定的情况下；降低胶凝材料用量，增加水胶比至0.56，并以重晶石粉补充粉体量的不足，对混凝土强度影响很小，其强度能满足C30要求。对比Z13和Z16，在水胶比、矿渣取代水泥量一定的情况下；降低胶凝材料用量，并以重晶石粉补充粉体量的不足，混凝土强度有所提高。

通过上述实验发现，通过控制胶凝材料组成和水胶比，并采用重晶石粉等粉体材料补充浆体的不足，可配制出湿表观密度和强度满足要求的混凝土。初步选定的重质混凝土配合比如下：

（1）水泥：矿渣：粉煤灰：硼玻璃粉＝40：42：15：3，水胶比为0.41。

（2）水泥：矿渣＝50：50，水胶比为0.50，掺加10kg硼玻璃粉和适量重晶石粉。

（3）水泥：矿渣＝50：50，水胶比为0.55，掺加10kg硼玻璃粉和适量重晶石粉。

2. 重晶石C混凝土实验研究

以上采用B1、B2、B3重晶石进行试验，完成试配试验后，重晶石已基本用完，因此根据试配结果以及不同粒径重晶石的情况要求供货商提供筛网尺寸为0～12mm、12～20mm、20～40mm以及40～60mm的重晶石进行重质混凝土的试验。供货商于2012年10月13日送来新一批的重晶石骨料C，骨料的性能见表2-10～表2-12。其中0～12mm的重晶石砂级配不良，含有大量的大于5mm颗粒。由于原有的减水剂A性能不能满足要求，由减水剂厂重新配制了减水剂B进行试配。

采用重晶石骨料C和减水剂B进行试验，混凝土试配的配合比见表2-19，混凝土材料用量见表2-20。

成型100mm强度试件，尺寸系数取0.95，混凝土性能见表2-21。

混凝土配合比参数　　　　　　　　　　　　　　　表2-19

配合比编号	水粉比	水胶比	砂率（%）	粉体材料用量（kg/m³）	粉体材料组成（%）				用水量（kg/m³）	减水剂B掺量（%）
					水泥	矿渣	粉煤灰	硼玻璃粉		
Z20	0.40	0.41	27	360	40	42	15	3	142	1.2
Z21	0.40	0.41	32	380	40	42	15	3	150	1.2
Z22	0.40	0.41	51	380	40	42	15	3	150	1.2
Z23	0.40	0.41	51	380	40	42	15	3	150	1.6

注：砂率以重晶石砂C中小于4.75mm的部分为砂计算。

混凝土材料用量（kg/m³）　　　　　　表 2-20

配合比编号	水泥	矿渣	粉煤灰	硼玻璃粉	水	减水剂 B	砂 A	砂 C	石 C2
Z20	144	151	54	10.8	138.3	4.32	0	1579	1579
Z21	152	160	57	11.4	146.0	4.56	0	1878	1252
Z22	152	160	57	11.4	152.3	4.56	1258	620	1252
Z23	152	160	57	11.4	141.3	6.08	1258	620	1252

混凝土性能　　　　　　表 2-21

配合比编号	坍落度（mm）	湿表观密度（kg/m³）	抗压强度（MPa）			试件密度（kg/m³）		
			3d	7d	28d	3d	7d	28d
Z20	0	—	—	—	—	—	—	—
Z21	0	—	20.6	27.1	33.9	3710	3656	3706
Z22	50	3631	21.6	31.3	33.5	3641	3681	3668
Z23	155	—	24.8	34.1	41.3	3678	3735	3703

注："—"表示混凝土浆料太少，黏聚性太差，无法成型。

由于重晶石砂 A 表观密度为 4210kg/m³，重晶石砂 C 表观密度为 4350kg/m³，因此如果均采用表观密度为 4350kg/m³ 的重晶石砂，则混凝土的湿表观密度可提高约 40kg/m³，可满足设计要求。由于该批重晶石的粒径均比上一次送样的大，而且重晶石砂的细度模数为 3.96，因此采用较大的砂率试配混凝土。在 Z20 和 Z21 混凝土试配过程中发现，即使提高砂率也无法配制黏聚性较好的混凝土，因此以重晶石砂 A（Z22 和 Z23）取代部分重晶石砂 C，取代后可明显改善混凝土的粘聚性，可见主要是由于重晶石砂 C 中大于 4.75mm 的颗粒约占 50%，即属于细骨料范围的颗粒太少导致了混凝土的黏聚性较差。为方便调整砂石级配，用 4.75mm 方孔筛对重晶石砂 C 进行筛分，分为 0～4.75mm 重晶石砂 C1 和大于 4.75mm 重晶石砂 C2 进行以后的重质混凝土试验，其中重晶石砂 C1 作为砂使用，重晶石砂 C2 作为 5～10mm 石子使用。由于重晶石砂 C1 的级配不良，采用重晶石砂 A 作为部分细骨料。

在前面的试验中重晶石粉主要用作粉体以提高浆体量和提高混凝土的相对密度，但由于其成本较高，后续改用较细的重晶石砂 B1 代替。采用重晶石骨料 C、重晶石砂 A、减水剂 C 进行混凝土配合比设计，以硼玻璃粉和重晶石细砂 B1 做为惰性粉体材料，补充浆体量的不足。考虑到以粉体组成表示时，粉体用量变化会导致硼玻璃粉用量变化，因此后续采用胶凝材料组成表示，将硼玻璃粉和重晶石砂 B1 单列。参考《普通混凝土配合比设计规程》JGJ 55 的建议值（水胶比大于 0.40 时，矿物掺合料不宜超过 45%；水胶比小于等于 0.40 时，矿物掺合料不宜超过 55%），对胶凝材料组成进行调整，增加了水泥用量，以符合标准要求。

采用重晶石骨料 C、重晶石砂 A、减水剂 C 进行试验，混凝土配合比参数见表 2-22，混凝土材料用量将表 2-23。

成型 150mm 立方体强度试件，混凝土性能见表 2-24。

混凝土配合比参数   表 2-22

配合比编号	水胶比	砂率（%）	胶凝材料用量（kg/m³）	胶凝材料组成（%）			粉煤灰超量系数	硼玻璃粉（kg/m³）	重晶石砂 B1（kg/m³）	用水量（kg/m³）	减水剂 C 掺量（%）
				水泥	矿渣	粉煤灰					
Z24	0.40	40	370	45	35	20	1	10	0	148	1.70
Z25	0.40	40	350	45	35	20	1.45	10	0	140	2.20
Z26	0.50	40	296	55	45	0	1	10	140	148	2.10
Z27	0.50	40	280	55	45	0	1	10	200	140	2.60
Z28	0.55	40	269	55	45	0	1	10	180	148	2.25
Z29	0.55	40	254.5	55	45	0	1	10	240	140	2.70

混凝土材料用量（kg/m³）   表 2-23

配合比编号	水泥	矿渣	粉煤灰	硼玻璃粉	重晶石砂 B1	水	减水剂 C	重晶石砂 A	重晶石砂 C1	重晶石砂 C2	重晶石石 C2
Z24	167	130	74	10	0	142.3	6.29	877	376	658	1221
Z25	158	123	102	10	0	133.1	7.70	877	376	658	1221
Z26	163	133	0	10	140	142.4	6.22	877	376	658	1221
Z27	154	126	0	10	200	133.4	7.28	877	376	658	1221
Z28	148	121	0	10	180	142.5	6.05	877	376	658	1222
Z29	140	115	0	10	240	133.8	6.87	877	376	658	1221

混凝土性能   表 2-24

配合比编号	坍落度（mm）	湿表观密度（kg/m³）	抗压强度（MPa）			劈拉强度（MPa）	试件密度（kg/m³）		
			3d	7d	28d	28d	3d	7d	28d
Z24	120	3615	23.8	32.5	44.3	2.4	3622	3619	3640
Z25	115	3620	23.8	34.2	43.6	2.4	3610	3624	3616
Z26	115	3614	19.2	27.4	34.8	2.5	3666	3633	3625
Z27	120	3714	20.4	27.6	38.2	2.2	3669	3680	3714
Z28	115	3622	19.1	27.4	35.5	1.9	3680	3663	3659
Z29	110	3669	19.3	27.5	34.9	2.4	3707	3718	3698

由表 2-24 可见，部分混凝土配合比表观密度偏低，考虑到重晶石砂 A 表观密度为 4210kg/m³，重晶石砂 C 表观密度为 4350kg/m³，如果均采用表观密度为 4350kg/m³ 的重晶石砂，则混凝土的表观密度可提高约 30kg/m³，混凝土表观密度多数超过 3650kg/m³，能够满足混凝土表观密度要求。采用减水剂 C 后，混凝土坍落度能够满足要求，且可通过适当增加减水剂用量，以适当增加混凝土坍落度，减水剂 C 能够满足工程使用要求。

由重质混凝土抗压强度看，Z24 与 Z25 配合比的强度能够满足 C30 要求，但 Z26～Z29 配比的强度偏低。对比 Z24 与 Z25，粉煤灰超量取代后（实际上增大混凝土胶凝材料的用量，降低水胶比）可提高混凝土的强度，但会增大混凝土的水化热。考虑到 Z24 的强度已经能满足要求，不建议采用粉煤灰超量取代方法。对比 Z26 和 Z27、28 和 Z29 可见，降低混凝土用水量至 140kg/m³，以重晶石细砂补充粉体不足，可增加混凝土密度，且混凝土强度基本不变。考虑到可能的重晶石密度波动，建议采用较低的用水量，增加重晶石用量。如果单纯增加重晶石骨料时，混凝土工作性不良，可以用增加重晶石细砂的方法补充粉体不足。

由重质混凝土劈裂抗拉强度看，重质混凝土的劈裂抗拉强度均较低，应特别注意混凝土的收缩导致的开裂问题。为此进一步降低胶凝材料用量，以降低水化热，进行配合比试验。采用重晶石骨料 C、重晶石砂 A、减水剂 C 进行试验，混凝土配合比见表 2-25，混凝土材料用量见表 2-26。

成型 150mm 立方体强度试件，混凝土性能见表 2-27。

混凝土配合比参数　　　　　　　　　　　表 2-25

配合比编号	水胶比	砂率（%）	胶凝材料用量（kg/m³）	胶凝材料组成（%）			硼玻璃粉（kg/m³）	重晶石砂 B1（kg/m³）	用水量（kg/m³）	减水剂 C 掺量（%）
				水泥	矿渣	粉煤灰				
Z30	0.40	40	325	45	35	20	10	150	130	2.70
Z31	0.40	40	325	55	45	0	10	180	130	2.70

混凝土材料用量（kg/m³）　　　　　　　　表 2-26

配合比编号	水泥	矿渣	粉煤灰	硼玻璃粉	重晶石砂 B1	水	减水剂 C	重晶石砂 A	重晶石砂 C1	重晶石砂 C2	重晶石 C2
Z30	146	114	65	10	150	122.1	8.78	858	368	644	1195
Z31	179	146	0	10	180	122.1	8.78	858	368	644	1195

混凝土性能　　　　　　　　　　　　　　表 2-27

配合比编号	坍落度（mm）	湿表观密度（kg/m³）	抗压强度（MPa）			劈拉强度（MPa）	试件密度（kg/m³）		
			3d	7d	28d	28d	3d	7d	28d
Z30	135	3674	24.1	33.3	39.6	3.3	3692	3736	3689
Z31	130	3654	31.6	36.8	40.7	3.3	3733	3701	3635

由表 2-27 可见，混凝土湿表观密度达到 3650kg/m³，满足要求设计要求。考虑到重晶石砂 A 表观密度为 4210kg/m³，重晶石砂 C 表观密度为 4350kg/m³，因此如果均采用表观密度为 4350kg/m³ 的重晶石砂，则混凝土的表观密度可进一步提高约 30kg/m³。这也表明，采用低胶凝材料用量的配合比，能降低对重晶石骨料的密度要求，重晶石

原材料采购会更加容易。

由重质混凝土抗压强度看，Z30 与 Z31 配合比的强度能够满足 C30 要求。由重质混凝土劈裂抗拉强度看，重质混凝土的劈裂抗拉强度虽有一定提高，这也表明，采用低胶凝材料用量的配合比设计方案，由于温度应力小，且抗拉强度高，能提高重质混凝土的抗裂性。

3. 重晶石 C 混凝土实验结果分析

本工程重质混凝土需考虑混凝土密度、强度以及微量元素（硼）和结晶水的含量，并需着重考虑混凝土的抗裂性。

通过上述试验发现，重质混凝土的强度比较容易满足；微量元素（硼）通过添加硼玻璃粉也容易满足；通过优选重晶石的来源以及重晶石粗细骨料的级配，重质混凝土的密度也能够满足。较难满足的是重质混凝土高的抗裂性和结晶水含量。

由于重晶石中不含结晶水，重质混凝土的结晶水主要是胶凝材料水化所结合的水，通常认为占胶凝材料质量的 20%。因此从防中子辐射角度考虑，混凝土中的胶凝材料用量不能太少，否则结晶水含量太少，无法满足防辐射的要求。从提高结晶水的角度出发，重晶石混凝土需要采用较高的胶凝材料用量，以增加结晶水量。

胶凝材料用量较高时，会降低重质混凝土的密度，从而提高对重晶石骨料密度以及级配的要求，重晶石料源选择和骨料加工更为困难。而且重质混凝土的胶凝材料用量大，会产生较大的水化热，由于重晶石混凝土热膨胀系数较高，容易导致混凝土的开裂。从控制混凝土开裂的角度考虑，应采用较低的胶凝材料用量。

但胶凝材料用量也不能过低，过低时会导致混凝土强度较低；而且在固定水胶比时，混凝土工作性能也无法保证。

综合考虑上述影响因素，初步建议重晶石混凝土胶凝材料用量为 325kg/m³，用水量为 130kg/m³，推荐配合比为 Z30 和 Z31。

四、重晶石防辐射混凝土原材料和配合比的建议

综上所述，对重晶石混凝土的原材料和配合比提出如下建议：

（1）采用现有水泥、矿渣、粉煤灰、减水剂 C。

（2）重晶石砂石密度的控制指标是不小于 4300kg/m³。由于混凝土的密度与重晶石的密度紧密相关，必须对重晶石密度进行严格控制。

（3）重晶石砂石均采用 2 级配。由于混凝土中胶凝材料和用水量与骨料级配密切相关，必须对骨料级配进行严格控制，以降低胶凝材料和水泥用量，保证混凝土密度符合要求，并减少混凝土绝热温升。

（4）根据现有生产厂家的生产情况，重晶石细骨料可采用 0 ～ 4mm 和 4 ～ 8mm 筛网筛分的砂进行搭配，具体比例根据实际情况确定；搭配后级配符合标准要求，宜

为偏粗的中砂。重晶石粗骨料可采用 8 ～ 20mm 和 20 ～ 40mm 筛网筛分的石子进行搭配，具体比例根据实际情况确定；搭配后级配需符合 5 ～ 25mm 连续级配要求。

（5）优选的重晶石混凝土配合比参数为：水胶比为 0.40，胶凝材料用量为 325kg/m³，用水量为 130kg/m³，硼玻璃粉掺量为 10kg/m³，推荐配合比为 Z30 和 Z31，见表 2-28。

推荐重晶石混凝土配合比参数　　　　　　　　　　　表 2-28

配合比编号	水胶比	砂率（%）	计算体积密度（kg/m³）	胶凝材料用量（kg/m³）	胶凝材料组成（%）			硼玻璃粉（kg/m³）	重晶石细砂（kg/m³）	用水量（kg/m³）	减水剂 C 掺量（%）
					水泥	矿渣	粉煤灰				
Z30	0.40	40	3643	325	45	35	20	10	150	130	2.70
Z31	0.40	40	3668	325	55	45	0	10	180	130	2.70

注：重晶石细砂计算为粉体材料，计算砂率时未包括。

计算密度为重晶石骨料密度为 4.30g/cm³、含气量为 1% 时的体积密度计算值。

砂率仅供参考，请根据砂石实际级配情况进行调整。

如重晶石砂石骨料级配较好，可酌情改变外掺重晶石细砂的掺量。

减水剂掺量根据坍落度情况调节，并相应改变外加水量。

（6）由于重晶石较脆，先加入搅拌机可能导致粗骨料大量破碎，影响混凝土性能，可采用砂浆裹石法进行搅拌。即先加入砂、胶凝材料、水和减水剂，搅拌一定时间后，再加入重晶石粗骨料进行搅拌。

第五节　防中子辐射重质混凝土实验研究

根据中科院对重质混凝土屏蔽效果的初步计算结果，为了能够吸收实验过程中产生的中子，每方混凝土中需要有 12kg 的氢原子，折合为 108kg 各种形式的结晶水，包括结晶水和部分吸附水。考虑到吸附水的含量难以确定，为保证工程使用，以非蒸发水进行控制。考虑到原材料质量波动以及水泥的水化程度，以防中子辐射混凝土中包含 110kg/m³ 的结晶水进行配合比设计和控制。按照胶凝材料水化后，能够固定胶凝材料质量 20% 的水进行计算，则每方混凝土含有 110kg 非蒸发水就需要有 550kg 的胶凝材料，这会引起非常高的绝热温升，混凝土开裂风险很高。

根据现有重质混凝土研究成果，胶凝材料用量在 325kg，即可满足 C30 强度要求。以此计算，则其中只能固定 65kg 的水，其余 45kg 的水需要从骨料中引入。以骨料中含水 10% 计算，需加入 450kg 的含水骨料。由于细骨料颗粒小，混凝土匀质性较好，考虑采用含水细骨料弥补结晶水的不足。以此研究思路进行了防中子辐射重质混凝土的研究。首先进行了含结晶水细骨料种类的筛选，进而开展了含结晶水细骨料重质混凝土的配合比优选研究。在完成实验室研究后，进一步在搅拌站进行了重质混凝土的试配及施工模拟实验，得到了施工用的推荐重质混凝土配合比，对推荐的重质混凝土性能进行全面研究，并进行了重质混凝土结晶水的研究。

一、含结晶水细骨料的优选研究

通过查阅文献资料，可考虑采用的含水细骨料有如下四种。①蛇纹石：密度约 $2.5 \sim 2.7 g/cm^3$，含水率约 12%，应尽量选用结晶水含量高的品种，可采用 $0 \sim 3mm$ 的粒径；②褐铁矿：密度约 $3.2 \sim 4.0 g/cm^3$，结晶水含量变化很大，应选用结晶水含量不低于 10% 的料源，三氧化二铁应不低于 60%，杂质应少；③低硼镁矿：密度约 $3.0 \sim 3.6 g/cm^3$，含水率可达 9% 以上，注意高硼镁矿含水率很低；④氢铁矿石：密度约 $4.4 g/cm^3$，含水率可达 4% 以上。来源于废铁矿石。

经实际调研，能够买到的含水骨料只有蛇纹石和褐铁矿两种。由于这两种含水细骨料密度较前述研究用的重晶石细骨料（密度不低于 $4.30 g/cm^3$）低，掺加后会进一步降低混凝土密度，导致混凝土密度不能满足要求，需要掺入更重的骨料调整密度。此外，考虑到重晶石骨料的密度要求越高，其来源越难以保证。因此也需要加入更重的骨料进行密度调整，以适当放宽重晶石密度要求。建议选用重质骨料铁砂。所以，考虑以含水细骨料和铁砂取代部分或全部重晶石细骨料，以满足混凝土密度要求。

首先进行各种来源蛇纹石、铁矿砂、铁砂、重晶石骨料样品的采购，然后进行其性能测定，选择适当的料源。根据确定的料源，进行砂浆和混凝土试配研究，进一步确定含水细骨料的种类以及各种骨料的性能要求。

1. 骨料性能测定

对采购的骨料性能进行测定，并从中选择适宜的骨料来源进行后续研究。施工单位于 2012 年 12 月 14 日和 21 日分别送来蛇纹石、铁矿砂、铁砂、重晶石等小样样品，进行性能测定。蛇纹石分两次送样，性能见表 2-29，图片见图 2-27 ~ 图 2-31。

结晶水含量试验是将试样烘干后，在马弗炉进行 950℃ 的烧失量测定。以烧失量作为骨料结晶水含量。从中选择了结晶水含量最高的蛇纹石 2 和表观密度最大的蛇纹石 3，请施工单位送大样进行后续试验，要求粒径为 $0 \sim 3mm$。

蛇纹石性能　　　　　　　　　　　　　　　　　　　表 2-29

编号	送样日期	结晶水含量（%）	表观密度（kg/m³）
蛇纹石 1	2012 年 12 月 14 日	12.40	2600
蛇纹石 2	2012 年 12 月 14 日	12.51	2620
蛇纹石 3	2012 年 12 月 14 日	1.95*	2750
蛇纹石 4	2012 年 12 月 21 日	11.99	2590
蛇纹石 5	2012 年 12 月 21 日	10.23	2650

注：蛇纹石 3 是手工破碎后进行检测，由于颗粒较大，导致烧失量测试数据偏低。

图 2-27 蛇纹石 1 照片

图 2-28 蛇纹石 2 照片

图 2-29 蛇纹石 3 照片

图 2-30 蛇纹石 4 照片

图 2-31 蛇纹石 5 照片

铁矿砂按大小分为铁矿砂和铁矿石,性能见表 2-30,颗粒级配见表 2-31。照片见图 2-32 和图 2-33。由表 2-29 可见,铁矿砂的表观密度和结晶水含量有关,结晶水含量高的铁矿砂表观密度较低,因此也可间接地用表观密度来初步判断铁矿砂的结晶水含量大小。由表 2-31 可见,铁矿砂 1 颗粒级配不满足砂颗粒级配区的要求,铁矿石 1 颗粒级配不满足碎石或卵石连续粒级或单粒粒级的要求。从中选择了结晶水含量高的铁矿石 1,请施工单位送大样进行后续试验。考虑到高含水材料在混凝土中的匀质性,需采用 3mm 以下的部分。

铁矿砂性能 表 2-30

编号	送样日期	结晶水含量(%)	表观密度(kg/m³)
铁矿砂 1	2012 年 12 月 14 日	2.49	4560
铁矿石 1	2012 年 12 月 14 日	12.47	3400

铁矿砂颗粒级配 表 2-31

编号	筛孔尺寸(mm)										
	19	16	9.5	4.75	2.36	1.18	0.6	0.3	0.15	0.075	筛底
铁矿砂 1	—	—	8	19	31	37	43	49	58	71	100
铁矿石 1	0	1	26	55	71	78	85	89	95	97	100

铁砂分两次送样,性能见表 2-32。照片见图 2-34 ~ 图 2-36。由表 2-32 可见,铁砂密度较高,掺加铁砂能有效提高混凝土密度。请施工单位送铁砂 2 中较细的样品大

图 2-32　铁矿砂 1 照片　　　　　　　图 2-33　铁矿石 1 照片

样进行后续试验。

<table>
<tr><td colspan="4" align="center">铁砂性能</td><td align="right">表 2-32</td></tr>
<tr><td align="center">编号</td><td align="center">送样日期</td><td align="center">结晶水含量（%）</td><td colspan="2" align="center">表观密度（kg/m³）</td></tr>
<tr><td align="center">铁砂 1</td><td align="center">2012 年 12 月 14 日</td><td align="center">—</td><td colspan="2" align="center">7690</td></tr>
<tr><td align="center">铁砂 2</td><td align="center">2012 年 12 月 21 日</td><td align="center">—</td><td colspan="2" align="center">7440</td></tr>
</table>

注：铁砂 1 包括两种不同大小的铁片，采用较小的直径 1.5mm 的测定表观密度。

　　铁砂 2 包括三种不同细度的铁粉，因数量太少，采用三种混合测定表观密度。

图 2-34　铁砂 1　　　　　　图 2-35　铁砂 1　　　　　图 2-36　铁砂 2 照片
（直径 1.5mm）照片　　　（直径 4.5mm）照片

　　重晶石表观密度见表 2-33，照片见图 2-37 ～ 图 2-41。根据测定的表观密度，选择重晶石 2 作为后续试验的料源，请施工单位加工重晶石和重晶石砂。

图 2-37　重晶石 1 照片　　　图 2-38　重晶石 2 照片　　　图 2-39　重晶石 3 照片

图 2-40　重晶石 4 照片

图 2-41　重晶石 5 照片

重晶石表观密度　　　　　　　　　　　表 2-33

编号	送样日期	表观密度（kg/m³）
重晶石 1	2012 年 12 月 14 日	3740
重晶石 2	2012 年 12 月 14 日	4330
重晶石 3	2012 年 12 月 14 日	4260
重晶石 4	2012 年 12 月 14 日	3430
重晶石 5	2012 年 12 月 14 日	4010

施工单位于 2013 年 1 月 16 日再次送来蛇纹石 2-2、蛇纹石 3-2、铁矿石 1-2、铁砂 3、重晶石 6 等样品，进行性能测定。蛇纹石和铁矿砂性能见表 2-34。

蛇纹石和铁矿砂性能　　　　　　　　　表 2-34

编号	送样日期	结晶水含量（%）	表观密度（kg/m³）
蛇纹石 2-2	2013 年 1 月 16 日	12.36	2633
蛇纹石 3-2	2013 年 1 月 16 日	13.13	2641
铁矿石 1-2	2013 年 1 月 16 日	1.22	4544

对比表 2-29 和表 2-34 可见，蛇纹石的结晶水含量和表观密度较稳定，结晶水含量高于 12%。对比表 2-30 和表 2-34 可见，铁矿砂的结晶水含量变化很大，这也表明，铁矿砂的结晶水含量变化很大，若采用铁矿砂作为细骨料，必须严格控制其来源。

铁砂表观密度见表 2-35。重晶石为 5 ～ 25mm 连续级配，表观密度见表 2-36。

铁砂表观密度　　　　　　　　　　　　表 2-35

编号	送样日期	表观密度（kg/m³）
铁砂 3	2013 年 1 月 16 日	7579

重晶石表观密度　　　　　　　　　　　表 2-36

编号	送样日期	表观密度（kg/m³）
重晶石 6	2013 年 1 月 16 日	3827

骨料颗粒级配见表 2-37。由表 2-37 可见，蛇纹石 2-2 属于粗砂，蛇纹石 3-2 属于中砂，铁矿石 1-2 属于中砂。但三种细骨料的颗粒级配均部分落在 I 区、II 区或 III 区中，属于颗粒级配不良。铁砂 3 粒径介于 0.6 ~ 2.0mm 之间，级配不良。

骨料颗粒级配 表 2-37

编号	筛孔尺寸（mm）						细度模数
	4.75	2.36	1.18	0.60	0.30	0.15	
蛇纹石 2-2	0	3	22	86	97	99	3.1
蛇纹石 3-2	0	15	34	53	68	83	2.5
铁矿石 1-2	13	36	50	62	78	90	2.9
铁砂 3	0	0	55	100	100	100	3.6

通过上述骨料性能分析可见，蛇纹石和铁矿砂的结晶水含量都能达到 12% 以上，其中蛇纹石的结晶水含量稳定，而铁矿砂的结晶水含量随料源不同有很大差异。

以蛇纹石和铁矿砂的结晶水含量为 12% 计算，掺入 500kg 蛇纹石或铁矿砂，能够带入 60kg 的结晶水，加上胶凝材料中的水，重质混凝土的氢含量能满足使用要求。但蛇纹石的表观密度较低，掺入 500kg 的蛇纹石，需同时掺入 1000kg 左右的铁砂，混凝土的密度才能满足要求，此时重质混凝土的细骨料只有蛇纹石和铁砂两种，重质混凝土的细骨料级配可能较差。铁矿砂的表观密度较高，掺入 500kg 的铁矿砂，只需同时掺入 500kg 的铁砂，混凝土的密度即可满足要求，此时重质混凝土的细骨料有铁矿砂、铁砂和重晶石三种。

采用含水率在 12% 以上的蛇纹石和铁矿砂均可能配制出密度符合要求的重质混凝土，各有利弊。后续通过砂浆和混凝土试验，进一步筛选适宜的含水骨料品种。

2. 砂浆性能实验

考虑到骨料性能可能对混凝土工作性能、强度等产生影响，采用不同种类的细骨料首先进行了砂浆工作性能和强度试验。试验采用的原材料如下：

（1）水泥

广州珠江水泥有限公司产 P·II 42.5R 硅酸盐水泥。

（2）矿渣

广东韶钢嘉羊新型材料有限公司产 S95 级"联峰"牌粒化高炉矿渣粉，其流动度比为 106%，活性指数为 97%。

（3）粉煤灰

东莞市日顺建材有限公司产的 II 级粉煤灰，需水量比为 102%。

（4）硼玻璃粉

郑州龙祥陶瓷有限公司产的硼玻璃粉，白色粉末。

（5）重晶石砂

重晶石砂采用两种。

重晶石砂A：2012年9月11日送样，表观密度4210kg/m³，松散堆积密度2518kg/m³，松散堆积空隙率为40%，细度模数为2.9。

重晶石砂B1：2012年9月22日送样，表观密度4290kg/m³，松散堆积密度2647kg/m³，松散堆积空隙率为38%，细度模数为2.0。

（6）蛇纹石

采用2013年1月16日送样的蛇纹石2-2和蛇纹石3-2。蛇纹石2-2表观密度2633kg/m³，松散堆积密度1226kg/m³，松散堆积空隙率为53%，细度模数为3.1。蛇纹石3-2表观密度2641kg/m³，松散堆积密度1479kg/m³，松散堆积空隙率为44%，细度模数为2.5。

（7）铁矿砂

采用2012年12月14日送样的铁矿石1和铁矿砂1，过2.36mm筛后使用。铁矿石1表观密度3400kg/m³，铁矿砂1表观密度4560kg/m³。

（8）铁砂

采用2013年1月16日送样的铁砂3。表观密度7579kg/m³，松散堆积密度3422kg/m³，松散堆积空隙率为55%，细度模数为3.6。

（9）河砂

采用实验室河砂，过2.36mm筛后使用。表观密度2700kg/m³。

（10）减水剂

采用减水剂C，广东省江门强力建材科技有限公司产的QL高性能减水剂，缓凝型聚羧酸系，水剂，固含量为10%。

固定胶凝材料组成为50%水泥+30%矿渣+20%粉煤灰，以重晶石砂A为基准，采用1：1、1：2、1：3、1：4四个不同的胶砂比，其他细骨料采用等体积取代重晶石砂。除进行单种细骨料的试验外，还进行了铁矿砂+铁砂+重晶石砂、蛇纹石+铁砂的组合试验。

首先采用水胶比为0.55，掺加2.2%的减水剂进行试验。每次胶凝材料用量为500g，以每方混凝土中胶凝材料用量为357kg计算，得到硼玻璃粉掺量为14g。砂浆配合比参数见表2-38，砂浆材料用量见表2-39，砂浆性能见表2-40。

砂浆配合比 表2-38

编号	胶凝材料（g）	硼玻璃粉（g）	砂胶比	细骨料种类	水胶比	用水量	减水剂掺量（%）
H1	500	14	1	河砂	0.55	275	2.20
H2	500	14	2	河砂	0.55	275	2.20
H3	500	14	3	河砂	0.55	275	2.20

续表

编号	胶凝材料 （g）	硼玻璃粉 （g）	砂胶比	细骨料种类	水胶比	用水量	减水剂掺量 （%）
H4	500	14	4	河砂	0.55	275	2.20
Z1	500	14	1	重晶石砂 A	0.55	275	2.20
Z2	500	14	2	重晶石砂 A	0.55	275	2.20
Z3	500	14	3	重晶石砂 A	0.55	275	2.20
Z4	500	14	4	重晶石砂 A	0.55	275	2.20
XZ1	500	14	1	重晶石砂 B1	0.55	275	2.20
XZ2	500	14	2	重晶石砂 B1	0.55	275	2.20
XZ3	500	14	3	重晶石砂 B1	0.55	275	2.20
XZ4	500	14	4	重晶石砂 B1	0.55	275	2.20
S31	500	14	1	蛇纹石 3-2	0.55	275	2.20
S32	500	14	2	蛇纹石 3-2	0.55	275	2.20
S33	500	14	3	蛇纹石 3-2	0.55	275	2.20
S34	500	14	4	蛇纹石 3-2	0.55	275	2.20
S21	500	14	1	蛇纹石 2-2	0.55	275	2.20
S22	500	14	2	蛇纹石 2-2	0.55	275	2.20
S23	500	14	3	蛇纹石 2-2	0.55	275	2.20
S24	500	14	4	蛇纹石 2-2	0.55	275	2.20
T1	500	14	1	铁砂 3	0.55	275	2.20
T2	500	14	2	铁砂 3	0.55	275	2.20
T3	500	14	3	铁砂 3	0.55	275	2.20
T4	500	14	4	铁砂 3	0.55	275	2.20
S3T1	500	14	1	蛇纹石 3-2+ 铁砂 3	0.55	275	2.20
S3T2	500	14	2	蛇纹石 3-2+ 铁砂 3	0.55	275	2.20
S3T3	500	14	3	蛇纹石 3-2+ 铁砂 3	0.55	275	2.20
S3T4	500	14	4	蛇纹石 3-2+ 铁砂 3	0.55	275	2.20
S2T1	500	14	1	蛇纹石 2-2+ 铁砂 3	0.55	275	2.20
S2T2	500	14	2	蛇纹石 2-2+ 铁砂 3	0.55	275	2.20
S2T3	500	14	3	蛇纹石 2-2+ 铁砂 3	0.55	275	2.20
S2T4	500	14	4	蛇纹石 2-2+ 铁砂 3	0.55	275	2.20
CTTZ1	500	14	1	铁矿石 1+ 铁砂 3+ 重晶石 A	0.55	275	2.20
CTTZ2	500	14	2	铁矿石 1+ 铁砂 3+ 重晶石 A	0.55	275	2.20
CTTZ3	500	14	3	铁矿石 1+ 铁砂 3+ 重晶石 A	0.55	275	2.20
CTTZ4	500	14	4	铁矿石 1+ 铁砂 3+ 重晶石 A	0.55	275	2.20
XTTZ1	500	14	1	铁矿砂 1+ 铁砂 3+ 重晶石 A	0.55	275	2.20
XTTZ2	500	14	2	铁矿砂 1+ 铁砂 3+ 重晶石 A	0.55	275	2.20
XTTZ3	500	14	3	铁矿砂 1+ 铁砂 3+ 重晶石 A	0.55	275	2.20
XTTZ4	500	14	4	铁矿砂 1+ 铁砂 3+ 重晶石 A	0.55	275	2.20

注：由于铁矿石 1 和铁矿砂 1 数量较少，未进行单独试验。

各配比材料用量（kg/m³） 表2-39

编号	水泥	矿粉	粉煤灰	硼玻璃粉	蛇纹石2	蛇纹石3	铁矿石1	铁矿砂1	铁砂3	重晶石砂A	重晶石砂B1	河砂	水	减水剂
H1	250	150	100	14	0	0	0	0	0	0	0	321	264	11
H2	250	150	100	14	0	0	0	0	0	0	0	641	264	11
H3	250	150	100	14	0	0	0	0	0	0	0	962	264	11
H4	250	150	100	14	0	0	0	0	0	0	0	1283	264	11
Z1	250	150	100	14	0	0	0	0	0	500	0	0	264	11
Z2	250	150	100	14	0	0	0	0	0	1000	0	0	264	11
Z3	250	150	100	14	0	0	0	0	0	1500	0	0	264	11
Z4	250	150	100	14	0	0	0	0	0	2000	0	0	264	11
XZ1	250	150	100	14	0	0	0	0	0	0	510	0	264	11
XZ2	250	150	100	14	0	0	0	0	0	0	1019	0	264	11
XZ3	250	150	100	14	0	0	0	0	0	0	1529	0	264	11
XZ4	250	150	100	14	0	0	0	0	0	0	2038	0	264	11
S31	250	150	100	14	0	314	0	0	0	0	0	0	264	11
S32	250	150	100	14	0	627	0	0	0	0	0	0	264	11
S33	250	150	100	14	0	941	0	0	0	0	0	0	264	11
S34	250	150	100	14	0	1255	0	0	0	0	0	0	264	11
S21	250	150	100	14	313	0	0	0	0	0	0	0	264	11
S22	250	150	100	14	625	0	0	0	0	0	0	0	264	11
S23	250	150	100	14	938	0	0	0	0	0	0	0	264	11
S24	250	150	100	14	1251	0	0	0	0	0	0	0	264	11
T1	250	150	100	14	0	0	0	0	900	0	0	0	264	11
T2	250	150	100	14	0	0	0	0	1800	0	0	0	264	11
T3	250	150	100	14	0	0	0	0	2700	0	0	0	264	11
T4	250	150	100	14	0	0	0	0	3600	0	0	0	264	11
S3T1	250	150	100	14	0	185	0	0	370	0	0	0	264	11
S3T2	250	150	100	14	0	370	0	0	739	0	0	0	264	11
S3T3	250	150	100	14	0	555	0	0	1109	0	0	0	264	11
S3T4	250	150	100	14	0	739	0	0	1479	0	0	0	264	11
S2T1	250	150	100	14	185	0	0	0	369	0	0	0	264	11
S2T2	250	150	100	14	369	0	0	0	738	0	0	0	264	11
S2T3	250	150	100	14	554	0	0	0	1107	0	0	0	264	11
S2T4	250	150	100	14	738	0	0	0	1476	0	0	0	264	11
CTTZ1	250	150	100	14	0	0	179	0	179	179	0	0	264	11
CTTZ2	250	150	100	14	0	0	358	0	358	358	0	0	264	11
CTTZ3	250	150	100	14	0	0	537	0	537	537	0	0	264	11
CTTZ4	250	150	100	14	0	0	716	0	716	716	0	0	264	11

续表

编号	水泥	矿粉	粉煤灰	硼玻璃粉	蛇纹石2	蛇纹石3	铁矿石1	铁矿砂1	铁砂3	重晶石砂A	重晶石砂B1	河砂	水	减水剂
XTTZ1	250	150	100	14	0	0	0	202	202	202	0	0	264	11
XTTZ2	250	150	100	14	0	0	0	403	403	403	0	0	264	11
XTTZ3	250	150	100	14	0	0	0	605	605	605	0	0	264	11
XTTZ4	250	150	100	14	0	0	0	807	807	807	0	0	264	11

砂浆性能　　　　　　　　　　　　　　　表 2-40

编号	工作性	初始流动度（mm）	跳桌流动度（mm）	3d 强度（MPa）		7d 强度（MPa）		28d 强度（MPa）	
				抗折	抗压	抗折	抗压	抗折	抗压
H4	不离析	—	255	2.8	12.3	3.7	20.4	6.1	32.9
Z4	离析	—	—	—	—	—	—	—	—
XZ4	略有离析	288	—	2.9	15.5	4.5	23.4	6.2	34.7
S32	不离析	125	225	—	—	—	—	—	—
S33	不离析	—	110	3.2	14.1	—	—	6.1	30.1
S34	太干	—	—	—	—	—	—	—	—
S24	少量离析	—	205	—	—	—	—	—	—
T4	离析	—	—	—	—	—	—	—	—
S3T3	不离析	109	155	—	—	—	—	—	—
S3T4	不离析	—	—	2.3	8.3	—	19.0	7.0	33.2
S2T4	不离析	—	145	2.8	9.9	3.6	13.9	6.1	22.9
CTTZ4	不离析	—	133	4.0	16.7	4.9	23.2	7.0	38.6
XTTZ4	不离析	—	198	3.5	12.0	5.6	24.5	8.4	33.9

注：① 试验时发现很多配比离析，离析的砂胶比为1、2 和 3 的配比未列出性能。
　　② 初始流动度指跳桌不跳动时的流动度，跳桌流动度指跳桌跳动 12 次的流动度。
　　③ 成型试件为 40mm×40mm×160mm 的水泥胶砂试件。

由表 2-40 可见，不同种类的细骨料对砂浆工作性影响很大。

（1）对比 H4、Z4、XZ4、S34、S24 和 T4 的结果可见，重晶石和铁砂比河砂需水量更小，在相同用水量条件下工作性能更好；蛇纹石 2 和蛇纹石 3 比河砂需水量更大，在相同用水量条件下工作性能更差，尤其是蛇纹石 3。

（2）对比 Z4、XZ4 可见，较细的重晶石 B1 需要更多的水能达到相同的工作性能。

（3）对比 S34 和 S24 可见，较细的蛇纹石 2-2 比较粗蛇纹石 3-2 的需水量更大。

（4）对比 S3T3 和 S2T4 可见，将需水量大的蛇纹石和需水量小的铁砂组合，可以得到工作性良好的砂浆。

（5）对比 CTTZ4 和 XTTZ4 的结果可见，铁矿石 1 比铁矿砂 1 需水量更大，因此在相同用水量条件下铁矿石 1 的工作性能更差。

（6）对比 H4、XZ4、S3T4、S2T4、CTTZ4 和 XTTZ4 的强度性能可见，除 S2T4 砂浆的强度明显偏低、CTTZ4 的强度较高外，其余四种砂浆强度基本相同。

根据砂浆工作性能情况，调整减水剂掺量，再进行试验，编号前面加"1"。河砂组由于离析严重，进行了不掺减水剂的试验，编号前面加"2"。砂浆配合比参数见表 2-41，砂浆材料用量见表 2-42，砂浆性能见表 2-43。

砂浆配合比　　　　　　　　　　　表 2-41

编号	胶凝材料（g）	硼玻璃粉（g）	砂胶比	细骨料种类	水胶比	用水量（g）	减水剂掺量（%）
1H1	500	14	1	河砂	0.55	275	1.60
1H2	500	14	2	河砂	0.55	275	1.60
1H3	500	14	3	河砂	0.55	275	1.60
1H4	500	14	4	河砂	0.55	275	1.60
2H1	500	14	1	河砂	0.55	275	0.00
2H2	500	14	2	河砂	0.55	275	0.00
2H3	500	14	3	河砂	0.55	275	0.00
2H4	500	14	4	河砂	0.55	275	0.00
1Z1	500	14	1	重晶石砂 A	0.55	275	0.00
1Z2	500	14	2	重晶石砂 A	0.55	275	0.00
1Z3	500	14	3	重晶石砂 A	0.55	275	0.00
1Z4	500	14	4	重晶石砂 A	0.55	275	0.00
1XZ1	500	14	1	重晶石砂 B1	0.55	275	0.00
1XZ2	500	14	2	重晶石砂 B1	0.55	275	0.00
1XZ3	500	14	3	重晶石砂 B1	0.55	275	0.00
1XZ4	500	14	4	重晶石砂 B1	0.55	275	0.00
1S31	500	14	1	蛇纹石 3-2	0.55	275	3.30
1S32	500	14	2	蛇纹石 3-2	0.55	275	3.30
1S33	500	14	3	蛇纹石 3-2	0.55	275	3.30
1S34	500	14	4	蛇纹石 3-2	0.55	275	3.30
1S21	500	14	1	蛇纹石 2-2	0.55	275	2.00
1S22	500	14	2	蛇纹石 2-2	0.55	275	2.00
1S23	500	14	3	蛇纹石 2-2	0.55	275	2.00
1S24	500	14	4	蛇纹石 2-2	0.55	275	2.00
1T1	500	14	1	铁砂 3	0.55	275	0.00
1T2	500	14	2	铁砂 3	0.55	275	0.00
1T3	500	14	3	铁砂 3	0.55	275	0.00
1T4	500	14	4	铁砂 3	0.55	275	0.00
1S3T1	500	14	1	蛇纹石 3-2+ 铁砂 3	0.55	275	3.30
1S3T2	500	14	2	蛇纹石 3-2+ 铁砂 3	0.55	275	3.30
1S3T3	500	14	3	蛇纹石 3-2+ 铁砂 3	0.55	275	3.30

续表

编号	胶凝材料（g）	硼玻璃粉（g）	砂胶比	细骨料种类	水胶比	用水量（g）	减水剂掺量（%）
1S3T4	500	14	4	蛇纹石 3-2+ 铁砂 3	0.55	275	3.30
1XTTZ1	500	14	1	铁矿砂 1+ 铁砂 3+ 重晶石 A	0.55	275	2.00
1XTTZ2	500	14	2	铁矿砂 1+ 铁砂 3+ 重晶石 A	0.55	275	2.00
1XTTZ3	500	14	3	铁矿砂 1+ 铁砂 3+ 重晶石 A	0.55	275	2.00
1XTTZ4	500	14	4	铁矿砂 1+ 铁砂 3+ 重晶石 A	0.55	275	2.00

各配比材料用量（kg/m³）　　　　表 2-42

编号	水泥	矿粉	粉煤灰	硼玻璃粉	蛇纹石 2	蛇纹石 3	铁矿砂 1	铁砂 3	重晶石砂 A	重晶石砂 B1	河砂	水	减水剂
1H1	250	150	100	14	0	0	0	0	0	0	321	267	8
1H2	250	150	100	14	0	0	0	0	0	0	641	267	8
1H3	250	150	100	14	0	0	0	0	0	0	962	267	8
1H4	250	150	100	14	0	0	0	0	0	0	1283	267	8
2H1	250	150	100	14	0	0	0	0	0	0	321	275	0
2H2	250	150	100	14	0	0	0	0	0	0	641	275	0
2H3	250	150	100	14	0	0	0	0	0	0	962	275	0
2H4	250	150	100	14	0	0	0	0	0	0	1283	275	0
1Z1	250	150	100	14	0	0	0	500	0	0	0	275	0
1Z2	250	150	100	14	0	0	0	1000	0	0	0	275	0
1Z3	250	150	100	14	0	0	0	1500	0	0	0	275	0
1Z4	250	150	100	14	0	0	0	2000	0	0	0	275	0
1XZ1	250	150	100	14	0	0	0	0	0	510	0	275	0
1XZ2	250	150	100	14	0	0	0	0	0	1019	0	275	0
1XZ3	250	150	100	14	0	0	0	0	0	1529	0	275	0
1XZ4	250	150	100	14	0	0	0	0	0	2038	0	275	0
1S31	250	150	100	14	0	314	0	0	0	0	0	259	17
1S32	250	150	100	14	0	627	0	0	0	0	0	259	17
1S33	250	150	100	14	0	941	0	0	0	0	0	259	17
1S34	250	150	100	14	0	1255	0	0	0	0	0	259	17
1S21	250	150	100	14	313	0	0	0	0	0	0	265	10
1S22	250	150	100	14	625	0	0	0	0	0	0	265	10
1S23	250	150	100	14	938	0	0	0	0	0	0	265	10
1S24	250	150	100	14	1251	0	0	0	0	0	0	265	10
1T1	250	150	100	14	0	0	0	900	0	0	0	275	0
1T2	250	150	100	14	0	0	0	1800	0	0	0	275	0
1T3	250	150	100	14	0	0	0	2700	0	0	0	275	0
1T4	250	150	100	14	0	0	0	3600	0	0	0	275	0

续表

编号	水泥	矿粉	粉煤灰	硼玻璃粉	蛇纹石2	蛇纹石3	铁矿砂1	铁砂3	重晶石砂A	重晶石砂B1	河砂	水	减水剂
1S3T1	250	150	100	14	0	185	0	370	0	0	0	259	17
1S3T2	250	150	100	14	0	370	0	739	0	0	0	259	17
1S3T3	250	150	100	14	0	555	0	1109	0	0	0	259	17
1S3T4	250	150	100	14	0	739	0	1479	0	0	0	259	17
1XTTZ1	250	150	100	14	0	0	202	202	202	0	0	265	10
1XTTZ2	250	150	100	14	0	0	403	403	403	0	0	265	10
1XTTZ3	250	150	100	14	0	0	605	605	605	0	0	265	10
1XTTZ4	250	150	100	14	0	0	807	807	807	0	0	265	10

砂浆性能　　　　　　　　　　　　　　　　　　　　　　表 2-43

编号	工作性	初始流动度（mm）	跳桌流动度（mm）	3d 强度（MPa）		7d 强度（MPa）		28d 强度（MPa）	
				抗折	抗压	抗折	抗压	抗折	抗压
1H4	不离析	121	240	2.7	10.8	3.6	17.9	6.1	30.9
2H2	微离析	170	275	—	—	—	—	—	—
2H3	不离析	105	231	—	—	—	—	—	—
2H4	不离析	100	148	2.4	10.7	—	19.6	8.0	34.4
1Z2	不离析	170	285	—	—	—	—	—	—
1Z3	不离析	124	248	—	—	—	—	—	—
1Z4	不离析	100	194	2.8	12.5	4.7	22.6	6.0	39.0
1XZ2	不离析	132	275	—	—	—	—	—	—
1XZ3	不离析	—	206	—	—	—	—	—	—
1XZ4	不离析		176	3.2	13.5	4.6	23.7	5.6	38.7
1S33	不离析	100	210	—	—	—	—	—	—
1S34	不离析	100	108	3.1	11.2	5.0	23.6	8.0	37.2
1S24	不离析	119	205	2.7	7.7	3.6	12.8	5.6	23.7
1T3	不离析	—	183	—	—	—	—	—	—
1T4	不离析	138		2.5	9.1	3.9	16.8	7.2	35.0
1S3T4	不离析	175		4.1	16.2	5.8	28.1	1.6	41.5
1XTTZ4	不离析		210	3.6	15.0	4.8	23.4	7.8	44.3

注：试验时发现很多配比离析，离析的砂胶比为 1、2 和 3 的配比未列出性能。

对比表 2-43 和表 2-40 可见，

（1）调整减水剂用量后，砂浆工作性能明显改善。这也表明，能够通过改变减水剂用量，调整不同细骨料砂浆的流动性。

（2）由表 2-43 可见，在同样细骨料种类和减水剂用量时，砂浆的砂胶比越大，则砂浆流动性降低。

（3）对比砂胶比为 4 的各配比砂浆的强度性能可见，仍然是蛇纹石 2-2 的砂浆强度明显偏低；重晶石砂 A、重晶石砂 B1、蛇纹石 3-2、铁砂 3 砂浆的强度基本相同，均高于河砂砂浆。

（4）对比 1S34、1T4、1S3T4 的强度性能可见，复掺蛇纹石 3-2 和铁砂的砂浆强度高于蛇纹石 3-2 砂浆和铁砂砂浆，这表明复掺蛇纹石 3-2 和铁砂的方案可行。

（5）对比 1Z4、1T4、1XTTZ4 的强度性能可见，复掺铁矿砂 1、铁砂和重晶石的砂浆强度高于铁砂砂浆和重晶石砂浆，这表明复掺铁矿砂 1、铁砂和重晶石的方案可行。

由于低砂胶比的很多砂浆离析，后续进行了水胶比为 0.50 的砂浆试验，减水剂用量也进行了适当调整。砂浆配合比参数见表 2-44，砂浆材料用量见表 2-45，砂浆性能见表 2-46。

砂浆配合比　　　　　　　　　　　　　　　表 2-44

编号	胶凝材料（g）	硼玻璃粉（g）	砂胶比	细骨料种类	水胶比（%）	用水量（g）	减水剂掺量（%）
5H1	500	14	1	河砂	0.50	250	0.00
5H2	500	14	2	河砂	0.50	250	0.00
5H3	500	14	3	河砂	0.50	250	0.00
5H4	500	14	4	河砂	0.50	250	0.00
5Z1	500	14	1	重晶石砂 A	0.50	250	0.00
5Z2	500	14	2	重晶石砂 A	0.50	250	0.00
5Z3	500	14	3	重晶石砂 A	0.50	250	0.00
5Z4	500	14	4	重晶石砂 A	0.50	250	0.00
5S31	500	14	1	蛇纹石 3-2	0.50	250	3.60
5S32	500	14	2	蛇纹石 3-2	0.50	250	3.60
5S33	500	14	3	蛇纹石 3-2	0.50	250	3.60
5S34	500	14	4	蛇纹石 3-2	0.50	250	3.60
5S21	500	14	1	蛇纹石 2-2	0.50	250	2.20
5S22	500	14	2	蛇纹石 2-2	0.50	250	2.20
5S23	500	14	3	蛇纹石 2-2	0.50	250	2.20
5S24	500	14	4	蛇纹石 2-2	0.50	250	2.20
5T1	500	14	1	铁砂 3	0.50	250	0.00
5T2	500	14	2	铁砂 3	0.50	250	0.00
5T3	500	14	3	铁砂 3	0.50	250	0.00
5T4	500	14	4	铁砂 3	0.50	250	0.00
5S3T1	500	14	1	蛇纹石 3-2+ 铁砂 3	0.50	250	3.60
5S3T2	500	14	2	蛇纹石 3-2+ 铁砂 3	0.50	250	3.60
5S3T3	500	14	3	蛇纹石 3-2+ 铁砂 3	0.50	250	3.60
5S3T4	500	14	4	蛇纹石 3-2+ 铁砂 3	0.50	250	3.60
5S2T1	500	14	1	蛇纹石 2-2+ 铁砂 3	0.50	250	2.20

续表

编号	胶凝材料（g）	硼玻璃粉（g）	砂胶比	细骨料种类	水胶比（%）	用水量（g）	减水剂掺量（%）
5S2T2	500	14	2	蛇纹石 2-2+ 铁砂 3	0.50	250	2.20
5S2T3	500	14	3	蛇纹石 2-2+ 铁砂 3	0.50	250	2.20
5S2T4	500	14	4	蛇纹石 2-2+ 铁砂 3	0.50	250	2.20
5CTTZ1	500	14	1	铁矿石 1+ 铁砂 3+ 重晶石 A	0.50	250	2.60
5CTTZ2	500	14	2	铁矿石 1+ 铁砂 3+ 重晶石 A	0.50	250	2.60
5CTTZ3	500	14	3	铁矿石 1+ 铁砂 3+ 重晶石 A	0.50	250	2.60
5CTTZ4	500	14	4	铁矿石 1+ 铁砂 3+ 重晶石 A	0.50	250	2.60

砂浆材料用量（kg/m³）　　　　　　表 2-45

编号	水泥	矿粉	粉煤灰	硼玻璃粉	蛇纹石 2	蛇纹石 3	铁矿石 1	铁砂 3	重晶石砂 A	重晶石砂 B1	河砂	水	减水剂
5H1	250	150	100	14	0	0	0	0	0	0	321	250	0
5H2	250	150	100	14	0	0	0	0	0	0	641	250	0
5H3	250	150	100	14	0	0	0	0	0	0	962	250	0
5H4	250	150	100	14	0	0	0	0	0	0	1283	250	0
5Z1	250	150	100	14	0	0	0	0	500	0	0	250	0
5Z2	250	150	100	14	0	0	0	0	1000	0	0	250	0
5Z3	250	150	100	14	0	0	0	0	1500	0	0	250	0
5Z4	250	150	100	14	0	0	0	0	2000	0	0	250	0
5S31	250	150	100	14	0	314	0	0	0	0	0	234	18
5S32	250	150	100	14	0	627	0	0	0	0	0	234	18
5S33	250	150	100	14	0	941	0	0	0	0	0	234	18
5S34	250	150	100	14	0	1255	0	0	0	0	0	234	18
5S21	250	150	100	14	313	0	0	0	0	0	0	240	11
5S22	250	150	100	14	625	0	0	0	0	0	0	240	11
5S23	250	150	100	14	938	0	0	0	0	0	0	240	11
5S24	250	150	100	14	1251	0	0	0	0	0	0	240	11
5T1	250	150	100	14	0	0	0	900	0	0	0	250	0
5T2	250	150	100	14	0	0	0	1800	0	0	0	250	0
5T3	250	150	100	14	0	0	0	2700	0	0	0	250	0
5T4	250	150	100	14	0	0	0	3600	0	0	0	250	0
5S3T1	250	150	100	14	0	185	0	370	0	0	0	234	18
5S3T2	250	150	100	14	0	370	0	739	0	0	0	234	18
5S3T3	250	150	100	14	0	555	0	1109	0	0	0	234	18
5S3T4	250	150	100	14	0	739	0	1479	0	0	0	234	18
5S2T1	250	150	100	14	185	0	0	369	0	0	0	240	11
5S2T2	250	150	100	14	369	0	0	738	0	0	0	240	11

续表

编号	水泥	矿粉	粉煤灰	硼玻璃粉	蛇纹石2	蛇纹石3	铁矿石1	铁砂3	重晶石砂A	重晶石砂B1	河砂	水	减水剂
5S2T3	250	150	100	14	554	0	0	1107	0	0	0	240	11
5S2T4	250	150	100	14	738	0	0	1476	0	0	0	240	11
5CTTZ1	250	150	100	14	0	0	179	179	179	0	0	238	13
5CTTZ2	250	150	100	14	0	0	358	358	358	0	0	238	13
5CTTZ3	250	150	100	14	0	0	537	537	537	0	0	238	13
5CTTZ4	250	150	100	14	0	0	716	716	716	0	0	238	13

砂浆性能　　　　　　　　　　　　　　　　　　表 2-46

编号	初始流动度（mm）	跳桌流动度（mm）	3d 强度（MPa）		7d 强度（MPa）		28d 强度（MPa）	
			抗折	抗压	抗折	抗压	抗折	抗压
5H2	130	258	—	—	—	—	—	—
5H3	100	196	—	—	—	—	—	—
5H4	100	118	3.3	14.1	4.0	20.0	7.0	33.0
5Z2	126	148	—	—	—	—	—	—
5Z3	102	206	—	—	—	—	—	—
5Z4	100	150	3.8	17.1	5.2	24.7	7.0	38.9
5S33	100	164	—	—	—	—	—	—
5S34	100	114	3.2	12.9	5.6	24.6	7.5	36.2
5S24	100	151	3.1	10.3	4.4	15.6	6.2	27.0
5T2	135	245	—	—	—	—	—	—
5T3	103	165	—	—	—	—	—	—
5T4	100	153	2.9	12.2	4.7	18.4	7.3	40.3
5S3T3	183	275					—	
5S3T4	100	130	3.1	10.4	6.5	28.1	9.6	33.8
5S2T4	100	152	2.6	33.3	4.2	16.5	6.2	27.0
5CTTZ4	100	134	3.1	16.0	5.4	27.7	8.5	43.1

　　对比表 2-46 和表 2-43 可见，

　　（1）将水胶比由 0.55 降低到 0.50，对砂浆强度影响不大。

　　（2）由表 2-46 可见，砂胶比为 4 的各配比砂浆的强度性能，仍然是蛇纹石 2 的砂浆强度明显偏低；重晶石砂 A、蛇纹石 3、铁砂 3 砂浆的强度基本相同，均高于河砂砂浆。

　　（3）对比 5S34、5T4 和 5S3T4 的强度性能可见，复掺蛇纹石 3-2 和铁砂的砂浆强度略低于蛇纹石 3 砂浆和铁砂砂浆。

　　（4）对比 5S24、5T4 和 5S2T4 的强度性能可见，复掺蛇纹石 2-2 和铁砂的砂浆强度与于蛇纹石 2 砂浆基本相同，明显低于铁砂砂浆。

　　（5）对比 5Z4、5T4、5CTTZ4 的强度性能可见，复掺铁矿石 1、铁砂和重晶石的砂浆强度高于铁砂砂浆和重晶石砂浆，这表明复掺铁矿石 1、铁砂和重晶石的方案可行。

以上实验结果表明，重晶石砂、铁砂需水量小，而蛇纹石和铁矿砂需水量大，但均可通过调整减水剂的用量，使砂浆工作性能满足要求。从强度来看，除蛇纹石 2-2 的砂浆强度明显偏低外，其余细骨料种类的砂浆强度相近，其中复掺铁矿石 1、铁砂和重晶石的砂浆强度较高。

综合考虑结晶水含量、工作性能和强度，可以取蛇纹石 3-2+ 铁砂、铁矿石 1+ 铁砂 3+ 重晶石砂的方案。蛇纹石 3-2+ 铁砂 =500kg+1000kg 的组合能够得到强度满足要求的砂浆，当胶凝材料组成为水泥 50%+ 矿渣 30%+ 粉煤灰 20% 的时候，水胶比为 0.50 ～ 0.55 即可。

减水剂掺量在 3.3% ～ 3.6%。这可能与蛇纹石密度小，实际体积掺量大有关。也可能与蛇纹石 3 较细，需水量大有关。铁矿石 1+ 铁砂 3+ 重晶石砂 =500kg+500kg+500kg 的组合能够得到强度满足要求的砂浆，当胶凝材料组成为水泥 50%+ 矿渣 30%+ 粉煤灰 20% 的时候，水胶比为 0.50 ～ 0.55 即可，减水剂掺量为 2.2% ～ 2.6%。其强度高于蛇纹石 3-2+ 铁砂 =500+1000 的组合。

3. 混凝土实验

在砂浆试验的基础上，采用重晶石作为粗骨料进行了重质混凝土的试验研究。试验采用的原材料如下：

（1）水泥

采用两种水泥。水泥 A：广州市珠江水泥有限公司生产的"粤秀牌"P・Ⅱ 42.5R 水泥。混合材料品种为石灰石和矿渣，掺量为 10% ～ 15%。石膏种类为天然二水石膏。水泥 B：广州珠江水泥有限公司产 P・Ⅱ 42.5R 硅酸盐水泥。

（2）矿渣

广东韶钢嘉羊新型材料有限公司产 S95 级"联峰"牌粒化高炉矿渣粉，其流动度比为 106%，活性指数为 97%。

（3）粉煤灰

东莞市日顺建材有限公司产的Ⅱ级粉煤灰，需水量比为 102%。

（4）硼玻璃粉

郑州龙祥陶瓷有限公司产的硼玻璃粉，白色粉末。

（5）重晶石砂 B1

2012 年 9 月 22 日送样，表观密度 4290kg/m³，松散堆积密度 2647kg/m³，松散堆积空隙率为 38%，细度模数为 2.0。

（6）蛇纹石

采用 2013 年 1 月 16 日送样的蛇纹石 2-2 和蛇纹石 3-2。蛇纹石 2-2 表观密度

2633kg/m³, 松散堆积密度 1226kg/m³, 松散堆积空隙率为 53%, 细度模数为 3.1。蛇纹石 3-2 表观密度 2641kg/m³, 松散堆积密度 1479kg/m³, 松散堆积空隙率为 44%, 细度模数为 2.5。

（7）铁矿砂

采用 2013 年 1 月 16 日送样的铁矿石 1-2, 表观密度 4544kg/m³, 细度模数为 2.9。

（8）铁砂

采用 2013 年 1 月 16 日送样的铁砂 3。表观密度 7579kg/m³, 松散堆积密度 3422kg/m³, 松散堆积空隙率为 55%, 细度模数为 3.6。

（9）重晶石

采用 2012 年 10 月 13 日送来的重晶石，重晶石以生产筛网尺寸命名。

5 ～ 12mm 重晶石 C0：为 0 ～ 12mm 重晶石砂 C 在实验室人工删除 4.75mm 以下颗粒得到，相当于 5-10mm 单粒级。

12 ～ 20mm 重晶石 C1：满足 5 ～ 20mm 连续级配要求。

20 ～ 40mm 重晶石 C2：满足 5 ～ 25mm 连续级配要求。先采用 5 ～ 12mm 重晶石 C0 和 20 ～ 40mm 重晶石 C2 按 35：65 搭配使用；5 ～ 12mm 重晶石 C0 用完后，用 12 ～ 20mm 重晶石 C1 和 20 ～ 40mm 重晶石 C2 按 35 ： 65 搭配使用。

（10）减水剂

采用减水剂 C，广东省江门强力建材科技有限公司产的 QL 高性能减水剂，缓凝型聚羧酸系，水剂，固含量为 10%。

分别采用 500kg 蛇纹石＋铁砂、500kg 铁矿砂＋铁砂的方案进行重质混凝土配合比设计和工作性能、力学性能试验。重质混凝土配合比参数见表 2-47，重质混凝土材料用量见表 2-48，重质混凝土性能见表 2-49。

重质混凝土配合比参数　　　　　　　　　　　　　　表 2-47

编号	胶凝材料（kg）	水泥	矿粉	粉煤灰	硼玻璃粉（kg）	砂率	水胶比	减水剂掺量	蛇纹石2-2（kg）	蛇纹石3-2（kg）	铁矿砂（kg）	铁砂（kg）	C0石	C1石	C2石
Z40-4	380	55	35	10	10	0.45	0.45	3.80	0	500	0	900	0	35	65
Z40-5	380	55	35	10	10	0.45	0.50	3.60	0	500	0	900	0	35	65
Z41	400	45	37	18	10	0.45	0.40	2.90	500	0	0	950	0	35	65
Z42-3	350	47	35	18	10	0.43	0.40	3.00	0	0	500	500	35	0	65
Z42-4	350	55	35	10	10	0.40	0.50	2.50	0	0	500	500	35	0	65
Z42-5	330	55	35	10	10	0.40	0.50	2.10	0	0	500	500	35	0	65
Z42-6	360	55	35	10	10	0.42	0.50	2.10	0	0	500	500	0	35	65
Z42-7	360	55	35	10	10	0.45	0.50	1.90	0	0	500	500	0	35	65
Z43-1	380	55	30	15	10	0.45	0.45	2.10	0	0	500	500	0	35	65
Z43-2	380	55	30	15	10	0.49	0.45	2.10	0	0	500	500	0	35	65

续表

编号	胶凝材料（kg）	水泥	矿粉	粉煤灰	硼玻璃粉（kg）	砂率	水胶比	减水剂掺量	蛇纹石2-2（kg）	蛇纹石3-2（kg）	铁矿砂（kg）	铁砂（kg）	C0石	C1石	C2石
Z44	340	55	30	15	10	0.48	0.45	2.20	0	0	500	500	0	35	65
Z45	400	45	35	20	10	0.45	0.40	2.40	0	0	500	500	0	35	65
Z46	340	55	35	10	10	0.45	0.55	1.80	0	0	500	500	0	35	65
Z47	340	55	30	15	10	0.45	0.55	1.70	0	0	500	400	0	35	65
Z48	340	55	27	18	10	0.45	0.55	1.80	0	0	500	400	0	35	65
Z49	340	51	25	24	10	0.45	0.55	1.80	0	0	500	400	0	35	65
Z50	340	46.8	35	18.3	10	0.45	0.55	1.80	0	0	500	400	0	35	65
Z51	320	46.8	35	18.3	10	0.46	0.55	2.00	0	0	500	400	0	35	65
Z52	355	46.8	27	26.3	10	0.45	0.50	2.00	0	0	500	400	0	35	65
Z53	335	46.8	27	26.3	10	0.46	0.50	2.20	0	0	500	400	0	35	65
Z54	380	49.5	30	20.5	10	0.45	0.55	3.60	500	0	0	0	0	35	65
Z55	340	49.5	30	20.5	10	0.48	0.55	2.00	500	0	0	0	0	35	65
Z56	300	49.5	30	20.5	10	0.50	0.55	2.50	0	500	0	0	0	35	65
Z57	360	49.5	30	20.5	10	0.48	0.55	2.80	0	500	0	0	0	35	65
Z58	360	49.5	30	20.5	10	0.48	0.55	2.80	0	500	0	1000	0	35	65
Z59	380	49.5	30	20.5	10	0.45	0.55	3.00	0	500	0	0	0	35	65
Z60	380	49.5	30	20.5	10	0.38	0.55	3.20	0	500	0	0	0	35	65
Z61	380	49.5	30	20.5	10	0.45	0.55	3.50	0	500	0	1000	0	35	65

注：① 表中未标注单位的为％；

② Z49-Z61 采用水泥 B 进行试验，此时水泥用量降低至 85％，水泥减少的量用粉煤灰代替。

重质混凝土材料用量（kg/m³）　　　　表 2-48

编号	水泥	矿粉	粉煤灰	硼玻璃粉	蛇纹石2-2	蛇纹石3-2	铁矿砂	铁砂	重晶石砂	C0石	C1石	C2石	水	减水剂
Z40-4	209	133	38	10	0	500	0	900	72	0	595	1104	158.0	14.44
Z40-5	209	133	38	10	0	500	0	900	64	0	591	1098	177.7	13.68
Z41	180	148	72	10	500	0	0	950	37	0	593	1101	136.4	11.60
Z42-3	165	123	63	10	0	0	500	500	272	630	0	1170	121.2	10.50
Z42-4	193	123	35	10	0	0	500	500	329	654	0	1215	157.8	8.75
Z42-5	182	116	33	10	0	0	500	500	340	660	0	1227	149.4	6.93
Z42-6	198	126	36	10	0	0	500	500	383	0	629	1169	163.9	7.56
Z42-7	198	126	36	10	0	0	500	500	474	0	597	1108	164.5	6.84
Z43-1	209	114	57	10	0	0	500	500	474	0	597	1108	154.5	7.98
Z43-2	209	114	57	10	0	0	500	500	595	0	553	1028	154.5	7.98
Z44	187	102	51	10	0	0	500	500	624	0	597	1108	136.9	7.48
Z45	180	140	80	10	0	0	500	500	474	0	597	1108	142.0	9.60
Z46	187	119	34	10	0	0	500	500	480	0	599	1113	172.2	6.12

续表

编号	水泥	矿粉	粉煤灰	硼玻璃粉	蛇纹石2-2	蛇纹石3-2	铁矿砂	铁砂	重晶石砂	C0石	C1石	C2石	水	减水剂
Z47	187	102	51	10	0	0	500	400	536	0	599	1113	172.5	5.78
Z48	187	92	61	10	0	0	500	400	536	0	599	1113	172.2	6.12
Z49	173	85	82	10	0	0	500	400	536	0	599	1113	172.2	6.12
Z50	159	119	62	10	0	0	500	400	536	0	599	1113	172.2	6.12
Z51	150	112	58	10	0	0	500	400	595	0	590	1095	160.9	6.40
Z52	166	96	93	10	0	0	500	400	534	0	598	1111	161.8	7.10
Z53	157	90	88	10	0	0	500	400	592	0	589	1093	151.5	7.37
Z54	188	114	78	10	500	0	0	0	561	0	587	1091	183.5	13.68
Z55	168	102	70	10	500	0	0	0	672	0	570	1059	167.7	6.80
Z56	149	90	62	10	0	500	0	0	786	0	553	1028	158.3	7.50
Z57	178	108	74	10	0	500	0	0	661	0	564	1048	188.9	10.08
Z58	178	108	74	10	0	500	0	1000	69	0	551	1023	188.9	10.08
Z59	188	114	78	10	0	500	0	0	533	0	574	1066	198.7	11.40
Z60	188	114	78	10	0	500	0	0	318	0	640	1189	198.1	12.16
Z61	188	114	78	10	0	500	0	1000	2	0	587	1091	197.0	13.30

重质混凝土性能 表2-49

编号	3d 抗压强度（MPa）	7d 抗压强度（MPa）	28d 抗压强度（MPa）		坍落度（mm）	湿密度（kg/m³）
			100mm	150mm		
Z40-4	25.4	34.3	47.4	49.2	—	—
Z40-5	23.4	34.6	45.9	43.1	—	—
Z42-3	31.4	43.5	—	49.8	0	3866
Z42-4	25.0*	35.8*	45.5	47.3	0	—
Z42-5	23.3	34.1	47.8	49.6	0	—
Z42-6	22.2	32.3	45.8	44.2	40	—
Z42-7	27.4*	35.6*	—	45.9	75	—
Z43-1	27.1	37.2	49.2	—	0	—
Z43-2	27.4	32.1	50.8	53.5	40	—
Z44	29.3	29.7	53.2	45.8	0	—
Z45	33.1	38.2	58.3	53.3	160	—
Z46	21.4	30.8	41.0	42.3	120	3788
Z47	21.1	34.1	43.5	44.7	55	3752
Z48	19.8	32.3	42.1	42.5	135	—
Z49	17.6	28.4	38.4	41.2	130	—
Z50	18.4	29.3	42.5	43.9	80	—

续表

编号	3d 抗压强度（MPa）	7d 抗压强度（MPa）	28d 抗压强度（MPa）		坍落度（mm）	湿密度（kg/m³）
			100mm	150mm		
Z51	18.6	30.0	41.7	43.7	160	—
Z52	17.5	30.2	42.5	44.9	68	—
Z53	18.1	29.9	42.4	45.5	125	—
Z54	11.0	19.5	22.8	28.0	130	—
Z55	12.7	24.0	26.7	34.2	0	—
Z57	12.9	25.2	28.9	34.8	—	—
Z58	12.2	23.7	29.9	31.4	—	—
Z59	11.8	24.1	30.1	34.9	—	—
Z60	11.3	23.8	27.2	31.8	—	—
Z61	10.8	23.8	24.6	31.9	—	—

注：带 * 的为 150mm 立方体试件的强度，其余为 100mm 立方体试件的强度。

由表 2-47 至表 2-49 可见：

（1）采用铁矿砂 + 铁砂 + 重晶石砂、蛇纹石 + 铁砂的两种细骨料组合均能得到性能满足要求的重质混凝土。

（2）当采用铁矿砂 + 铁砂 + 重晶石砂的细骨料组合时，铁矿砂用量为 500kg，铁砂用量为 400 ～ 500kg，重晶石砂用量为 500kg 左右；胶凝材料组成可为 55% 普通水泥 +35% 矿渣粉 +10% 粉煤灰，胶凝材料用量为 320 ～ 340kg；水胶比 0.55，减水剂用量为 1.8% 左右。代表性配合比为 Z46 和 Z51。

（3）当采用蛇纹石 + 铁砂的细骨料组合时，蛇纹石用量为 500kg，铁砂用量为 900 ～ 1000kg，基本不掺重晶石砂；胶凝材料组成可为 55% 普通水泥 +35% 矿渣粉 +10% 粉煤灰，胶凝材料用量为 380 ～ 400kg；水胶比 0.50，但工作性能估计难以满足要求。减水剂用量为 3.6% 左右。代表性配合比为 Z40-5。

考虑到采用铁矿砂 + 铁砂 + 重晶石砂的细骨料方案时，胶凝材料用量低，混凝土工作性能好，建议采用铁矿砂 + 铁砂 + 重晶石砂的细骨料方案。由于铁矿砂 + 铁砂 + 重晶石砂搭配后重质混凝土的湿密度偏高，故可以考虑采用表观密度略低的重晶石，初步考虑其表观密度不低于 4200kg/m³。

根据前述研究，提出了如下骨料性能要求，进一步取样，选择料源。

（1）重晶石

表观密度不低于 4200kg/m³。分为 5 ～ 10mm 和 10 ～ 25mm 两级配。

（2）重晶石砂

表观密度不低于 4200kg/m³。颗粒粒径在 Ⅱ 区中砂范围。

（3）铁砂

表观密度不低于为 7500kg/m³，颗粒粒径在 0.1 ～ 0.3mm。

（4）铁矿砂

结晶水含量不小于 12%，可通过铁矿石表观密度（3200 ～ 3400kg/m³）对结晶水进行估算。颗粒粒径在 0.1 ～ 3mm。

（5）蛇纹石

结晶水含量不低于 12%。颗粒粒径在 0.3 ～ 3mm。作为铁矿砂对比试验用。

二、防中子辐射重质混凝土实验研究

在选择了铁矿砂作为含水细骨料后，进一步开展了不同来源的铁矿砂性能及重质混凝土试配研究。同时，也对铁砂及重晶石的来源开展了进一步的优选，得到了推荐的防中子辐射混凝土的配合比。

1. 铁矿砂重质混凝土配合比研究

2013 年 3 月，利用施工单位重新送样的原材料进行铁矿砂重质混凝土试验。原材料性能如下。

（1）水泥

2013 年 3 月 14 日送样，广州市珠江水泥有限公司生产的"粤秀牌" P·Ⅱ 42.5R 水泥。

（2）矿渣微粉

2013 年 3 月 14 日送样，唐山曹妃甸盾石新型建材有限公司"首钢" S95 级粒化高炉矿渣粉。

（3）粉煤灰

2013 年 3 月 14 日送样，Ⅱ级粉煤灰。

（4）硼玻璃粉

2012 年送样，郑州龙祥陶瓷有限公司产的硼玻璃粉。

（5）铁矿砂

铁矿砂采用两种。

铁矿砂 G1：2013 年 2 月 19 日送样，实验室人工过 2.36mm 筛。0 ～ 2.36mm 部分烧失量 13.52%，表观密度 3537kg/m³，松散堆积密度 1755kg/m³，紧密堆积密度 1968kg/m³，级配见表 2-50，照片见图 2-42。大于 2.36mm 部分表观密度 3141kg/m³，松散堆积密度 1696kg/m³，紧密堆积密度 1900kg/m³，试验时不采用。

铁矿砂 D1：2013 年 3 月 12 日送样，照片见图 2-43，实验室人工过 2.36mm 筛。0 ～ 2.36mm 部分烧失量 5.10%，表观密度 4074kg/m³，松散堆积密度 1898kg/m³，紧密堆积密度 2206kg/m³，级配见表 2-50，照片见图 2-44。大于 2.36mm 部分试验时不采用。

图 2-42 铁矿砂 G1
（直径大于 2.36mm）照片

图 2-43 铁矿砂 D1 照片

图 2-44 铁矿砂 D1
（直径小于 2.36mm）照片

粗细骨料级配 表 2-50

累计筛余（%）												
筛孔直径（mm）	37.5	31.5	26.5	19	16	9.5	4.75	2.36	1.18	0.60	0.30	0.15
铁矿石 G1								0	23	47	72	87
铁矿石 D1								0	18	34	53	74
铁砂								0	0	73	100	100
蛇纹石							0	17	37	56	72	83
重晶石砂 D							6	30	47	64	79	91
重晶石 D	筛分前 5～10mm	3	5	10	25	30	44	60	73	80	86	91	95
	筛分前 10～20mm	3	17	39	70	81	95	99	99	99	99	99	100
	筛分后 5～10mm					0	92	100	100	100	100	100	100
	筛分后 10～30mm	0	0	14	50	68	98	99	99	100	100	100	100

（6）蛇纹石

2013 年 3 月 4 日送样，结晶水含量 12.52%，表观密度 2667kg/m³，级配见表 2-50。

（7）铁砂

2013 年 3 月送样，表观密度 7651kg/m³，级配见表 2-50，照片见图 2-45。

（8）重晶石砂 D

2013 年 3 月 7 日送样，表观密度 4091kg/m³，松散堆积密度 2502kg/m³，紧密堆积密度 2911kg/m³，级配见表 2-50，照片见图 2-46。

（9）重晶石 D

2013 年 3 月 7 日送样，送样的 5～10mm 和 10～20mm 重晶石级配很差，实验室用 4.75mm、9.5mm、31.5mm 筛人工筛分为 5～10mm（表观密度 3944kg/m³，松散堆积密度 2082kg/m³，紧密堆积密度 2476kg/m³，照片见图 2-47）和 10～30mm（表观密度 4012kg/m³，松散堆积密度 2105kg/m³，紧密堆积密度 2389kg/m³，照片见

图 2-48）后使用，级配见表 2-50。5 ～ 10mm 和 10 ～ 30mm 的石子搭配使用，比例为
35 ： 65。

图 2-45　铁砂照片

图 2-46　重晶石砂 D 照片

图 2-47　筛分后 5 ～ 10mm 重晶石 D 照片 　　图 2-48　筛分后 10 ～ 30mm 重晶石 D 照片

（10）减水剂

2013 年 3 月 14 日送样，广东省江门强力建材科技有限公司产的 QL-PC5 高性能
减水剂，缓凝型聚羧酸系，水剂，固含量为 10%。

因烧失量符合要求的铁矿砂量很少，仅进行了重质混凝土初步实验。混凝土配合
比参数见表 2-51，混凝土中原材料用量见表 2-52，混凝土性能见表 2-53。

混凝土配合比参数　　　　　　　　　　　　　　　　表 2-51

配合比编号	胶凝材料（kg/m³）	水胶比	体积砂率（%）	胶材组成（%）			减水剂掺量（%）	蛇纹石（kg/m³）	铁矿砂G1（kg/m³）	铁矿砂D1（kg/m³）	铁砂（kg/m³）	重晶石（kg/m³）	
				水泥	矿粉	粉煤灰						表观密度	用量
Z62-1	330	0.55	31	55	35	10	2.40		400		800	4000	1929
Z62-2	340	0.55	40	55	35	10	2.50		385		850	4000	1878
Z62-3	340	0.55	42	55	35	10	3.00		385		850	4000	1878
Z62-4	340	0.55	44	55	35	10	3.20		385		850	4000	1878
Z63	330	0.55	44	55	35	10	3.20		400		800	4000	1929
Z64	340	0.55	44	55	45	0	3.20		385		850	4000	1878

续表

配合比编号	胶凝材料（kg/m³）	水胶比	体积砂率（%）	胶材组成（%）			减水剂掺量（%）	蛇纹石（kg/m³）	铁矿砂G1（kg/m³）	铁矿砂D1（kg/m³）	铁砂（kg/m³）	重晶石（kg/m³）	
				水泥	矿粉	粉煤灰						表观密度	用量
Z65-1	340	0.55	49.4	55	35	10	3.20			1020	700	4000	1393
Z65-2	340	0.55	49.4	55	35	10	3.50			1020	700	4000	1393
Z66	380	0.52	48	55	45	0	4.00	350			1200	4000	1512

混凝土中原材料用量（kg/m³）　　　　　表 2-52

配合比编号	水	水泥	矿粉	粉煤灰	硼玻璃粉	蛇纹石	铁矿砂G1	铁矿砂D1	铁砂	重晶石			减水剂
										砂	5～10mm	10～30mm	
Z62-1	174.4	182	116	33	10	0	400	0	800	0	553	1375	7.92
Z62-2	179.4	187	119	34	10	0	385	0	850	196	505	1178	8.50
Z62-3	177.8	187	119	34	10	0	385	0	850	252	488	1138	10.20
Z62-4	177.2	187	119	34	10	0	385	0	850	308	550	1021	10.88
Z63	172.0	182	116	33	10	0	400	0	800	334	558	1036	10.56
Z64	177.2	187	153	0	10	0	385	0	850	308	550	1021	10.88
Z65-1	177.2	187	119	34	10	0	0	1020	700	0	395	998	10.88
Z65-2	176.3	187	119	34	10	0	0	1020	700	0	395	998	11.90
Z66	183.9	209	171	0	10	350	0	0	1200	126	485	901	15.20

混凝土性能　　　　　表 2-53

配合比编号	坍落度（mm）	抗压强度（MPa）					表观密度（kg/m³）
		3d	7d	14d	28d	150mm 试件 28d	
Z62-1	0	—	22.5	30.0	34.3	—	3680
Z62-2	25	—	24.3	33.3	36.3	35.5	3641
Z62-3	55	—	25.1	33.4	37.0	36.9	3655
Z62-4	110	—	18.6	27.1	31.1	32.0	3633
Z63	55	—	22.4	31.4	35.6	34.6	3569
Z64	140	—	26.4	36.7	42.3	40.7	3620
Z65-1	30	—	29.2	36.8	39.0	40.2	3427
Z65-2	25	—	29.9	39.1	38.6	43.0	3346
Z66	180	—	22.7	30.5	33.9	34.5	3526

注：未标记 150mm 试件的是 100mm 立方体试件的强度。

由表 2-53 实验结果可知：

（1）掺加高结晶水量的铁矿砂 G1 的 Z64 混凝土强度满足 C30 要求，表观密度大于 3600kg/m³，坍落度也满足施工要求。混凝土中含结晶水质量为：胶凝材料质

量 ×0.20+ 铁矿石 × 控制含水率 =340×0.20+385×0.12=68+46.2=114.2kg，满足设计110kg 的结晶水要求。

（2）对比 Z63 和 Z64 可见，胶凝材料中掺加粉煤灰会降低强度和表观密度，考虑到粉煤灰的质量保证问题，建议采用水泥＋矿渣的胶凝材料组成。

（3）对比 Z63 和 Z65 可见，掺加高结晶水量的铁矿砂 D1 的 Z65 混凝土强度虽然满足要求，但表观密度较低，不能满足要求，需要进一步提高铁砂用量；但该配合比已经没有采用重晶石砂了，如果进一步提高铁砂用量，则砂率会进一步提高，对混凝土抗裂性能不利。

（4）对比 Z64 和 Z66 可见，尽管掺加蛇纹石的 Z66 混凝土已经采用了更高的胶凝材料用量和更低的水胶比，其强度和表观密度均不满足要求；这也进一步说明了在同样水胶比下，蛇纹石混凝土的强度会较低，达到同样的强度需要更低的水胶比和更多的胶凝材料用量，这与前面的研究结果一致。

由于满足烧失量的铁矿砂较少，重新送样后进一步研究配合比。原材料除铁矿石、重晶石砂、重晶石变化外，其他原材料无变化。更换后的骨料性能如下：

（1）铁矿砂

2013 年 4 月 8 日送样，含水率很高，细粉很多，超过半数小于 0.15mm，按烧失量分为两种。

铁矿砂 G2 烧失量 13.14%，表观密度 3362kg/m³，含水率 44.2%，级配见表 2-54，照片见图 2-49。

铁矿砂 D2 烧失量 9.51%，表观密度 3387kg/m³，含水率 35.2%，级配见表 2-54，照片见图 2-50。

图 2-49　铁矿砂 G2 照片　　　　　　　图 2-50　铁矿砂 D2 照片

（2）重晶石砂 B1

2012 年 9 月 11 日送样，表观密度 4210kg/m³，级配见表 2-54。

（3）重晶石 E

2013 年 3 月 27 日送样，送样为混合级配（表观密度 4209kg/m³），实验室用 4.75mm、9.5mm、31.5mm 筛人工筛分为 5 ～ 10mm（表观密度 4173kg/m³，照片见

图 2-51）和 10 ～ 30mm（表观密度 4135kg/m³，照片见图 2-52）后使用，级配见表 2-54，粒型较差。5 ～ 10mm 和 10 ～ 30mm 的石子搭配使用，比例为 35 ∶ 65。0 ～ 5mm 部分级配很差，未采用。大于 31.5mm 部分未采用。

图 2-51　筛分后 5 ～ 10mm 重晶石 E 照片　　图 2-52　筛分后 10 ～ 30mm 重晶石 E 照片

考虑到多次送样的重晶石表观密度和级配变化较大，建议施工单位后续工程中需重视重晶石破碎前的清洗以及相对密度的控制，重晶石加工工艺也需专门研究，以得到适宜级配的砂石。

考虑到实际工程中，每批原材料的性能均会产生变化，故采用重晶石表观密度控制值和铁矿砂控制烧失量进行配合比设计。重晶石表观密度控制值分别按 4200kg/m³ 和 4000kg/m³ 进行设计。铁矿砂 G2 和 D2 的控制烧失量分别按 12% 和 8%。

混凝土配合比参数见表 2-55，混凝土中原材料用量见表 2-56，混凝土性能见表 2-57。

粗细骨料级配　　　　　　　　　　　表 2-54

	累计筛余（%）										
筛孔直径（mm）	31.5	26.5	19	16	9.5	4.75	2.36	1.18	0.60	0.30	0.15
铁矿砂 G2						0	5	17	25	33	43
铁矿砂 D2						0	6	21	38	58	73
重晶石砂 B1						0	22	44	62	78	84
重晶石 E　筛分后 5 ～ 10mm					0	93	100				
重晶石 E　筛分后 10 ～ 30mm	0	27	76	88	99	100					

混凝土配合比参数　　　　　　　　　　表 2-55

配合比编号	胶凝材料（kg/m³）	水胶比	体积砂率（%）	胶材组成（%）			减水剂掺量（%）	蛇纹石（kg/m³）	铁矿砂 G1（kg/m³）	铁矿砂 D1（kg/m³）	铁砂（kg/m³）	重晶石（kg/m³）	
				水泥	矿粉	粉煤灰						表观密度	用量
Z70	340	0.55	44	55	45	0	6.00	0	350	0	700	4200	2083
Z71	350	0.52	44	55	45	0	6.50	0	350	0	700	4200	2078

续表

配合比编号	胶凝材料（kg/m³）	水胶比	体积砂率（%）	胶材组成（%）			减水剂掺量（%）	蛇纹石（kg/m³）	铁矿砂G1（kg/m³）	铁矿砂D1（kg/m³）	铁砂（kg/m³）	重晶石（kg/m³）	
				水泥	矿粉	粉煤灰						表观密度	用量
Z72	350	0.52	44	55	35	10	6.00	0	350	0	700	4200	2078
Z73	340	0.55	44	55	45	0	6.00	0	0	500	800	4200	1833
Z74	350	0.55	44	55	45	0	12.00	0	0	500	800	4200	1818
Z75	340	0.55	44	55	45	0	6.50	0	350	0	900	4000	1883
Z76	350	0.52	44	55	45	0	7.00	0	350	0	900	4000	1878
Z77	350	0.52	44	55	35	10	7.00	0	350	0	900	4000	1878
Z78	360	0.55	44	55	45	0	12.00	0	0	475	1050	4000	1577
Z79	360	0.50	44	55	45	0	8.00	320	0	0	1100	4000	1700

混凝土中原材料用量（kg/m³）　　　　表2-56

配合比编号	水	水泥	矿粉	粉煤灰	硼玻璃粉	蛇纹石	铁矿砂G1	铁矿砂D1	铁砂	重晶石			减水剂
										砂	5～10mm	10～30mm	
Z70	168.6	187	153	0	10	0	350	0	700	452	571	1060	20.40
Z71	161.5	193	158	0	10	0	350	0	700	450	570	1058	22.75
Z72	163.1	193	123	35	10	0	350	0	700	450	570	1058	21.00
Z73	168.6	187	153	0	10	0	0	500	800	204	570	1059	20.40
Z74	154.7	193	158	0	10	0	0	500	800	197	567	1053	42.00
Z75	167.1	187	153	0	10	0	350	0	900	327	544	1011	22.10
Z76	160.0	193	158	0	10	0	350	0	900	325	543	1009	24.50
Z77	160.0	193	123	35	10	0	350	0	900	325	543	1009	24.50
Z78	159.1	198	162	0	10	0	0	475	1050	64	530	983	43.20
Z79	154.1	198	162	0	10	320	0	0	1100	150	542	1007	28.80

混凝土性能　　　　表2-57

配合比编号	坍落度（mm）	抗压强度（MPa）				表观密度（kg/m³）
		3d	7d	28d	150mm试件 28d	
Z70	120	25.0*	36.5*	—	48.6	3630
Z71	130	12.4	19.3	31.5	35.6	3482
Z72	0	17.0	27.7	42.0	43.3	3607
Z73	0	16.2	28.5	45.5	43.6	3503
Z74	0	10.3	22.7	40.1	—	3496
Z75	80	28.4*	38.7*	—	52.8	3696
Z76	165	21.1*	33.0*	—	49.7	3607
Z77	60	25.4*	35.4*	—	51.0	3655
Z78	75	13.5*	26.2*	—	46.0	3628
Z79	180	6.3*	18.8*	—	35.8	3597

注：除带 * 的以外，未标记150mm试件的是100mm立方体试件的强度。

由表 2-55 可见，由于铁矿石很细，使得减水剂用量大幅增加一倍以上。当铁矿砂烧失量更低时（D2 号样），因铁矿砂用量增加，需增加胶凝材料用量和进一步大幅减水剂用量。

由表 2-57 可见：

（1）Z74 和 Z78 早期强度偏低，这可能是由于其中减水剂用量过大，其中有缓凝组分所致。

（2）对比 Z70～Z74 和 Z75～Z79 可见，重晶石按表观密度 4000kg/m³ 进行设计时，掺加更多的铁砂，实际混凝土表观密度高于重晶石按 4200kg/m³ 进行设计的混凝土。考虑到可能的原材料质量波动，建议重晶石按表观密度 4000kg/m³ 时的铁砂掺量进行设计，重晶石原材料按表观密度不低于 4200kg/m³ 进行控制。在 Z75～Z79 中，除采用蛇纹石的 Z79 的强度和表观密度偏低外，其余四个掺铁矿砂的配合比均满足要求。

（3）对比 Z75 和 Z76 可见，增加胶凝材料用量，会导致混凝土的强度和表观密度降低。

（4）对比 Z76 和 Z77 可见，以粉煤灰取代部分矿渣，也会导致混凝土的强度和表观密度降低。考虑到混凝土的表观密度是首先要保证的指标，对于高烧失量的铁矿砂，优选胶凝材料组成为水泥＋矿渣，胶凝材料用量较低的 Z75 配比。

（5）对比 Z75 和 Z78 可见，如果铁矿砂的烧失量降低，则需增加铁砂的用量，并需同时增加胶凝材料和减水剂用量，建议选择较高烧失量的铁矿砂。

Z75、Z78 所用铁矿砂结晶水含量分别按 12% 和 8% 计算，则混凝土中含结晶水控制质量为：

胶凝材料质量 ×0.20+ 铁矿砂 × 控制含水率（12%）=340×0.20+350×0.12=68+42=110kg。

胶凝材料质量 ×0.20+ 铁矿砂 × 控制含水率（8%）=360×0.20+475×0.08=72+38=110kg。

Z75 和 Z78 的结晶水含量均满足设计 110kg 的要求。由试验结果也可以发现 Z75 强度较高，Z75 为较优配比。

由于铁矿砂的结晶水含量是影响重质混凝土配合比和性能的重要因素，提出了铁矿砂结晶水含量不应低于 12% 的技术要求。

考虑到铁矿砂来自铁矿石破碎得到，为避免可能的危害，对其元素组成进行了能谱分析，并根据烧失量（计算为水）换算得到了铁矿砂的元素组成，见表 2-58。

铁矿砂元素组成　　　　　　　　　　　　　表 2-58

样品名称	O	Al	Si	Ca	Ti	Mn	Fe	H	Cu
铁矿砂 G2	47.55	7.61	6.16	0.34	0.41	1.17	35.31	1.46	—
铁矿砂 D2	47.94	7.85	6.27	0.24	0.38	0.96	34.88	1.06	0.43

由表 2-58 可见，铁矿砂的主要元素是氧和铁，其他成分很少，未发现有害元素，可用于后续工程施工。

2. 重质混凝土配合比优化研究

根据前述研究，提出了如下骨料性能要求，请施工单位进一步购买大量原材料，进行配合比优化研究。

（1）重晶石

重晶石矿石破碎前应检验过表观密度，并应用水洗干净表面的泥土。重晶石表观密度不低于 $4200kg/m^3$。应选择适宜的破碎方法对表观密度符合要求的重晶石进行破碎，以保证重晶石的粒径分布满足标准要求和减少浪费，石子粒型应较好。应分为重晶石砂（宜为Ⅱ区中砂）、$5 \sim 10mm$ 重晶石石、$10 \sim 25mm$（或 $10 \sim 30mm$）重晶石石。

（2）铁砂

表观密度不低于为 $7500kg/m^3$，颗粒粒径宜在 $0.3 \sim 2.0mm$。

（3）铁矿砂

结晶水含量不小于 12%，注意避免选用含水率过高的铁矿石。破碎后的铁矿石砂级配应符合标准要求，石粉含量宜满足要求，最大颗粒粒径应小于 3.0mm。

2013 年 7 月，利用施工单位重新送样的大量购买的原材料进行铁矿砂重质混凝土配合比优化试验。2013 年 7 月 30 日送样，8 月 15 日补送样。原材料性能如下。

（1）水泥

广州市珠江水泥有限公司生产的"粤秀牌"P·Ⅱ 42.5R 水泥。

（2）矿渣微粉

唐山曹妃甸盾石新型建材有限公司"首钢"S95 级粒化高炉矿渣粉。

（3）微珠

精选后的超细粉煤灰，掺加微珠后可改善和易性，降低水化热。

（4）硼玻璃粉

郑州龙祥陶瓷有限公司产的粒度 320 号硼玻璃粉。

（5）铁矿砂 G3

工地晒过的，含水率看起来不高，细粉很多，烧失量 12.60%。第一次测定表观密度 $2867kg/m^3$，含水率 17.1%；第二次测定表观密度 $2885kg/m^3$，含水率 12.5%；级配见表 2-59，细度模数 1.23。

（6）铁砂

表观密度 $7685kg/m^3$，细度模数 3.16，级配见表 2-59，照片见图 2-53。

（7）重晶石砂 E

细粉较多，表观密度 $4187kg/m^3$，细度模数 1.83，级配见表 2-59，照片见图 2-54。

（8）重晶石 E

粗细骨料级配　　　　　　　　　　　　　　　　　　　　　　　　　　　表 2-59

筛孔直径（mm）	累计筛余（%）										
	31.5	26.5	19	16	9.5	4.75	2.36	1.18	0.60	0.30	0.15
铁矿石						0	3	9	20	37	56
铁砂						0	0	25	92	100	100
重晶石砂						0	0	14	38	61	77
重晶石	0	1	31	50	83	98	99				

5～25mm 连续级配，表观密度 4227kg/m³，级配见表 2-59，照片见图 2-55。

图 2-53　铁砂照片

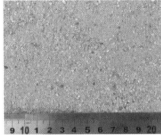
图 2-54　重晶石砂 E 照片

图 2-55　重晶石 E 照片

（9）减水剂 C

广东省江门强力建材科技有限公司产的 QL-PC5 高性能减水剂，聚羧酸系，水剂，固含量为 10%。

混凝土配合比参数见表 2-60，混凝土中原材料用量见表 2-61，混凝土性能见表 2-62。搅拌制度为加入细骨料、胶凝材料、水和外加剂后搅拌 2.5min，最后加入粗骨料搅拌 0.5min。

混凝土配合比参数　　　　　　　　　　　　　　　　　表 2-60

配合比编号	胶凝材料（kg/m³）	水胶比	体积砂率（%）	胶材组成（%）			减水剂掺量（%）	铁矿砂G3（kg/m³）	铁砂（kg/m³）	重晶石E（kg/m³）	
				水泥	矿粉	微珠				表观密度	用量
Z80	340	0.55	44	55	45	—	5.0	350	900	4000	1883
Z81	340	0.55	44	55	45	—	6.5	350	1050	4000	1733

配合比编号	胶凝材料（kg/m³）	水胶比	体积砂率（%）	胶材组成（%）	减水剂掺量（%）	铁矿砂G3（kg/m³）	铁砂（kg/m³）	重晶石E（kg/m³）	配合比编号	胶凝材料（kg/m³）	水胶比
Z83	340	0.55	44	55	45	—	6.0	350	850	4200	1933
Z84	340	0.55	44	55	45	—	5.0	350	900	4000	1883
Z85	340	0.55	44	55	45	—	4.0	350	1050	4000	1733
Z86	350	0.52	44	55	45	—	5.0	350	1000	4000	1778
Z87	340	0.55	44	55	45	—	4.0	350	850	4200	1933

注：Z80 为原来的 Z75，未根据铁矿砂密度调整铁砂用量。

混凝土中原材料用量（kg/m³）　　　　表 2-61

| 配合比编号 | 水 | 水泥 | 矿粉 | 微珠 | 硼玻璃粉 | 铁矿石 | 铁砂 | 重晶石 | | 减水剂 |
								砂	5～25mm	
Z80	171.7	187	153	—	10	350	900	327	1556	17.00
Z81	167.1	187	153	—	10	350	1050	183	1550	22.10
Z82	161.5	193	158	—	10	350	1000	217	1561	22.75
Z83	168.6	187	153	—	10	350	850	303	1630	20.40
Z84	171.7	187	153	—	10	350	900	327	1556	17.00
Z85	174.8	187	153	—	10	350	1050	183	1550	13.60
Z86	164.7	193	158	—	10	350	1000	217	1561	19.25
Z87	174.8	187	153	—	10	350	850	303	1630	13.60

混凝土性能　　　　表 2-62

| 配合比编号 | 坍落度（mm） | 抗压强度（MPa） | | | | | 湿表观密度（kg/m³） |
		3d	7d	14d	28d	56d	
Z80	38	22.1	34.0	40.1	53.6	60.1	3808
Z81	198（略离析）	16.1	25.7	36.3	38.9	45.6	3660
Z82	28	20.2	32.2	40.8	50.5	50.9	3796
Z83	178	20.1	31.5	41.5	44.1	59.7	3672
Z84	50	23.1	36.7	43.9	49.7	51.8	3688
Z85	5	25.9	35.6	44.4	52.4	54.4	3868
Z86	237（有离析）	17.8	27.5	32.8	40.4	41.0	3632
Z87	0	24.5	35.9	42.5	47.2	50.7	3616

Z81～Z83 根据新测定的铁矿砂密度，调整了铁砂用量。Z84～Z87 为分别重做的 Z80～Z83，适当调整了减水剂用量。时间间隔4天，发现其中的铁矿砂含水率明显变化，含水率由 17.1% 降低到 12.5%。

由表 2-60 和表 2-62 可见，减水剂用量变化对混凝土工作性能影响很大，能够通过调整减水剂用量得到工作性能合适的混凝土；8 个配合比的强度和湿表观密度均能满足要求，但混凝土有离析时，混凝土强度偏低，必须控制混凝土有良好的工作性能。

考虑到 Z80 和 Z83 的铁砂含量较低，成本较低，选择其为较优配比，进行后续研究。考虑到单掺矿粉的混凝土工作性较差，且前期实验 Z80 得到的强度较高，3d、7d、14d 和 28d 强度分别达到 22.1MPa、34.0MPa、40.1MPa 和 53.6MPa，28d 强度有较大富余。但受到混凝土配合比设计耐久性的限制，水胶比和矿物掺合料用量均无法增加，因此考虑掺加部分微珠取代矿粉，以改善混凝土工作性和降低水化热，以不同的微珠取代量同步进行了实验研究。为避免掺加微珠后强度过低以及表观密度不足，掺加微珠时同时适当降低了水胶比。考虑到施工要求，重质混凝土坍落度要求调整为 100～140mm。为避免铁矿砂含水率波动对混凝土性能的影响，要求工地将铁矿砂晒干后使用，实测含水率为 1.4%。

为改善工作性能，要求外加剂厂家对减水剂进行调整，改为减水剂 D：广东省江门强力建材科技有限公司产的 QL-PC2 缓凝高性能减水剂，聚羧酸系，水剂，固含量为 8%，2013 年 8 月 13 日送样。

混凝土配合比参数见表 2-63，混凝土中原材料用量见表 2-64，混凝土性能见表 2-65。

搅拌制度为加入细骨料、胶凝材料、水和外加剂后搅拌 4min，最后加入粗骨料搅拌 0.5min。

Z89 是根据施工单位建议，在原 Z83 基础上增加水泥用量，同时减少矿粉用量，以改善工作性。

重质混凝土配合比设计参数　　　　　　　　表 2-63

配合比编号	胶凝材料（kg/m³）	水胶比	体积砂率（%）	胶凝材料组成（%）			减水剂掺量（%）	铁矿砂G3（kg/m³）	铁砂（kg/m³）	重晶石 E（kg/m³）	
				水泥	矿粉	微珠				表观密度	用量
Z88	340	0.55	44	58.8	41.2	—	6.3	350	900	4000	1883
Z89	340	0.55	44	58.8	41.2	—	6.5	350	700	4200	2083
Z90	340	0.535	44	55	30	15	5.8	350	900	4000	1888
Z91	340	0.53	44	55	22.5	22.5	5.8	350	900	4000	1890
Z92	340	0.52	44	55	15	30	5.8	350	900	4000	1893
Z93	340	0.53	44	55	22.5	22.5	6.3	350	700	4200	2090

注：Z88 是根据施工单位建议，在原 Z80 基础上增加水泥用量，同时减少矿粉用量，以改善工作性。

混凝土中原材料用量（kg/m³）　　　　　　　　表 2-64

配合比编号	水	水泥	矿粉	微珠	硼玻璃粉	铁矿石	铁砂	重晶石		减水剂
								砂	5～25mm	
Z88	167.3	200	140	0	10	350	900	327	1556	21.42
Z89	166.7	200	140	0	10	350	700	452	1631	22.10
Z90	163.8	187	102	51	10	350	900	330	1558	19.72
Z91	162.1	187	76.5	76.5	10	350	900	330	1559	19.72
Z92	158.7	187	51	102	10	350	900	332	1561	19.72
Z93	160.5	187	76.5	76.5	10	350	700	455	1635	21.42

混凝土性能　　　　　　　　表 2-65

配合比编号	计算胶凝材料水化热（kJ/kg）	计算最终绝热温升（℃）	坍落度（mm）	抗压强度（MPa）				湿表观密度（kg/m³）
				3d	7d	14d	28d	
Z88	354.7	32.8	135	19.8	29.3	40.9	43.9	3760
Z89	354.7	32.8	125	20.3	30.2	44.9	49.4	3680
Z90	341.4	31.6	135	16.3	25.8	36.4	37.1	3700
Z91	339.2	31.4	135	16.3	24.8	33.4	35.4	3690
Z92	334.6	31.0	140	16.2	21.1	28.8	32.8	3680
Z93	339.2	31.4	140	15.1	22.7	32.3	37.2	3630

注：水泥水化热按 410 kJ/kg 计算，胶凝材料水化热和最终绝热温升按《水运工程大体积混凝土温度裂缝控制技术规程》JTS 202-1-2010 计算；微珠按粉煤灰取值，无特定掺量时，按前后掺量插值计算。

由表 2-65 中数据分析可见：

（1）混凝土中含结晶水质量为：胶凝材料质量 ×0.20+ 铁矿石 × 控制结晶水量（12%）=340×0.20+350×0.12=68+42=110kg，满足设计每方混凝土 110kg 结晶水的要求。

（2）坍落度设计要求 100 ～ 140mm，湿表观密度要求不小于 3600kg/m³。6 个混凝土配合比的工作性能和湿表观密度均满足设计要求。

（3）在同样铁砂掺量时，与双掺矿粉和微珠相比，单掺矿粉时混凝土减水剂用量较高，工作性能较差，混凝土湿表观密度较高，混凝土强度较高，计算胶凝材料水化热较大，混凝土最终绝热温升增加 1.2 ～ 1.8℃。

（4）当重晶石计算表观密度由 4000kg/m³ 增加到 4200kg/m³ 时，相应铁砂用量由 900kg 降低到 700kg，混凝土中重晶石砂和重晶石用量增加，导致混凝土工作性下降，需增加减水剂用量以保证工作性；混凝土实测湿表观密度也有所降低。

考虑到重晶石混凝土的线膨胀系数为普通混凝土的 1.8 倍左右，混凝土温升对开裂影响更加明显，应尽量降低混凝土的胶凝材料水化热和最终绝热温升。以微珠取代部分矿粉，能够明显改善混凝土工作性能，并能有效降低胶凝材料水化热和最终绝热温升，降低混凝土开裂风险。单掺矿粉混凝土强度满足 C30 要求，但双掺矿粉和微珠混凝土强度均不满足 C30 要求，后续可考虑调整矿粉和微珠掺量以满足强度要求。考虑到微珠本身价格高于水泥，微珠掺量不宜太高，建议掺量为 25% 以下。

考虑到重晶石粗骨料较脆，搅拌时间过长时会大量破坏、故采用先搅拌砂浆、后加石子的搅拌方法。实验中发现，随着砂浆搅拌时间延长，砂浆流动性增加，如果搅拌时间不足，则减水剂效果难以充分发挥。经实验研究，确定实验室中单卧轴混凝土搅拌机的搅拌制度为：先加入细骨料、胶凝材料、水和减水剂搅拌 4min，再加入粗骨料搅拌 30s。由于不同搅拌机的搅拌效率不同，工地进行施工前应先实验，确定适宜的搅拌制度和减水剂掺量。

3. 搅拌站试验研究

因施工单位反映采用同样配合比时，重质混凝土坍落度很低，不能满足施工要求，初步考虑可能是铁矿砂和重晶石砂中细粉较多，原材料质量波动所致。为此，双方对原材料进行对比分析。实验结果发现，双方原材料有一定差异，但差异不大；铁矿砂较细部分表观密度和烧失量更高，如果去除细粉会影响混凝土性能；重晶石砂较细部分表观密度略低，可考虑除去。

2013 年 9 月 30 日，华南理工大学会同施工单位在东莞长兴混凝土搅拌站进行了重质混凝土试配。由于原材料有限，仅进行了少量实验。除铁矿砂含水率为 28% 外，其他原材料同 "2. 重质混凝土配合比优化研究" 中所述。混凝土配合比参数见表 2-66，原材料用量见表 2-67，混凝土性能见表 2-68。

混凝土配合比设计参数 表 2-66

配合比编号	胶凝材料（kg/m³）	水胶比	体积砂率（%）	胶凝材料组成（%）			减水剂掺量（%）	铁矿砂（kg/m³）	铁砂（kg/m³）	重晶石（kg/m³）	
				水泥	矿粉	微珠				表观密度	用量
S62	340	0.550	44	60	30	10	10.00	350	900	4000	1888
S63	340	0.565	44	60	30	10	12.00	350	900	4000	1888
S64	340	0.565	44	70	10	20	10.00	350	900	4000	1888

混凝土原材料用量（kg/m³） 表 2-67

配合比编号	水	水泥	矿粉	微珠	硼玻璃粉	铁矿砂	铁砂	重晶石		减水剂
								砂	5～25mm	
S62	155.7	204	102	34	10	350	900	330	1558	34.00
S63	154.6	204	102	34	10	350	900	330	1558	40.80
S64	160.8	238	34	68	10	350	900	330	1558	34.00

混凝土性能 表 2-68

配合比编号	坍落度（mm）	抗压强度（MPa）			湿表观密度（kg/m³）
		3d	7d	28d	
S62	55	18.6	27.4	46.5	—
S63	220（离析）	14.0	21.7	39.4	—
S64	230（轻微离析）	19.3	25.8	39.7	3670（插捣）

注：混凝土强度试件由搅拌站养护和测试。

实验过程中发现，重质混凝土搅拌制度对混凝土工作性能影响很大。先搅拌 4min 砂浆时，由于没有石子，部分砂浆会粘附在搅拌桶壁上，砂浆无法拌匀；后续加入石子后搅拌 30s 时，混凝土无法搅匀，混凝土工作性能较差。适当延长加入石子后搅拌时间会明显改善混凝土工作性能。由于原材料不足，未进行进一步实验。此外，减水剂的加入方式也影响混凝土工作性能，减水剂以先加入水中、再加入混凝土中为宜。

上述搅拌站实验说明，通过改变搅拌制度，增加减水剂掺量，是能够配制出大流动性的重质混凝土的；通过调整微珠和矿粉的比例，是能够配制出强度满足要求的重质混凝土的。后续通过搅拌制度、减水剂掺量的优化，是能够配制出工作性能和强度均满足要求的重质混凝土的。

为减少原材料质量波动引起的混凝土性能变化，对原材料提出如下要求。

（1）铁矿石的含水率需认真测定，铁矿石需均化后使用。

（2）降低重晶石砂的细粉含量，其级配满足标准要求。

根据上述研究，提出基本混凝土配合比见表 2-69，供后续对比优选胶凝材料组成。

重质混凝土基本配合比设计参数 表 2-69

水胶比	体积砂率（%）	胶凝材料（kg/m³）	硼玻璃粉（kg/m³）	铁矿石（kg/m³）	铁砂（kg/m³）	重晶石（kg/m³）		
						表观密度	砂	5～25mm
0.55	44	340	10	350	900	4000	330	1558

胶凝材料可采用如下三种组成进行对比优选：

（1）组成 A

水泥＋矿粉，矿粉掺量可取 45%。其优点是材料种类少，价格低；缺点是工作性能较差，水化热高。如降低矿粉掺量，可改善工作性，但水化热更高，强度富余过多。

（2）组成 B

水泥＋矿粉＋微珠。其优点是工作性能好，水化热低；缺点是材料种类多，施工控制难度较大，价格较高。可考虑采用的组合有 60% 水泥 +30% 矿粉 +10% 微珠、65% 水泥 +20% 矿粉 +15% 微珠、70% 水泥 +10% 矿粉 +20% 微珠。如强度不足，可略微降低水胶比。

（3）组成 C

水泥＋微珠。其优点是材料种类少，工作性能好，水化热低，抗裂性好；缺点是价格高。微珠掺量可取 15% ～ 25%；如强度不足，可略微降低水胶比。

根据上述研究，提出如下搅拌制度供优选。

（1）搅拌制度 A

先加入除 5 ～ 25mm 重晶石外的其他原材料搅拌 3min，再加入全部 5 ～ 25mm 重晶石搅拌 1.5min，具体时间需实验确定。其优点是生产控制较为简单；缺点是重晶石粗骨料搅拌时间长，粗骨料破坏可能较严重。

（2）搅拌制度 B

先加入除 5 ～ 25mm 重晶石外的其他原材料搅拌 2min，再加入 10% ～ 20%（具体数量需实验确定）的 5 ～ 25mm 重晶石搅拌 2min，最后加入剩余的 5 ～ 25mm 重晶石搅拌 0.5 ～ 1min，具体时间需实验确定。其优点是重晶石粗骨料搅拌时间较短，粗骨料破坏较轻；缺点是生产控制复杂。

（3）搅拌制度 C

先加入 10% ～ 20%（具体数量需实验确定）的 5 ～ 25mm 重晶石和其他原材料搅拌 4min，最后加入剩余的 5 ～ 25mm 重晶石搅拌 0.5 ～ 1min，具体时间需实验确定。其骨料破坏程度和生产控制难度介于 A 和 B 之间。

此外，重质混凝土工作性能需根据施工要求确定，尽量采用较小坍落度，以避免骨料分离。减水剂用量根据混凝土工作性能调整，调整减水剂用量时需同时调整用水量。

第六节　主要创新

进行了系统的实验室和现场模拟施工试验，研究了防中子辐射重质混凝土的原材料要求、配合比设计方法等关键技术，研制出一种密度达 3600kg/m³ 以上、混凝土内保留结晶水达 110kg/m³ 以上的防中子辐射重质混凝土，满足防辐射、抗渗漏、低收缩、高密度、高均匀性等特殊要求，为防中子辐射重质混凝土运用于中国散裂中子源的靶站靶心、热室及延迟罐等核心部位的中子辐射屏蔽体提供了保障。

第三章

防中子辐射重质混凝土的施工关键技术

第一节　概述

本工程的靶站设备楼总建筑面积 12612.46m²，建筑高度 25.2m；建筑层数 5 层，其中地上 3 层、地下 2 层。建筑工程等级为一级，设计使用年限 50 年，框架结构，抗震设防烈度为七度。靶站密封筒体、热室侧墙、延迟罐的侧墙和底板均采用 C30 现浇防中子辐射重质混凝土，盖板采用预制 C30 防中子辐射重质混凝土。基于第二章研发的重质混凝土配合比，广东省建筑工程集团有限公司和广东省建筑工程机械施工有限公司开展了施工模拟实验研究，试验完成后展开了防中子辐射重质混凝土的正式施工。

靶心和热室及延迟罐平面示意图如图 3-1，靶站靶心示意图如图 3-2，靶站热室示意图如图 3-3。靶心辐射屏蔽设计 φ9.6m 钢筒 +1.2m 厚重质混凝土。热室及延迟罐辐射屏蔽设计为 1.2m 厚重质混凝土。中子源工程辐射要求非常严格，而靶站靶心和热室及延迟罐是整个工程辐射最大的部位，因而也是防辐射的重点部位。中子源辐射剂量限制：①公众：CSNS 对公众的剂量限制 0.1msv/ 年；②工作人员：在这里工作 5 年所接受的辐射剂量仅与一次 X 射线胸透相当，即 0.1msv/ 次；③附近居民：在散裂中子源附近居住 1 年，所受到的辐射剂量仅相当于乘一次飞机，即 0.01msv/2000 公里航程。

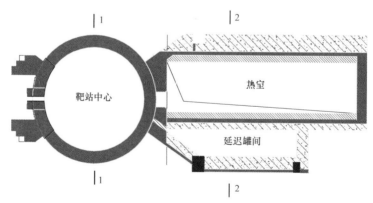

图 3-1　靶心和热室及延迟罐平面示意图

针对本工程重质混凝土密度高、体积大的特点，进行了防中子辐射重质混凝土的拌和技术，浇筑技术，浇筑密实度及防止重骨料下沉保障技术，靶心防径向收缩裂缝分块分缝技术，大型预埋件底板下重质混凝土密实度保证技术，预埋管线，构件密集空间狭小部位重质混凝土密实度保证技术的研究。通过研发施工技术的应用，成功实现了防中子辐射重质混凝土的施工，满足项目的辐射标准，保护周围环境及人员、室内从事科学研究工作的人员的健康安全。

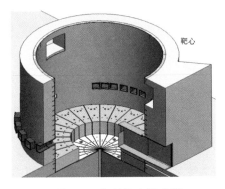

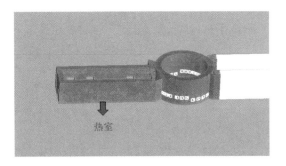

图 3-2　靶站靶心示意图　　　　　　　　图 3-3　靶站热室示意图

靶站的靶心、热室、延迟罐间顶部盖板为重质混凝土异形预制盖板,设备运行期间这三个构筑物具有较大的辐射剂量,因此预制盖板要求具有抗辐射功能,以防止射线污染环境。预制盖板为异形盖板,盖板形状多达 9 种,需严格控制相邻盖板各 8 个面、8 条线的精度,盖板平整度要求为 ±3mm,相邻两块之间缝隙为 10mm。重混盖板单块重量大,最大重量为 27t。应研究保证重混异形盖板的制作和安装精度的技术措施。

第二节　国内外研究概况

一、防中子辐射重质混凝土施工技术的国内外研究概况

向友进等针对国内大型医院对屏蔽辐射的特殊要求,就重晶石混凝土的生产组织、施工、控制技术介绍了工程实践经验。高育欣等针对成都某核动力研究所重晶石防辐射混凝土项目,开展了重晶石防辐射泵送混凝土试验研究,通过精选重晶石矿、提高胶凝材料用量等途径,解决重晶石防辐射混凝土表观密度、工作性能等问题。刘霞等以重晶石为防辐射混凝土的主要原料,介绍了不同地区和不同性质重晶石对防辐射混凝土性能的影响试验,成功地配制了密度范围在 3000 ～ 4000kg/m³、强度范围在 30 ～ 40MPa 的重晶石防辐射混凝土。刘小军等介绍了岭澳核电站重晶石混凝土的配置与施工。杨刚等提出了一种钢渣防辐射混凝土及其制备方法。

黄健等提出了一种基板底层混凝土浇筑方法,包含以下步骤:①在基板上开孔;②浇筑底层混凝土;③在底层混凝土上设置交叉分隔条;④安装基板;⑤清理;⑥二次灌浆;⑦养护;⑧铆塞焊;⑨对焊缝进行无损检测。袁斌等提出了一种靶心基板和密封筒底座高精度安装方法,包括以下步骤:①制作基板定位套架;②制作底座定位套架;③测量放样;④基板定位套架钢筋斜撑和地脚螺栓角钢预埋;⑤底座定位套架钢筋斜撑和锚杆角钢预埋;⑥浇筑底层混凝土;⑦安装基板定位套架和地脚螺栓;⑧安装底座定位套架和锚杆;⑨浇筑基板及底座下混凝土;⑩安装基板并二次灌浆;⑪安装底座

并二次灌浆。Perry C 等提出针对泵基板的安装方法，包括控制安装和灌浆时间，采用一次灌注工艺，确保灌浆过程无空隙；Lee N H 等提出混凝土现浇大锚栓的试研究，包括锚杆安全性、拉伸荷载作用下的影响研究等。部分文献涉及本项目完成单位的专利，除此以外，对于高精度螺栓的精准群埋以及承重 1500t 的基板底二次灌浆均未见其他文献有相关研究。

二、防中子辐射重质混凝土异形高精度盖板施工技术的国内外研究概况

国内关于混凝土盖板及施工技术已有较多研究，主要用于市政建设、电力建设等用途的混凝土盖板，未见于用于抗射线辐射的文献。目前与本项目的研究相似的成果有，张玉山介绍了预制涵洞混凝土盖板的施工工艺，对明暗涵通道盖板预制的工艺远离、工艺流程、操作要点、质量检查等方面进行了较为详细的介绍。杨医博等公开了一种角钢优化的超高性能混凝土盖板（CN204645396U），在盖板中埋置角钢与钢筋形成钢筋骨架，进一步提高了盖板的承载能力和抗裂性能。张岩等人公开了一种检查限位加固混凝土预制盖板（CN201125394），在盖板中间设置与井筒直径对应的圆孔，并设置限位槽，以加固预制盖板，并更均匀地传递荷载。彭向阳公开了一种预制混凝土管线护沟及盖板（CN201188529），该成果用于快速电缆槽铺设。王术亮等公开了一种预制钢筋混凝土检查井盖板装置（CN203924126U），其通过在盖板上开孔和相应的螺栓达到施工方便、降低施工难度的效果。吴小平则研究了一种变电站电缆沟壁预埋铁件的施工方法。

第三节 防中子辐射重质混凝土生产、运输和浇筑技术

一、防中子辐射重质混凝土生产技术

1. 原材料控制

根据防中子辐射重质混凝土配合比实验研究成果，对用于现场施工的防中子辐射重质混凝土组成材料的要求如下。

（1）水泥

水泥的检验要求见表 3-1。采用广州市珠江水泥有限公司生产的"粤秀牌"P·Ⅱ 42.5R 水泥。

（2）矿渣微粉

矿渣微粉按《用于水泥和混凝土中的粒化高炉矿渣粉》GB/T 18046 进行检验，应符合 S95 级要求。用唐山曹妃甸盾石新型建材有限公司"首钢"S95 级粒化高炉矿渣粉。

（3）减水剂

水泥检验要求　　　　　　　　　　表 3-1

序号	项目	质量要求	检验方法	备注
1	筛余	—	《水泥细度检验方法筛析法》 GB/T 1345	次要项目
2	比表面积	符合 P·Ⅱ 42.5R 要求	《通用硅酸盐水泥》 GB 175	主要项目
3	标准稠度用水量			
4	凝结时间			
5	安定性			
6	水泥胶砂强度			
7	不溶物			
8	氧化镁			
9	三氧化硫			
10	烧失量			
11	氯离子			

减水剂按《混凝土外加剂》GB 8076 进行检验，符合缓凝型高性能减水剂要求。采用东莞贝亚特建材有限公司产的 BYT-LZ 缓凝高性能减水剂，属聚羧酸系减水剂，固含量为 11%。

（4）纤维

纤维采用广东粤盛特种建材有限公司产聚丙烯纤维，长度为 19mm。

（5）水

水采用符合饮用标准的自来水。其技术指标满足行业标准《混凝土用水标准》JGJ 63 的有关规定。

（6）硼玻璃粉

硼玻璃粉的检验要求见表 3-2。采用郑州龙祥陶瓷有限公司产的粒度 320 号硼玻璃粉，80 微米筛余为 0.2%。

（7）铁矿砂

铁矿砂的检验要求见表 3-3。为满足重质混凝土中防中子辐射效果较好的保留结晶水要求达 110kg/m³ 以上的要求，根据计算及试验确定，需选用结晶水含量（烧失量）达 12% 以上、表观密度 2700～3800kg/m³ 的铁矿砂作重质混凝土骨料。为此先期进行了大量的铁矿石原材比选，最后选定广东省清远市阳山县黎埠镇湖洋山原铁矿区 3 号矿口为料源地，其烧失量大于 12%，满足要求。从矿山开采来的粒径不一、含泥量大的原铁矿需经过严格的破碎、筛分、多次水洗、烘干、装袋等多道加工工序及加工厂的封闭仓库保管。

（8）铁砂

铁砂的检验要求见表 3-4。市场上通常的钢砂密度在 7.0～7.3g/cm³，密度要达到 7.5g/cm³ 以上，需在钢砂中加入锰、铬等微量元素进行加工。钢砂在山东宏基金属制品有限公司专门订购生产，主要生产过程为：成品钢材回炉→加入特定的催化剂等→

加热淬火处理→进入专业破碎机按级配需求破碎。

硼玻璃粉检验要求 表 3-2

序号	项目	质量要求	检验方法	备注
1	三氧化二硼	≥ 25.0%	《纤维玻璃化学分析方法》 GB/T 1549	主要项目
2	细度	80μm 筛余 ≤ 1.0%	《水泥细度检验方法筛析法》 GB/T 1345	次要项目

铁矿砂检验要求 表 3-3

序号	项目	质量要求	检验方法	备注
1	烧失量	≥ 12.0%	《水泥化学分析方法》 GB/T 176	主要项目
2	含水率	—		自检
3	筛分析	符合中、粗砂要求	《建设用砂》 GB/T 14684	次要项目
4	石粉含量	≤ 12.0%		次要项目
5	泥块含量	≤ 5.0%		次要项目
6	表观密度	2700 ~ 3800kg/m³		次要项目
7	放射性	合格	《建筑材料放射性核素限量》 GB 6566	型式检验

铁砂检验要求 表 3-4

序号	项目	质量要求	检验方法	备注
1	表观密度	≥ 7550kg/m³		主要项目
2	筛分析 （累计筛余）	2.36mm ≤ 5%	《建设用砂》 GB/T 14684	次要项目
		1.18mm ≤ 45%		
		0.60mm ≥ 80%		
		0.30mm ≥ 98%		

注：样品质量取标准规定值的 2.5 倍。

（9）重晶石砂

重晶石砂的检验要求见表 3-5。重晶石市场无法购买到符合密度要求和级配要求的重晶石和重晶砂现货，经多处考察，最终选择产地为广西壮族自治区来宾市金秀县桐木镇的重晶石。重晶石经过矿山开采、运输至加工厂后，再经过人工挑选、破碎、筛分、几次冲洗等多道工序，加工成重晶石和重晶砂，经检测合格后运至工地现场堆放保管。

2. 防中子辐射重质混凝土自拌

防中子辐射重质混凝土组成材料多，投料难度大，投料顺序和搅拌时间都有严格要求，此外对重质混凝土运输距离和运输时间也有严格限制，需充分考虑以上因素制定搅拌方案。为保证搅拌质量，在重质混凝土构件附近专门新建了一个拌和楼，制定拌和工艺流程，指导施工。

搅拌站设备配置如表 3-6 所示。搅拌站设置于靶站的东面，与靶站的距离小于

200m，靠近综合服务楼，搅拌站实际占地面积约为2720m²，站内共设置拌和及罐体作业区、砂石料存放区（分待检区域和检验合格料区域）、工地实验室、蓄水及污水处理区等区域。

重晶石砂检验要求   表3-5

序号	项目	质量要求		检验方法	备注
1	放射性	合格		《建筑材料放射性核素限量》GB 6566	型式检验
2	有机物	合格			主要项目
3	筛分析（累计筛余）	4.75mm	15%～0%	《建设用砂》GB/T 14684	次要项目
		2.36mm	50%～20%		
		1.18mm	75%～45%		
		0.60mm	85%～71%		
		0.30mm	95%～80%		
		0.15mm	100%～85%		
4	石粉含量	≤10.0%			次要项目
5	泥块含量	≤2.0%			次要项目
6	表观密度	≥4000kg/m³			主要项目
7	硫酸盐及硫化物	≤0.5%			主要项目
8	含水率	—			自检

注：样品质量取标准规定值的1.5倍。颗粒级配应采用手工筛分。

搅拌站主要设备配备表   表3-6

序号	设备名称	规格或型号	数量	序号	设备名称	规格或型号	数量
1	混凝土搅拌机	JS1000	2台	5	配电柜	—	1个
2	料罐	100t	6个	6	潜水泵	—	2台
3	计量系统	—	2套	7	混凝土运输车	8～10m³	4台
4	操作平台	—	2套	8	装载机	50C	2台

（1）重质混凝土加料顺序

考虑到重晶石粗骨料较脆，上料时采用细骨料包裹粗骨料的方式上料：铁砂→硼玻璃粉→纤维→重晶砂→铁矿石→重晶石→水泥→矿粉→水→减水剂。

（2）上料方式

重晶石、重晶砂、铁矿石由搅拌站料斗自动投料，每槽误差不大于50g；水泥、矿粉由搅拌机自动从水泥罐提取；水、减水剂由搅拌机自动抽取，严格控制减水剂的掺入量；铁砂、玻璃粉、纤维采用人工投料，铁砂由于占比量大，人工投料难度大，由12人分成两个班组同时完成上料；硼玻璃粉、纤维与铁砂一起投入。

（3）配合比

根据实验优选的防中子辐射重质混凝土配合比见表3-7。现场取样测定含水率，计算确定施工配合比，取样时应选择多个部位进行取样，并多次测定含水率，取平均值作为计算依据。

重质混凝土实验室配合比   表 3-7

配合比编号	混凝土中原材料用量（kg/m³）									
	水	水泥	矿粉	硼玻璃粉	铁矿砂	铁砂	重晶石		减水剂	纤维
							砂	石		
ZX	160	250	90	10	350	900	330	1558	14.28	0.9

（4）重质混凝土的搅拌

使用两台搅拌机自动搅拌。每次搅拌前用与配合比等比例的水和减水剂混合液清洗机器。考虑重质混凝土相对密度大，搅拌时难度大，每台搅拌机一次搅拌 0.5m³，搅拌时间严格控制在 2min，确保搅拌均匀又防止重晶石粗骨料破碎，搅拌完后卸入已就位的混凝土搅拌车。两台搅拌机搅拌时间应有一定间隔，等 1 台搅拌完成后再开始另 1 台的搅拌，保证搅拌车能及时就位。

（5）生产效率控制

施工前对搅拌的各工序进行测算和试验，确定重质混凝土施工各工序的计划用时，连续作业时重质混凝土生产效率为 1m³/6min，浇筑效率为 1m³/7min。考虑到实际情况，重质混凝土施工效率约为 7m³/h。

二、防中子辐射重质混凝土运输技术

重质混凝土由搅拌车运送至现场，卸入带导管的料斗，再用汽车吊吊送到待浇筑部位，通过溜槽入模。整个过程时间不得超过 1h。搅拌车一次运送 2m³，3 台搅拌车轮流作业。

浇筑分两个工作面同时进行。重质混凝土卸入料斗时应确保料斗摆放平稳，钢丝绳不能全松，防止出现侧翻。重质混凝土吊送过程应慢起慢落，保持匀速，速度不能太快，保证安全。吊送过程应保证料斗不漏浆。

三、防中子辐射重质混凝土浇筑技术

1. 人员培训

防中子辐射重质混凝土施工属于新工艺，新技术，国内无先例可参照。施工前，结合现场预捣件的模拟施工试验进行摸索和经验积累，对人员进行技术培训，主要包括以下几方面。

（1）参与防中子辐射重质混凝土施工管理人员的培训

①组织全体管理人员学习防中子辐射重质混凝土施工方案、作业指导书，熟悉施工的全部流程和控制要点；②组织全体管理人员熟悉图纸，针对各部位的特点制定有针对性的施工措施；③由项目总工对管理人员进行防中子辐射重质混凝土施工技术交底；④参与现场预捣件的模拟施工试验，积累施工经验；⑤明确分工，严格控制施工的各个环节，各工序；⑥从现场预捣件的模拟施工试验到实体结构施工，每次做到班前交底，班后总结、讨论，使各工序施工水平不断提高。

（2）技术工人的培训

①在项目施工的多个普通混凝土班组中挑选素质最好的班组进行防中子辐射重质混凝土施工培训，稳定作业班组和技术工人；②由专家介绍本项目的意义、防中子辐射重质混凝土施工在本项目中的重要作用，让工人对参建国家大科学装置产生强烈的荣誉感和使命感，提高工人的质量意识；③组织学习防中子辐射重质混凝土施工知识，熟悉施工流程及控制要点；④进行防中子辐射重质混凝土施工技术交底，让作业工人能熟练掌握各自在施工中的工作内容、技术要领、施工方法；⑤通过现场预捣件的模拟施工试验积累防中子辐射重质混凝土施工的经验；⑥针对大型预埋件底板下和预埋管线、构件、钢筋密集空间狭小部位重质混凝土浇筑等施工难度大的特殊部位组织专门的培训，结合现场预捣件的模拟施工试验的实操，熟练掌握操作工具的使用以及人工插捣节奏、频率、时间控制。

2. 小型预捣件的模拟施工试验

进行了6个小型预捣件的模拟施工试验，其中，1000mm×1000mm×200mm试验件2个、1000mm×1000mm×350mm试验件2个、1000mm×1000mm×1000mm试验件1个、700mm×700mm×1000mm试验件1个。有4个小型件内加钢筒，模拟靶站靶心有密封筒作为内约束的重质混凝土施工。6个小型件分4次完成，重点试验重质混凝土施工时的人员组织、上料、搅拌、振捣、养护及重质混凝土施工时的稳定性等。

施工情况见图3-4、图3-5，芯样和切片照片见图3-6～图3-8。施工记录见表3-8。

图3-4　小型件浇筑　　　　　　　　　　　　　　　图3-5　坍落度

3. 大型矩形墙体预捣件的模拟施工试验

2013年10月至12月，进行了6次浇筑试验，共浇筑2745mm×1200mm×3660mm试验墙1个、1000mm×1000mm×200mm试验件2个、1000mm×1000mm×350mm试验件2个、1000mm×1000mm×1000mm试验件1个、700mm×700mm×1000mm试验件1个，取得较好的效果。2014年9月，再次浇筑模拟靶心弧形墙体2485（3032）mm×1200mm×2150mm试验墙1个。

为验证重质混凝土水平施工缝的搭接效果，也为重质混凝土浇筑工艺的改进提供依据。大型矩形墙体预捣件墙体长×宽×高＝2745mm×1200mm×3660mm，竖向分两次进行浇筑。每段试验墙体长墙体长×宽×高＝2745mm×1200mm×1830mm。捣件尺寸及剖面如图3-9。第一段试验墙模拟带中子通道的靶心密封筒体局部墙体的

图 3-6　脱模后试件

图 3-7　芯样

图 3-8　试件切面
（ 700mm × 700mm × 1000mm ）

小件施工记录　　　　　　　　　　　　　　表 3-8

浇筑时间	尺寸	坍落度（mm）	浇筑方式	效果	试块 28 天强度（MPa）
2013.10.8	① 1000mm×1000mm×200mm ② 1000mm×1000mm×350mm 中心均有 φ500mm 钢筒	155	人工	表面无蜂窝，经抽芯检查无明显分层，无裂缝	39.4
2013.10.10	① 1000mm×1000mm×200mm ② 1000mm×1000mm×350mm 中心均有 φ500mm 钢筒	150	人工	表面无蜂窝，经抽芯检查无明显分层，无裂缝	39.5
2013.11.16	1000mm×1000mm×1000mm	150	人工	因为模板漏浆，底部边缘有蜂窝现象，今后要注意模板的密封性	41.2
2013.12.12	700mm×700mm×1000mm	140	料斗卸料	沿对角线切开检查，骨料分布均匀，无分层，无裂缝	42.6

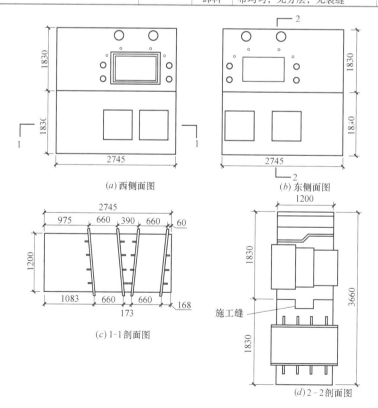

(a) 西侧面图　　　　　　　　　(b) 东侧面图

(c) 1-1 剖面图　　　　　　　　(d) 2-2 剖面图

图 3-9　捣件尺寸及剖面

重质混凝土浇筑工艺试验，第二段试验墙模拟带窥视窗的热室局部墙体的重质混凝土浇筑工艺试验。

第一段浇筑时间为 2013 年 11 月 30 日，第二段浇筑时间为 2013 年 12 月 21 日。施工过程控制如下：

（1）重质混凝土生产

实验室负责及时测出各种材料含水率，并计算出施工配合比。加料顺序：铁砂→重晶砂→铁矿石→玻璃粉→重晶石→水泥→矿粉→水→减水剂。其中重晶石、重晶砂、铁矿石由料斗自动投料，水泥、矿粉由水泥罐自动下料，水、减水剂由搅拌机自动抽取，铁砂、玻璃粉采用人工投料。

（2）搅拌

选用 2 套佛山市诚力建筑机械有限公司生产的 JS1000 搅拌机自动搅拌，搅拌时间 2min，每台每次搅拌 0.5m³。搅拌前用水湿润机器。

（3）运输及浇筑

重质混凝土由搅拌车运送至现场，卸入料斗，再用吊车吊送入模，整个过程不得超过 30min。浇筑过程保证料斗不漏浆。搅拌车一次运送 1m³，即两台搅拌机拌好料后，先后卸入搅拌车，运送至现场。重质混凝土入模时其自由下落高度不得大于 2.0m。重质混凝土分层浇筑，每层厚度不超过 400mm，上层与下层的浇筑间歇时间不超过 2h。重质混凝土运输及浇筑过程如图 3-10 所示。

（4）重质混凝土的振捣

第一段试验墙采用大直径（ϕ50mm）振动棒，振捣时间约为 5～8s，振动棒快插慢拨，振动棒振动点间距为 250mm。第二段试验墙采用小直径（ϕ30mm）振动棒，部分难以振捣的地方采用铁扞辅助，振捣时间约为 2～5s，振动棒快插快拨，振动棒振动点间距为 200mm。施工时振动棒不直接与钢筋、预埋件、模板接触，当混凝土表面出现翻浆时立即停止振捣，以混凝土不再沉落、泛浆为止。上一层振捣时，振动棒插入下层混凝土 50mm，不得插到底。施工时不得漏振，不得用振动棒"赶"混凝土。

（5）养护

混凝土终凝后开始淋水养护，浇筑完 24h 后松开对拉螺杆，后开始带模养护 7d，定期浇水使混凝土表面处于湿润状态，7d 后拆模并包裹薄膜、覆盖土工布，混凝土养护时间不少于 14d。留置测温孔，每孔设置上、中、下 3 个测温点，定时进行测温并做好记录。

预捣件共设置 8 个抽芯点，抽芯位置如图 3-11 所示，每个芯样长度约为 300mm。经观察芯样效果，判断本次重质混凝土浇筑效果良好，内部密实度好，骨料分布均匀，无裂缝，无分层现象，如图 3-12 所示。

预捣件第一段和第二段浇筑完成后均进行了测温，持续 7 天。测温点布置见图 3-13、

图 3-10　重质混凝土运输及浇筑过程照片

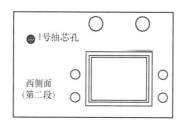
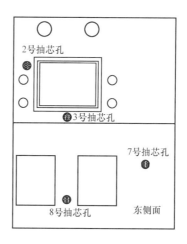

图 3-11　抽芯位置示意图

图 3-14，温度曲线见图 3-15、图 3-16。由测温结果分析可知，两段浇筑的混凝土都是中间测温点的温升值最高，主要是由于中部混凝土水泥水化产生的热量不能及时散出导致。重质混凝土凝结过程温度较普通混凝土低，最高温度不超过 60℃，内外温差不超过 20℃，且温度与气温相关系明显，昼夜温度变化大。这应当与重质混凝土中胶材中掺合料比例较大有关，使产生的水化热较普通混凝土少，同时重质混凝土中有一定掺量的铁矿砂与铁砂，使得重质混凝土导热性也有提高，因此重质混凝土的温升值较普通混凝土低。

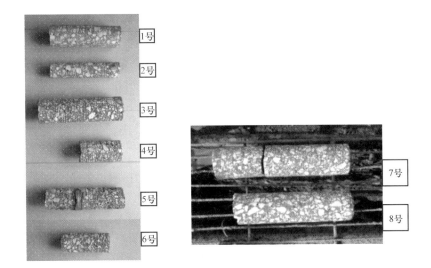

图 3-12　芯样照片

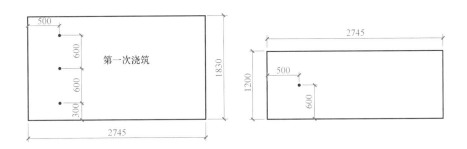

图 3-13　第一段测温点位置

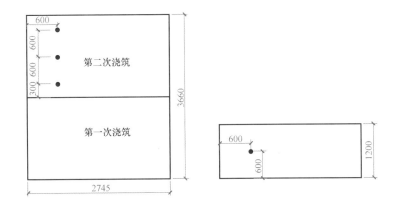

图 3-14　第二段测温点位置

　　第一段预捣件试件 28d 抗压强度为 42.8MPa，第二段预捣件 28d 抗压强度为 43.6MPa。

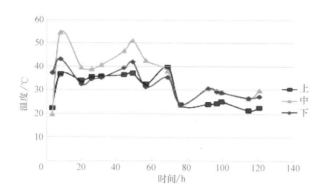

图 3-15　第一段温度曲线

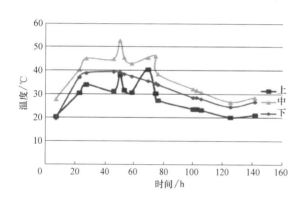

图 3-16　第二段温度曲线

施工中遇到的主要问题及其解决方法见表 3-9。

其他需解决的问题：

（1）重质混凝土收缩比普通混凝土大，在靶心施工中，密封筒作为内模，对重质混凝土有强约束，易出现收缩裂缝，需要采取特别措施进行处理。

（2）原材料控制方面，已出的原材料要求需各方确认和认可。

主要问题及其解决方法　　　　　　　　　　　　　　　　表 3-9

问题	原因	解决方法
第一段预捣件浇筑时第一拌料太干，浇筑困难	搅拌机入水管呈 U 形，管中会残留 3 ～ 5kg 水，当水和减水剂的混合液通过水管时，管中原来的水流入搅拌机，而一部分混合液残留在管中，使得混凝土中减水剂减少，从而使坍落度过小	尽量使搅拌机入水管呈均匀坡度，减少残留；并在混凝土搅拌前用与配合比等比例的水和减水剂混合液清洗水管
第一段预捣件浇筑后浮浆过厚	原料中含水量不稳定，减水剂采用水泵自动抽取方式加料，容易造成用量不准确	增加原材料取样部位及数量，分多次测定含水量，取平均值；对减水剂量具重新校定，并对操作员严格要求，确定减水剂用量准确
第一段预捣件浇筑过程中，人工上料速度不够	工人熟练程度不够，组织协调不足	认真做好管理人员及工人的交底，加强组织协调，调动素质较高的工人
从抽取的芯样观察第二段预捣件混凝土内部有少量气泡	振捣不足	严格控制振捣时间（5 ～ 8s），采用大振动棒与小振动棒（钢筋及预埋件较密处）相结合振捣

4. 大型弧形墙体预捣件的模拟施工试验

由于靶心及热室施工中各专业协调工序较多、结构复杂、预埋管线（窗口）较多等，特别靶心密封筒部分中子通道间距离小、钢筋密，重质混凝土浇筑时难度极大。为保证重质混凝土施工的质量，在 2014 年 9 月，进行了施工前的最后一次大型弧形墙体预捣件浇筑。

模拟施工试验的主要目的：①验证优化后的防中子辐射重质混凝土的工作性能；②解决浇筑流程问题：单槽混凝土配料与搅拌总时间、运输时间、吊车单次吊料时间、布料厚度、振点间距及振捣时间、内外温差的测定；③解决中子通道间的重质混凝土密实性问题；④工序之间的配合问题：土建内的钢筋、模板、重质混凝土、脚手架之间的配合，土建与其他专业的配合；⑤模板系统的确定及变形的测定问题；⑥解决养护方式及其有效性；⑦加强对作业工人的培训，特别是人工插捣的密实度保证。

在靶心选取一段预留洞口较大，需多专业工序配合的弧形墙段为试验段，试验段高度为 2150mm。试验段详图见图 3-17，预捣件施工见图 3-18。

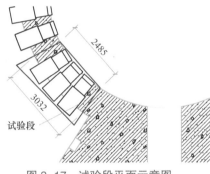

图 3-17　试验段平面示意图　　　　图 3-18　预捣件施工图

对应模拟施工试验的主要目的，模拟施工试验中采取以下措施：

（1）重质混凝土坍落度、初凝时间、终凝时间测定

由试验工程师测定由大型搅拌机生产的重质混凝土入模时的坍落度和 1h 后的坍落度损失，以及测定重质混凝土的初凝时间和终凝时间，为重质混凝土施工方案制定提供依据。

（2）工序配合

施工过程中按先期制定的施工方案流程进行，以检验流程的合理性，如因实际需要变更，则对方案流程进行更改。

（3）浇筑流程问题

安排 2 名管理人员分别进行重质混凝土生产和现场吊料与浇筑的操作时间进行记录与统计，以测算重质混凝土生产效率和浇筑效率，以及为重质混凝土振捣时间的确定提供依据，浇筑完成后安排 1 名管理人员进行测温及混凝土的养护管理工作，以确定温控措施和养护方式。

（4）中子通道间的重质混凝土密实性

验证采用人工铁钎插捣是否能确保中子通道间距离小、钢筋密的部位重质混凝土

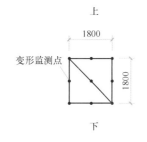

图 3-19 模板监测点布置

密实。

（5）模板变形监测

设置 9 个监测点，以监测模板的变形情况，如图 3-19 所示。

（6）养护方式及效果

安排 1 人负责测温及检查喷淋养护情况，以验证养护方式的有效性。

人员配置如表 3-10 所示。

投入的人员表 表 3-10

名称	数量	名称	数量	名称	数量
专职安全员	1	实验员	2	电工	2
施工员	6	上料工	12	混凝土工	6
搅拌机操作员	2	搅拌车司机	2	吊车司机	1
铲车司机	2	质检员	1		

实验采用的原材料如下：

（1）水泥

广州市珠江水泥有限公司生产的"粤秀牌"P·Ⅱ42.5R 水泥。

（2）矿粉

唐山曹妃甸盾石新型建材有限公司"首钢"S95 级粒化高炉矿渣粉。

（3）硼玻璃粉

郑州龙祥陶瓷有限公司产的粒度 320 号硼玻璃粉，80μm 筛余为 0.2%。

（4）铁矿砂

烧失量为 12.0%，表观密度 2804kg/m³，石粉含量 9.5%，泥块含量 3.5%；级配符合机制砂级配区 2 区，细度模数 2.4，级配见表 3-11。

粗细骨料级配 表 3-11

筛孔直径（mm）	累计筛余（%）									
	31.5	26.5	19	16	9.5	4.75	2.36	1.18	0.60	0.30	0.15
铁矿砂						0	5	29	47	74	87
铁砂						0	1	41	82	99	99
重晶石砂			0	0	0	9	44	66	76	91	97
重晶石	0	3	20	33	90	98	99				

（5）铁砂

表观密度 7506 kg/m³，级配见表 3-11，细度模数 3.2。

（6）重晶石砂

表观密度 4002kg/m³，石粉含量 3.0%，泥块含量 0.7%，级配较机制砂级配区 1 区略偏粗,级配见表 3-11,细度模数 3.6。

（7）重晶石

5 ～ 31.5mm 连续级配,表观密度 4180kg/m³,含泥量 0.3%,泥块含量 0.2%,针片状颗粒 0.6%,压碎指标 23.3%；级配见表 3-11。

（8）减水剂

东莞贝亚特建材有限公司产的 BYT-LZ 缓凝高性能减水剂,聚羧酸系,水剂,固含量为 11%。

（9）纤维

广东粤盛特种建材有限公司产聚丙烯纤维,长度为 19mm。

混凝土的配合比如表 3-12 所示。

混凝土配合比 表 3-12

配合比编号	混凝土中原材料用量（kg/m³）									
	水	水泥	矿粉	硼玻璃粉	铁矿砂	铁砂	重晶石		减水剂	纤维
							砂	石		
ZX	160	250	90	10	350	900	330	1558	14.28	0.9

根据现场情况,选取靶站北面的场地作为试验段场地,该场外距搅拌站距离与实际浇筑的部位与搅拌站距离相当,见图 3-20。

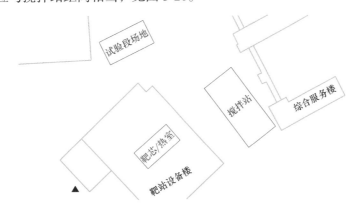

图 3-20 试验段平面位置图

（1）模板

采用 915mm×1830mm×18mm 厚木模板,次楞梁采用 50mm×1000mm 木方,主楞梁采用双钢管 φ48×3mm,对拉螺钉采用 M14；模板长边沿竖向设置,次楞梁沿竖向设置,水平间距 300mm；主楞梁沿水平方向设置,竖向间距为 500mm。

（2）脚手架

采用 φ48×3mm 钢管搭设,内立杆离墙边净空 300mm,内外立杆横向间距 900mm。扫地杆离地 200mm,向上步距 1800mm,最上一步通道栏杆 1200mm。

（3）重质混凝土生产

实验室负责及时测出各种材料含水率，并计算出施工配合比。加料顺序：铁砂→重晶砂→铁矿石→玻璃粉→重晶石→水泥→矿粉→水→减水剂。其中重晶石、重晶砂、铁矿石由料斗自动投料，水泥、矿粉由水泥罐自动下料，水、减水剂由搅拌机自动抽取，铁砂、玻璃粉采用人工投料。

（4）运输系统

①吊车：料斗一次装 0.5m³，约 1.85t，加上料斗自重，总重约 2t，靶心最大吊装幅度 24m，热室及延迟罐最大吊装幅度为 34m，经对比各型号汽车起重机参数，选择一台 100t 汽车起重机；②运输及上料：重质混凝土由搅拌车运送至现场，卸入料斗，再用汽车吊吊送到待浇筑部位，通过溜槽入模。整个过程时间不得超过 1h；搅拌车一次运送 2m³，3 台搅拌车轮流作业。重质混凝土卸入料斗时应确保料斗摆放平稳，钢丝绳不能全松，防止出现侧翻。重质混凝土吊送过程应慢起慢落，保持匀速，速度不能太快，保证安全。吊送过程应保证料斗不漏浆。

（5）混凝土浇筑

①布料：采用料斗＋导管布料，导管下口离混凝土面高度不超过 1.0m。分层厚度 300mm，特殊细部保证布料层厚度不大于 200mm，从一边往另一边连续布料；②振点布置：重质混凝土的振捣，主要采用 ϕ50mm 振动棒和 ϕ30mm 振动棒，振动棒振动点间距分别为 250mm 和 200mm；对于钢筋或预埋件密集的狭小部位采用人工钢钎插捣，

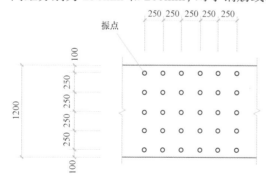

插捣点间距控制在 50mm；振动棒的振点布置见图 3-21；③振捣时间：采用振动棒振捣时间控制为 5 ~ 8s，振动棒快插慢拔。对于钢筋或预埋件密集的狭小部位采用人工钢钎插捣，插捣时，做好节奏和频率控制，做到"三快一慢"，前三下快速插入，后一下慢插入，插入深度 250 ~ 300mm，每点插入次数为 12 ~ 16 次，反复插捣，确保密实（图 3-22）。

图 3-21　1200 厚墙体振点布置

（6）测温

在试验段中间墙体位置的中部设置测温点，测温点沿墙厚分上、中、下设置。

（7）养护

重质混凝土浇筑完后及时安装喷淋管，待重质混凝土终凝后开始洒水养护并及时用麻袋和塑料薄膜覆盖重质混凝土外露面。浇筑完 14h 后松开侧模对拉螺杆，带模进行保温养护。浇筑完 3d 后拆除侧模板，用塑料薄膜包裹重质混凝土外露面，持续保温保湿养护 28d。墙体的预留洞口，两端用麻袋封盖，避免通风而导致温差过大形成裂缝。

图 3-22 预捣件施工图

大型弧形墙体施工效果：

（1）通过此次大型预捣件施工组织与浇筑，完成了全部试验研究项目，达到了试验目的，预捣件施工理想。

（2）浇筑的重质混凝土预捣件 28d 抗压强度达到 44.6MPa，完全满足 C30 强度要求。

（3）根据试块称重计算重质混凝土的密度达到 3648kg/m³，完全满足设计 3600kg/m³以上的要求。

（4）养护 28d 后，分别在中子通道间抽取一个芯样，在中子通道底抽取一个芯样，在中子通道一侧抽取一个芯样，共三个取芯点，每个芯样长度约为 300mm，对预捣件进行了切割检查，经观察芯样及切割效果，判断本次重质混凝土浇筑效果良好，内部密实度好，骨料分布均匀，无裂缝，无分层现象。预捣件施工检测见图 3-23 所示。

（5）支架、模板体系符合要求。

5. 防中子辐射重质混凝土密实度及防止重骨料下沉保障技术

根据测定的重质混凝土生产和施工效率将每次浇筑重质混凝土的总量控制在 40 ～ 60m³ 为宜，最大不超过 100m³。重质混凝土入模时的坍落度严格控制在 140±20mm。入模温度控制在 30℃以下。重质混凝土采用汽车吊吊送到待浇筑部位，通过溜槽或导管入模。入模时其自由下落高度一般控制在 0.5 ～ 1m，不得大于 2.0m。重质混凝土必须分层浇筑，每层厚度设为 300mm，最大不超过 400mm；上层与下层的浇筑间歇时间一般控制在 1h 以内，不得超过 2h，必须严格保证。

重质混凝土流动性不如普通混凝土，布料时尽可能均匀，布料点间距不大于 1m。重质混凝土的振捣，主要采用 φ50mm 振动棒和 φ30mm 振动棒，振捣时间确定为 5 ～ 8s。振动棒振动点间距分别为 250mm 和 200mm。振捣点离侧模或预埋件距离 100mm。施工时振动棒不得直接与钢筋、预埋件、模板接触，当混凝土表面出现翻浆时立即停止振捣，一般以混凝土不再沉落、泛浆为止。上一层振捣时，振动棒插入下

图 3-23　预捣件施工检测

层混凝土 50mm，不得插到底。施工时不得漏振，不得用振动棒"赶"混凝土。对于钢筋或顶埋件密集的狭小部位分层浇筑厚度设为 200mm，采用人工钢钎捣插，插捣点间距控制在 50mm，插捣时，做好节奏和频率控制，做到"三快一慢"，前三下快速插入，后一下慢插入，插入深度 250 ~ 300mm，每点插入次数为 12 ~ 16 次，反复插捣，确保重质混凝土密实。施工时每根振动棒由一名技术管理人员全程指挥、控制振捣时间和振捣点间距。

第四节　靶心大体积防中子辐射重质混凝土防裂分块分缝技术

　　靶站密封筒（图 3-24）是中国散裂中子源工程中的一套设备，位于靶站内部，是钢材质部件与重质混凝土屏蔽墙间的接口界面，为靶站提供一个密闭的环境，防止靶站内部活化的气体或液体向靶站外部扩散或渗漏。靶站密封筒由钢板在施工现场分块焊接而成，材料为 Q245R，筒体壁厚 25mm，直径 9600mm，总高 9800mm。其底板与混凝土接触，并与靶站基板焊接。筒体上设置 1 个质子输运线通道开口、1 个进站通道、1 个氦容器排污管开口、1 个拖车通道筒体开口、1 个通用管道开口以及 20 个中子孔道开口。在安装好靶站密封筒及地面以下的钢屏蔽体等部件后，在筒体外侧浇筑 1m 厚及 1.2m 厚重质混凝土屏蔽墙，并在靶站各设备安装完成后，在其顶部盖上 1m 厚重质混凝土材质的盖板并用薄膜密封以达到密封效果。图 3-25 为靶心模型图。

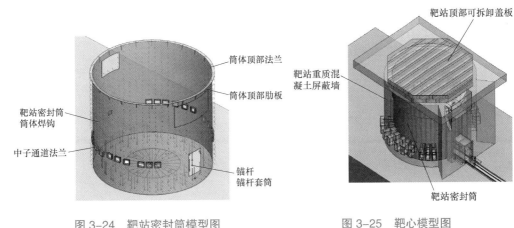

图 3-24 靶站密封筒模型图 　　　　　　 图 3-25 靶心模型图

一、施工平面及流程概况

靶心施工平面示意图如图 3-26 所示，施工流程如图 3-27 所示。

料斗一次装 0.5m³ 重质混凝土料，约 1.85t，加上料斗自重，总重约 2t，靶心最大吊装幅度 24m，热室及延迟罐最大吊装幅度为 34m。经对比各型号汽车起重机参数，选择两台 100t 汽车起重机，满足施工要求。

二、密封筒及预埋件安装

密封筒在场地内分两节段先制作好，再分段吊装到位。调整好密封筒的精度并加固好后，进行侧壁开孔，安装中子通道等预埋件，见图 3-28。由于中子通道精度高，其支撑预

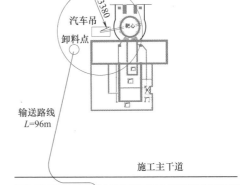

图 3-26 靶站施工平面示意图

埋件全部采用槽钢，并预埋在下层混凝土内。中子通道与密封筒及下部槽钢支撑预埋件焊接牢靠，确保不变形。

为保证密封钢筒外壁与重质混凝土紧密连接，在筒体的外壁焊接锚钉，锚钉长 250mm，直径 25mm，按梅花状布置，见图 3-29。筒体焊钩和拉杆螺栓，拉杆螺栓作

锁定外模用。在浇筑混凝土之后，通过焊钩与混凝土墙连接固定起来。

图 3-27　靶心施工流程

图 3-28　靶心密封筒及预埋件安装

图 3-29　靶心密封筒外壁锚钉安装

三、靶心钢筋及模板安装

1. 靶心钢筋安装

钢筋分层安装，每次安装至重质混凝土浇筑面以上 200mm 或 1200mm，长短筋交错布置。钢筋全部在加工厂加工制作，钢筋安装严格按设计图纸与规范进行。靶心钢筋剖面图如 3-30 所示。受力主筋采用直螺纹套筒连接，墙中钢筋采用焊接。钢筋安装前需预埋的构件有：20 个中子通道穿墙管，1 个拖车通道筒体，1 个质子束水平通道筒体。

预埋件先安装，给钢筋施工带来很大的干扰和难度，钢筋安装时需做好各种预埋件、预留孔洞的埋设和相应加强筋的布设，预埋件采用独立钢支托固定，钢支托一般采用 ∟50mm×5mm 焊接而成，务必确保预埋件的安装牢固和定位精确。靶心钢筋安装图见图 3-31。

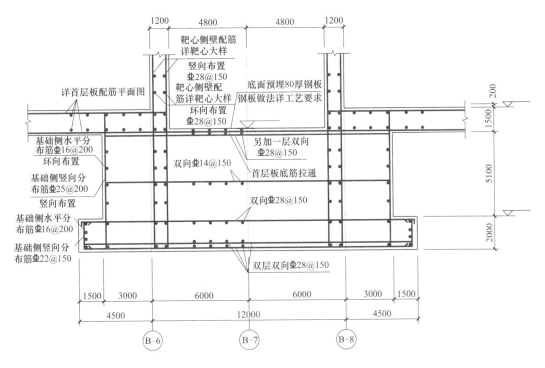

图 3-30 靶心钢筋剖面图

2.靶心模板安装

密封筒内侧根据受力情况，采用定做的扇形钢支撑，钢支撑水平向设 3 层，竖向采用槽钢联成整体，确保密封筒不变形，如图 3-32 所示。

墙面模板采用 18mm 厚夹板拼装而成。内楞采用 100mm×50mm 方木，间距 300mm；外楞采用 $\phi 48×3.5mm$ 双钢管间距 500mm；穿墙对拉螺栓 M14，一端焊

图 3-31 靶心钢筋安装图

接在密封筒内壁，另一端穿过模板，水平间距 600mm，竖向间距 500mm。拼装时按一边向另一边由下向上的原则进行，拉杆螺母锁紧，模板拼缝严密。模板拼装完成后，检查其位置、垂直度正确无误。侧墙模板外侧采用钢管支架支撑防止失稳。靶心外侧模板分层安装，如图 3-33 所示。

四、靶心施工缝分缝

靶心防中子辐射重质混凝土墙为大型圆筒结构，内侧为靶站密封筒，重质混凝土施工时以密封筒为内模，密封筒由钢板在施工现场分块焊接而成，材料为 Q245R，筒体壁厚 25mm。考虑保温，外模采用木模。

图 3-32　靶心密封筒内侧支撑图

图 3-33　靶心外侧模板分层安装图

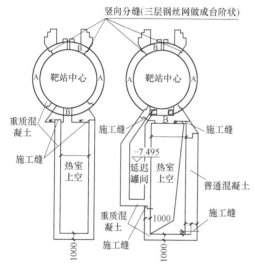

图 3-34　靶心竖向施工缝设置
[－14.775～－8.355（左）和－8.355～－4.895（右）]

对于有强内约束的大型圆筒结构，在混凝土浇筑完成后极易产生径向收缩裂缝。施工时综合考虑防裂缝及重质混凝土的施工效率和施工难度，利用竖向分缝技术将筒体竖向分成四块，利用水平分缝技术将筒体水平方向分成 6 层浇筑。整个筒体分成 24 个小单元，按对称浇筑的原则分 12 次浇筑完成，每层 A、B 两部分分开浇筑。每次浇筑时间间隔为 3 ～ 7d。钢筋和模板均随浇筑高度逐层安装。

为保证防辐射效果，水平分缝和竖向分缝均设置成台阶状。水平缝采用 3 层钢丝网重叠并固定在墙中钢筋上，形成台阶状。竖向缝采用 3 层钢丝网重叠做成台阶状并固定

在墙端支撑短钢筋上，相当于墙体的端模，重质混凝土浇筑完成后采用人工凿除钢丝网并露出新鲜混凝土，以保证施工缝的质量。靶心竖向施工缝设置见图 3-34，靶心水平向施工缝设置见图 3-35。靶心与热室及延迟罐分开浇筑，先施工靶站靶心，再施工热室及延迟罐。其间设置台阶形施工缝。

五、靶心防中子辐射重质混凝土浇筑技术

1. 靶心防中子辐射重质混凝土浇筑高度、总量和时间控制

靶心防中子辐射重质混凝土浇筑高度、总量和时间控制如表 3-13 所示。

2. 靶心布料及振捣

为保证布料时控制混凝土自由下落高度，布料采用特制的料斗，料斗尺寸为

700mm×1000mm×800mm，料斗底部收口，下接φ220×2500mm导管，由卡箍连接，可拆卸，见图3-36。料斗装料时，拆除导管，装好料后，安上导管，再吊到指定位置进行浇筑。导管拆装均在特制平台上进行。料斗由吊车吊送到结构位置进行布料，布料点间距不大于1m，见图3-37、图3-38。布料时调节导管位置使布料均匀。对于狭小位置（如中子通道之间位置），应控制料斗出料速度，缓慢出料，边布料边振捣。

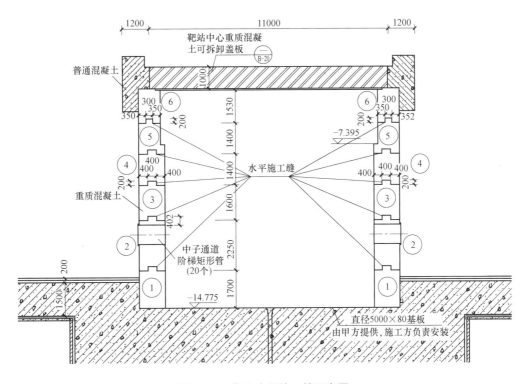

图 3-35　靶心水平施工缝示意图

靶心浇筑高度、总量、时间控制表　　　　　　　　　　　　　　　表 3-13

浇筑次序	浇筑总高度（m）	分层浇筑高度（m）	分层最大浇筑量（m³）	分层最大浇筑用时（h）	浇筑总量（m³）	浇筑总用时（h）
①A	2	0.4	10	1.5	43	6.2
①B	2	0.4	13.3	1.9	56.4	9.5
②A	2.15	0.4	10	1.5	47.4	6.8
②B	2.15	0.4	13.3	1.9	82	11.7
③A	1.4	0.4	10	1.5	35.5	5.1
③B	1.4	0.4	13.3	1.9	46.5	6.7
④A	1.4	0.4	10	1.5	35.5	5.1
④B	1.4	0.4	13.3	1.9	46.5	6.7
⑤A	1.4	0.4	10	1.5	35.5	5.1
⑤B	1.4	0.4	13.3	1.9	46.5	6.7
⑥A	1.53	0.4	10	1.5	38.6	5.5
⑥B	1.53	0.4	13.3	1.9	50.8	7.3

注：表中计算采用重质混凝土浇筑效率为7m³/h。

图 3-36　自制料斗图

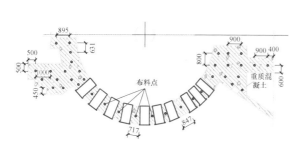

图 3-37　布料点示意图

图 3-38　靶心布料图

靶心重质混凝土的振捣，主要采用 ϕ50mm 振动棒和 ϕ30mm 振动棒，振动棒振动点间距分别为 250mm 和 200mm。振捣点离侧模或预埋件距离 100mm。施工时振动棒不得直接与钢筋、预埋件、模板接触，当混凝土表面出现翻浆时立即停止振捣，一般以混凝土不再沉落、泛浆为止。上一层振捣时，振动棒插入下层混凝土 50mm，不得插到底。施工时不得漏振，不得用振动棒"赶"混凝土。对于钢筋或预埋件密集的狭小部位采用人工钢钎插捣，分层浇筑厚度设为 200mm，插捣点间距控制在 50mm，插捣时，做好节奏和频率控制，做到"三快一慢"，前三下快速插入，后一下慢插入，插入深度 250～300mm，每点插入次数为 12～16 次，反复插捣，确保重质混凝土密实。施工时每根振动棒由一名技术管理人员全程指挥、控制振捣时间和振捣点间距。振捣点布置示意图见图 3-39。靶心重质混凝土振捣过程见图 3-40。

六、靶心防中子辐射重质混凝土浇筑高度、总量和时间控制

1. 温控指标

重质混凝土温控指标：

（1）重质混凝土浇筑体的入模温度基础上的温升值不宜大于 40℃。

（2）浇筑温度（振捣后 50～10mm 深处的温度）不宜大于 30℃。

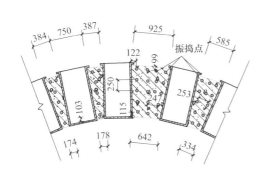

图 3-39 靶心振捣点布置示意图　　　　　　图 3-40 靶心振捣图

（3）浇筑体的里表温差（不含混凝土收缩的当量温度）不宜大于 20℃。

（4）重质混凝土表面温度与大气温度之差不得大于 2℃。

2. 测温点布置

靶心每次浇筑留置 4 个测温点，后述的热室每次浇筑留置 4 个测温点，延迟罐每次浇筑设置 1 个测温点，每点设置上、中、下 3 个测点，定时进行测温并做好记录，测温点位置如图 3-41 所示。

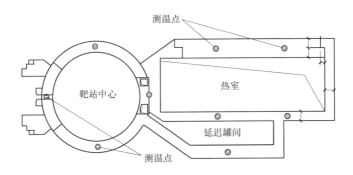

图 3-41 靶站重质混凝土测温点布置图

3. 测温要点

（1）测温时间

自重质混凝土覆盖测温点开始测温，直至混凝土内部温度与大气环境平均温度之差小于 20℃以下时止。

（2）测温频率

一般在温度上升阶段 2 ～ 4h 一次，温度下降阶段 4 ～ 8h 一次，同时应测大气温度，并做好记录。另外：1 ～ 3d，每 2h 测温一次；4 ～ 7d，每 4h 测温一次；8 ～ 14d，每 8h 测温一次。

4. 温度变化曲线

根据靶心测温数据，绘制温度变化曲线如图 3-42 所示。由测温结果分析可知，中

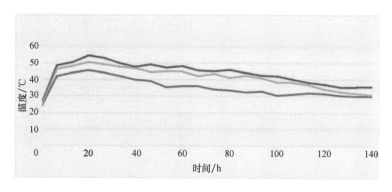

图 3-42 靶站重质混凝土温度变化曲线图

间测温点的温升值最高，主要是由于中部混凝土水泥水化产生的热量不能及时散出导致；重质混凝土凝固过程温升较普通混凝土低，最高温度不超过 60℃，内外温差不超过 20℃。这应当与重质混凝土中胶材中掺合料比例较大有关，由于重质混凝土中掺入大量的铁矿砂与铁砂，使得重质混凝土导热性明显提高，因此重质混凝土的温升值较普通混凝土低。

5. 重质混凝土养护技术

根据测温数据，重质混凝土在浇筑后一天左右，温度达到峰值，故重质混凝土终凝后要及时做好养护工作，重质混凝土浇筑完后及时安装喷淋管，待重质混凝土终凝后开始洒水养护并及时用麻袋和塑料薄膜覆盖重质混凝土外露面。浇筑完 14h 后松开侧模对拉螺杆，带模进行保温养护。浇筑完 3d 后拆除侧模板，用塑料薄膜包裹重质混凝土外露面，持续保温保湿养护 28d。

对墙体预留洞口，两端用麻袋封盖，避免通风而导致温差过大形成裂缝。

第五节　热室及延迟罐重质混凝土浇筑技术

热室及延迟罐是 CSNS 工程的重要组成部分，系统运行时，热室需完全密闭，热室主要作用是在完全密闭的环境下对含有放射性的设备部件进行日常的维护和对含有放射性的物品进行转运等操作（图 3-43）。延迟罐是临时存放有放射性液体的罐区。热室长 19m，高 6m，墙厚 1m；延迟罐侧墙高 4.2m，墙厚 1m 的长 13.5m，墙厚 1.1m 的长 2.9m，墙厚 1.45m 的长 11m。热室的下端 4m，为不锈钢壳体包衬，施工时先制作安装不锈钢壳体，再以不锈钢壳体为内模浇筑防中子辐射重质混凝土墙。高光洁度的壳体，可以保证辐射污染物的完全收集、完整的密封性，确保辐射污染物及活化气体不向外界扩散。热室壳体内部尺寸 18000mm×4650mm×4000mm（长 × 宽 × 高），外框架由 16 号和 10 号槽钢交替焊接组成，热室侧壁覆面板采用 δ 4mm 不锈钢板，热室底部采用 δ 10mm 不锈钢板，整体总重量约 35t，分两段吊装，不锈钢壳体安装好后，进行外墙重质混凝土结构施工，如何做好不锈钢壳体的变形控制十分关键。

一、施工平面及流程概况

热室及延迟罐施工平面示意图如图 3-44 所示，施工流程如图 3-45 所示。选择一台 100t 汽车起重机，可满足施工要求。

二、热室不锈钢壳体及预埋件安装

热室不锈钢壳体制作精度高，在工厂分两段加工好，运至工地现场吊装组拼，不锈钢壳体安装好后，调整其精度并加固。

图 3-43　热室示意图

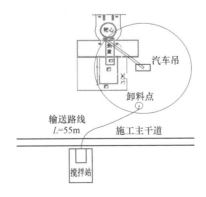

图 3-44　热室及延迟罐施工平面示意

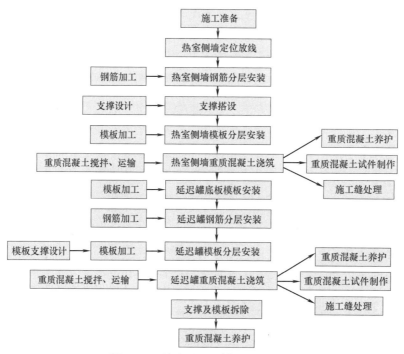

```
                    ┌──────────┐
                    │ 施工准备 │
                    └────┬─────┘
                    ┌────┴─────────┐
                    │热室侧墙定位放线│
                    └────┬─────────┘
        ┌────────┐  ┌────┴─────────────┐
        │ 钢筋加工 │→│ 热室侧墙钢筋分层安装│
        └────────┘  └────┬─────────────┘
        ┌────────┐  ┌────┴─────┐
        │ 支撑设计 │→│ 支撑搭设 │
        └────────┘  └────┬─────┘
        ┌────────┐  ┌────┴─────────────┐
        │ 模板加工 │→│ 热室侧墙模板分层安装│        ┌──────────────┐
        └────────┘  └────┬─────────────┘       →│ 重质混凝土养护  │
   ┌─────────────┐  ┌────┴─────────────┐        ┌──────────────┐
   │重质混凝土搅拌、运输│→│热室侧墙重质混凝土浇筑│──────→│重质混凝土试件制作│
   └─────────────┘  └────┬─────────────┘        ┌──────────────┐
        ┌────────┐  ┌────┴─────────────┐       →│  施工缝处理   │
        │ 模板加工 │→│ 延迟罐底板模板安装 │
        └────────┘  └────┬─────────────┘
        ┌────────┐  ┌────┴─────────────┐
        │ 钢筋加工 │→│ 延迟罐钢筋分层安装 │
        └────────┘  └────┬─────────────┘
 ┌────────┐ ┌────────┐  ┌────┴─────────────┐
 │模板支撑设计│→│模板加工│→│ 延迟罐模板分层安装 │        ┌──────────────┐
 └────────┘ └────────┘  └────┬─────────────┘       →│ 重质混凝土养护  │
   ┌─────────────┐  ┌────┴─────────────┐        ┌──────────────┐
   │重质混凝土搅拌、运输│→│ 延迟罐重质混凝土浇筑│──────→│重质混凝土试件制作│
   └─────────────┘  └────┬─────────────┘        ┌──────────────┐
                    ┌────┴─────────────┐       →│  施工缝处理   │
                    │ 支撑及模板拆除   │
                    └────┬─────────────┘
                    ┌────┴─────────┐
                    │ 重质混凝土养护 │
                    └──────────────┘
```

图 3-45 热室及延迟罐施工流程图

图 3-46 热室预埋件安装

热室固定好后进行预埋件安装，见图 3-46。预埋件包括窥视窗、机械手、铸铁防护门、铸铁防护屏等各种大型构件和支撑预埋件，以及热室的电气系统、通风系统、给水排水系统、监测系统、拖车控制系统等密布的上百根各种大小尺寸穿墙管。

三、热室及延迟罐钢筋及模板安装

1. 热室及延迟罐钢筋安装

钢筋随重质混凝土浇筑分层安装，每次安装至重质混凝土浇筑面以上 200mm，竖筋接头在同一高度。钢筋全部在加工厂加工制作，受力主筋采用直螺纹套筒连接，墙中钢筋采用焊接。钢筋安装时做好各种预埋件、预留孔洞的埋设和相应加强筋的布设，预埋件采用独立钢支托固定，钢支托一般采用 ∟50mm×5mm 焊接而成，保证预埋件的安装牢固和定位精确。热室与延迟罐钢筋剖面图见图 3-47，钢筋安装图见图 3-48。

2. 热室及延迟罐模板安装

为保证热室壳体在浇筑重质混凝土时不变形，热室壳体内侧采用搭设钢管架进行支撑，并以壳体作为热室墙体内模，见图 3-49。

　　墙面模板采用 18mm 厚夹板拼装而成。内楞采用 100mm×50mm 方木，间距 300mm；外楞采用 ϕ48×3.5mm 双钢管间距 500mm，穿墙对拉螺栓 M14，水平间距 600mm，竖向间距 500mm。拼装时按一边向另一边由下向上的原则进行，拉杆螺母锁紧，模板拼缝严密。模板拼装完成后，检查其位置、垂直度正确无误。

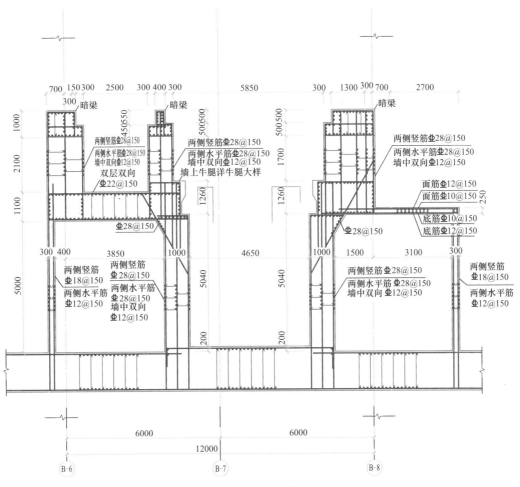

图 3-47　热室与延迟罐钢筋剖面图

图 3-48　热室与延迟罐钢筋安装图

利用维护区与操作间的外侧墙体做支撑反力墙，热室侧墙模板外侧采用钢支撑防止失稳。热室侧墙模板安装见图3-50。

图3-49　热室壳体内侧钢管支撑图

图3-50　热室侧墙模板安装图

四、热室及延迟罐施工缝分缝

靶心与热室及延迟罐分开浇筑，先施工靶心，再施工热室及延迟罐。其间设置阶梯形施工缝，竖向施工缝设置如图3-34所示。考虑到重质混凝土的施工效率和施工难度，将热室及延迟罐重质混凝土分7次进行浇筑，每次浇筑高度约为2m，每次浇筑重质混凝土量约为100m³。每次浇筑时间间隔为3～7d。钢筋和模板均随浇筑高度逐层安装。水平施工缝设置见图3-51、图3-52。

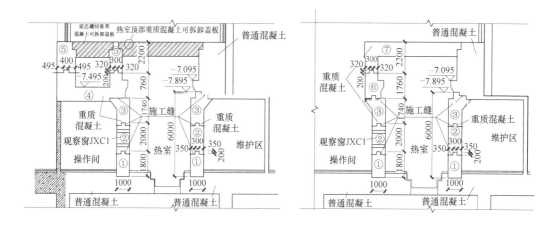

图3-51　热室及延迟罐水平施工缝设置示意图

五、热室及延迟罐防中子辐射重质混凝土浇筑技术

1. 热室及延迟罐重质混凝土浇筑高度、总量、时间控制

热室及延迟罐防中子辐射重质混凝土浇筑高度、浇筑总量、浇筑时间控制如表3-14所示。

图 3-52 热室及延迟罐竖向施工缝设置图

热室及延迟罐浇筑高度、浇筑总量、浇筑时间控制表　　　　　表 3-14

浇筑次序	浇筑总高度（m）	分层浇筑高度（m）	分层最大浇筑量（m³）	分层最大浇筑用时（h）	浇筑总量（m³）	浇筑总用时（h）
①	1.8	0.3	13	1.8	76.8	11
②	2	0.3	13	1.8	83	12
③	1.74	0.3	13	1.8	85	13
④	1.76	0.3	19	2.7	97	14
⑤	2.2	0.4	14.5	2.1	72	11
⑥	1.76	0.4	9	1.3	32	5
⑦	2.2	0.4	15	2.2	55	8

注：表中计算采用重质混凝土浇筑效率为 7m³/h。

2. 布料及振捣

热室及延迟罐由于各种构件、支撑预埋件、钢筋以及各种穿墙管线密集，料斗布料一定要均匀，料斗由吊车吊送到结构位置进行布料，应控制料斗出料速度，缓慢出料。布料点间距控制在 200～500mm，下料时要避开各种预埋管线，以防冲击预埋管线，影响管线精度。钢筋安装时要充分考虑布料的难度，将墙体竖向钢筋分节安装，只留套筒连接位，给布料和振捣以及工人操作留出空间。热室及延迟罐布料见图 3-53。

热室及延迟罐重质混凝土的振捣，主要采用 ϕ50mm 振动棒和 ϕ30mm 振动棒，振动棒振动点间距分别为 250mm 和 200mm。振捣点离侧模或预埋件距离 100mm。振捣时间严格控制为 5～8s，振动棒快插慢拔，施工时振动棒不得直接与钢筋、预埋件、模板接触，当混凝土表面出现翻浆时立即停止振捣，一般以混凝土不再沉落、泛浆为止。上一层振捣时，振动棒插入下层混凝土 50mm，不得插到底。施工时不得漏振，不得用振动棒"赶"混凝土。对于钢筋或预埋件密集的狭小部位采用人工钢钎插捣，插捣点间距控制在 50mm，插捣时，做好节奏和频率控制，做到"三快一慢"，前三下快速插入，后一下慢插入，插入深度 250～300mm，每点插入次数为 12～16 次，反复插捣，确保重质混凝土密实。施工时每根振动棒由一名技术管理人员全程指挥、控制振捣时间和振捣点间距。热室及延迟罐振捣见图3-54。

图 3-53　热室及延迟罐布料图

图 3-54　热室及延迟罐振捣图

第六节　复杂环境防中子辐射重质混凝土密实度保证技术

一、靶站大型基板二次灌浆技术

1. 技术背景

靶站基板是靶站的关键部件，为靶站内的设备及部件安装、固定提供稳定可靠的基础。基板为实心圆板，材料采用Q245R，重量约12.2t，直径5m，厚度80mm，通过12个M42地脚螺栓（图3-55～图3-57）固定在靶站地基上，为氦容器总成及固定块屏蔽的安装和定位提供稳定可靠的基础，承重1500t。基板中心与靶站中心重合，为靶站设备及部件安装、定位、准直提供参考基准，保证靶站部件安装定位的整体精度。

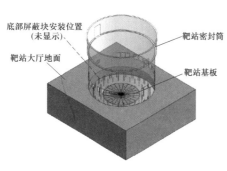

图 3-55　靶站靶心

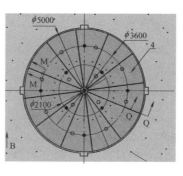
图 3-56　基板

图 3-57　地脚螺栓

靶站大型基板的安装精度要求高，采用高精度安装技术安装固定好基板后，对基板下部预留的厚度为30mm灌浆层进行二次灌浆，由于基板螺杆采用高精度预埋，不能后埋。基板上承重1500t，调整基板平整度后，需保证灌浆的强度，以保证基板的稳定性。

基板上设有 12 个灌浆孔和排气孔，均为 φ100mm，内圈 4 个灌浆孔，外圈 8 个排气孔，沿圆周均匀分布。灌浆料采用使用 CGM-4 超流态高强无收缩灌浆料，具有自流性好、快硬、早强、高强、无收缩、微膨胀、无毒、无害、不老化、对水质及周围环境无污染，自密性好、防锈等特点。如何保证二次灌浆质量，保证底座均匀地承受设备的全部荷载是工程的难点，为此，通过现场灌浆模拟试验，确定灌浆料配合比和灌浆工艺。

2. 现场灌浆模拟试验

（1）现场灌浆模拟试验一

取基板的 1/4 块为灌浆试验件进行模拟试验，钢板 10mm 厚，灌浆孔与靶站基板上的孔一致，见图 3-58。

采用砂浆搅拌机搅拌，搅拌均匀后倒入料斗，再灌入试验件中。试验采取自重法自流式灌浆，灌浆孔与基板灌浆孔位置垂直并预留排气孔，见图 3-59。由于灌浆料配合比未控制好，灌浆时间间隔较长，试验未成功，拆模后气泡较多。

图 3-58　灌浆试验件一　　　　　　　　　图 3-59　灌浆过程

（2）现场灌浆模拟试验二

采用和现场灌浆模拟试验一相同的灌浆试验件，同样采用搅拌机自流式灌浆，调整了灌浆料配合比，试验结果较为满意。灌浆料试件送检的 28d 强度报告为合格。图 3-60 为灌浆完成后的试验件实况。

（3）基板灌浆技术

在外套环定位板上钻灌浆孔，灌浆时将排水外管外部、外套环定位板下部及与基板间间隙填满。利用基板上预留的灌浆孔，对基板下部进行二次灌浆，灌浆层厚度为 30mm。

采用四等分块的方法灌浆，在基板安装就位前，设置槽钢分隔条，宽为 40mm，高为 30mm。搅拌好的灌浆料从基板内侧的灌浆口灌入，以利于灌浆过程中的排气，使灌浆层充实。灌浆连续进行，不能间断，灌浆时间不超过 30min。灌浆按照分隔块一块一块地进行，不允许隔块灌浆。从内侧的灌浆口灌浆，浆液从外侧的排气孔排出后，塞紧排气孔，继续灌浆至基板四周均充灌浆液为止。

灌浆完毕后，在 24h 内不使其受到振动或碰撞。终凝后进行覆盖养护，养护时间在 7d 以上。图 3-61 为基板灌浆实况。

图 3-60　灌浆试验二的灌浆试验件实况　　　　图 3-61　基板灌浆实况

二、细部结构防中子辐射重质混凝土浇筑技术

不锈钢壳体上的窥视窗、机械手、铸铁防护门、铸铁防护屏等各种构件和支撑预埋件，以及热室的电气系统、通风系统、给水排水系统、监测系统、拖车控制系统等密布的上百根各种大小尺寸穿墙管先行安装，给热室外墙钢筋安装、模板安装及重质混凝土浇筑带来极大的难度。

1. 热室底板分层浇筑技术

根据设计图纸，热室底板与同层谱仪底板结构同厚并相连成整体，由于热室预埋件、管线及壳体需分步安装，因此，热室部位与同层底板留设施工缝，分二次浇筑成型，平面分块见图 3-62。竖向分层浇筑示意图见图 3-63，现场施工见图 3-64。

（1）与同层底板一起浇筑第一层 500mm 厚底板和 6 个混凝土柱敦（以及 6 个预埋板），在浇筑之前要先预留好热室侧壁的竖向钢筋和热室相通其他底板的水平钢筋。紧接着对已浇筑好的混凝面表面拉毛处理。

（2）做好热室龙骨架槽钢、墙体不锈钢敷面等热室壳体部分。

（3）浇筑第二层混凝土至标高 -13.595m。

（4）浇筑混凝土面标高 -13.595m 至标高 -13.395m，采用细石混凝土浇筑（强度与底板相同）。最后做热室底部的不锈钢敷面。

2. 重质混凝土与普通混凝土结合缝处理技术

（1）设置阶梯形施工缝

重质混凝土与 RTBT 隧道段普通混凝土结合处设置阶梯形竖向施工缝，竖向缝采用三层钢丝网重叠做成台阶状并固定在墙端支撑短钢筋上，相当于墙体的端模，重质混凝土浇筑完成后采用人工凿除钢丝网并露出新鲜混凝土，以保证施工缝的质量。施工缝如图 3-65 所示。

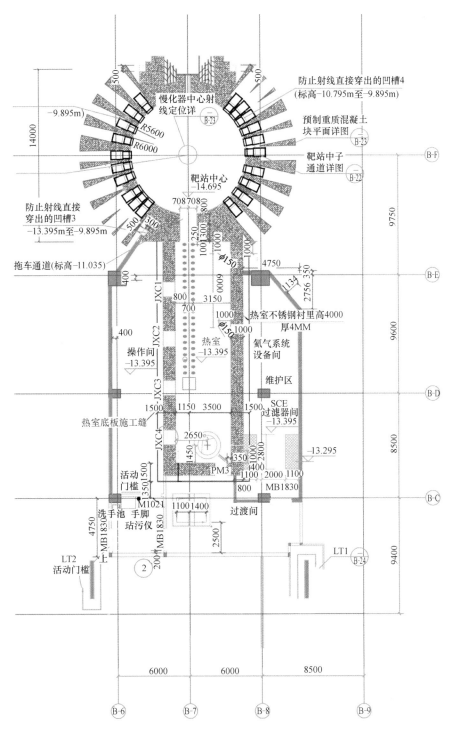

图 3-62　热室底板分块平面图

　　重质混凝土与热室上空北侧墙普通混凝土结合处设置阶梯形水平向施工缝，水平缝采用三层钢丝网重叠并固定在墙中钢筋上，形成台阶状。重质混凝土浇筑完成后采用人工凿除钢丝网并露出新鲜混凝土，以保证施工缝的质量，如图 3-66 所示。

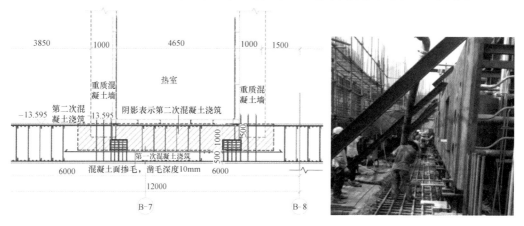

| 图 3-63　热室底板竖向分层浇筑示意图 | 图 3-64　热室底板竖向分层浇筑实况 |

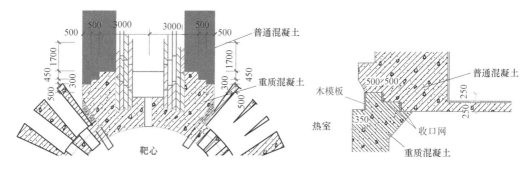

| 图 3-65　结合处竖向施工缝设置图 | 图 3-66　结合处水平向施工缝设置图 |

（2）施工缝的收口网安装

由于墙体内钢筋较多，在已绑扎好钢筋的墙体内，能够提供收口网安装施工的空间很小，施工困难。收口网安装工艺要求如下：①收口网模板安装时横向使用，相邻的模板应重叠搭接，前后网片之间应有 150mm 以上的搭接，模板的边缘应超出支撑 150mm 以上；②根据施工缝尺寸裁锯好适当的收口网模板，拼装安装完成后用 ϕ14@250 钢筋支撑固定（钢筋与收口网模板的 U 形骨架垂直），收口网模板与 ϕ14 钢筋之间用扎丝绑牢；③ϕ14 钢筋外侧用 ϕ20@400 钢筋作主楞，与 ϕ14 钢筋焊接牢固，如图 3-67 所示；④支架钢筋尽可能与底板钢筋之间焊接牢固；⑤因混凝土浇筑时压力较大，为防止爆模，收口网由 3～4 层叠合在一起使用。

（3）施工缝处新混凝土浇筑

在混凝土施工缝处接续浇筑新混凝土时，应凿除处理层混凝土表面的水泥砂浆和松弱层，施工缝处理采用人工凿毛方式（图 3-68），混凝土强度须达到 2.5MPa。经凿毛处理的混凝土面应用水冲洗干净，但不得存有积水。

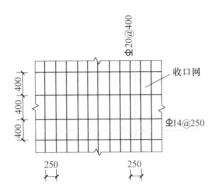

图 3-67　混凝土浇筑收口网支撑大样图　　　图 3-68　阶梯型施工缝处理

3. 窥视窗浇筑重质混凝土施工技术

（1）分层浇筑线位置

重质混凝土浇筑时，为使窥视窗预埋件底部浇筑密实，应避免分层线离窥视窗预埋件底部距离过小。如图 3-69 所示，窥视窗预埋件为"三低一高"，附近重质混凝土分层浇筑线超过较低窥视窗底部 300mm，离较高窥视窗底部 300mm，可以保证重质混凝土浇筑质量。

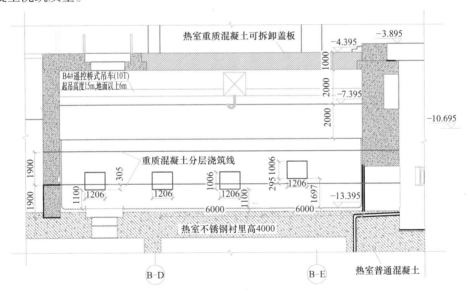

图3-69　窥视窗分层浇筑线示意图

（2）窥视窗底板开孔

为使窥视窗底部重质混凝土浇筑密实，在窥视窗底部开孔，既可作为重质混凝土浇筑时的排气孔，又便于观察底部混凝土浇筑情况，还能作为振捣口。窥视窗底板开孔示意图见图 3-70。浇筑混凝土时，当混凝土由孔内冒出时，用振动棒振捣约 5s 后，用木板封盖住，木板用钢管顶托撑住，以防浆体外溢。重质混凝土浇筑完成后，采用塞焊封闭开孔位置。窥视窗重质混凝土浇筑及人工插捣分别如图 3-71 和图 3-72 所示。

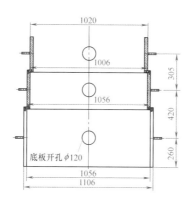

图 3-70 窥视窗底板开孔示意图

图 3-71 窥视窗重质混凝土浇筑图

图 3-72 窥视窗重质混凝土人工插捣图

4. 中子通道浇筑重质混凝土施工技术

中子束通道穿墙管中心在圆周方向的安装误差小于 ±0.2°，高度误差小于 ±3mm，穿插在墙体的通道安装难度极大。为保证中子通道下面的重质混凝土的密实度，中子通道在第一层浇筑后才进行安装，并在穿墙管底部穿洞，方便振捣。对于穿墙管两侧的墙体，安置好振捣点，以达到密实度的要求。

（1）分层浇筑线位置

重质混凝土浇筑时，为使中子通道底部浇筑密实，应避免分层线离中子通道底部距离过小。如图 3-73 所示，重质混凝土分层浇筑线离中子通道底板 1040mm，可以保证重质混凝土浇筑质量，同时给中子通道安装提供足够的空间。为保证第一层重质混凝土的浇筑质量，中子通道在第一层重质混凝土浇筑完成后才进行安装。

（2）中子通道底板开孔

为使中子通道底部重质混凝土浇筑密实，在中子通道底部开孔，既可作为重质混凝土浇筑时的排气孔，又便于观察中子通道底部混凝土浇筑情况，还能作为振捣口。

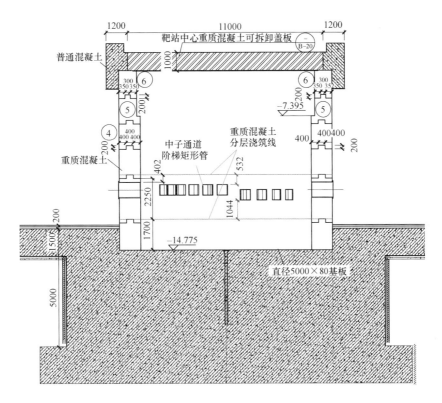

图3-73 中子通道分层浇筑线示意图

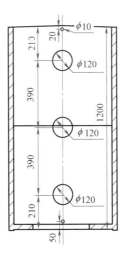

图 3-74 中子通道底板开孔示意图

中子通道底板开孔示意图见图3-74。浇筑混凝土时,当混凝土由孔内冒出时,用振动棒振捣约5s后,用木板封盖住,木板用钢管顶托撑住,以防浆体外溢。重质混凝土浇筑完成后,采用塞焊封闭开孔位置。

（3）中子通道穿墙管之间混凝土浇筑

中子通道穿墙管间空间狭小，重质混凝土的下料和振捣困难。所以，特制下料管来下料。布料用的料斗由普通料斗改装而成，料斗下焊接固定带软管的漏斗，软管上设置拉绳，布料时可通过拉绳控制软管口位置，料斗构造见图 3-75。料斗由吊车吊送到结构位置进行布料，布料点间距不大于 1m，布料点设置见图 3-76。布料时调节软位置使布料均匀。对于中子通道间位置，控制料斗出料速度，边布料边振捣。

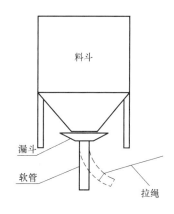

图 3-75　料斗构造图

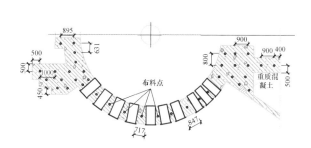

图 3-76　布料点位置图

<hr>

第七节　重质混凝土异形预制盖板高精度施工技术

一、重质混凝土异形预制盖板结构形式及施工总体思路

1. 结构形式

预制重质混凝土盖板为异形盖板，形状多达 9 种，分别为 T 形、反 T 形、L 形、反 L 形，斜边 T 形、斜边反 T 形、上下长度不等边 T 形等。靶心重质混凝土盖板平面为八边形，形状为 T 形、反 T 形、L 形、反 L 形，T 梁端头为斜边、直边，如图 3-77 和图 3-78 所示。热室和延迟罐间的重质混凝土盖板的平面和剖面分别如图 3-79 和图 3-80 所示，形状均为 T 形、反 T 形，盖板上下不等边。

2. 施工总体思路

盖板平整度要求为 ±3mm，相邻两块之间缝隙为 10mm。重质混凝土盖板单块重量大，最大重量为 27t。如何保证重质混凝土异型盖板的精度，吊环接驳器的精确定位，浇筑重质混凝土后异型盖板的平整度、相对误差及累计误差符合设计要求，预制盖板与八边形下沉式母体结构的精确吻合度是研究的重点。

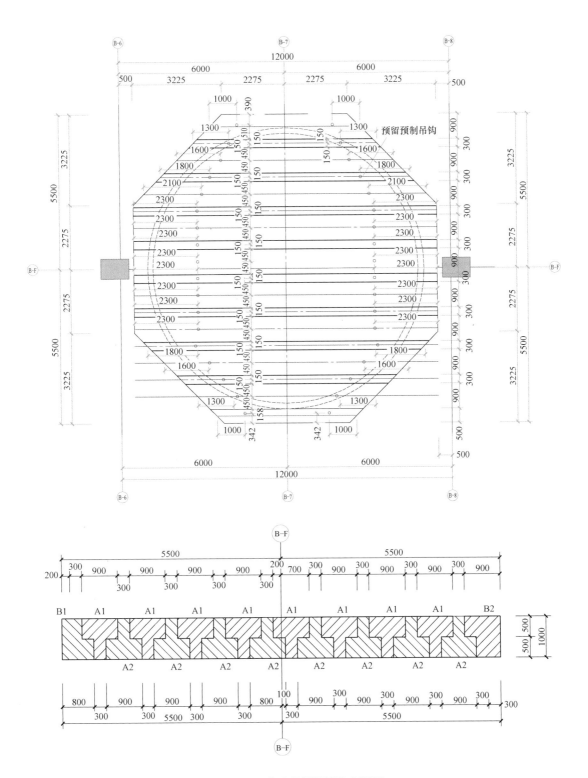

图 3-77　靶心盖板平面和剖面图

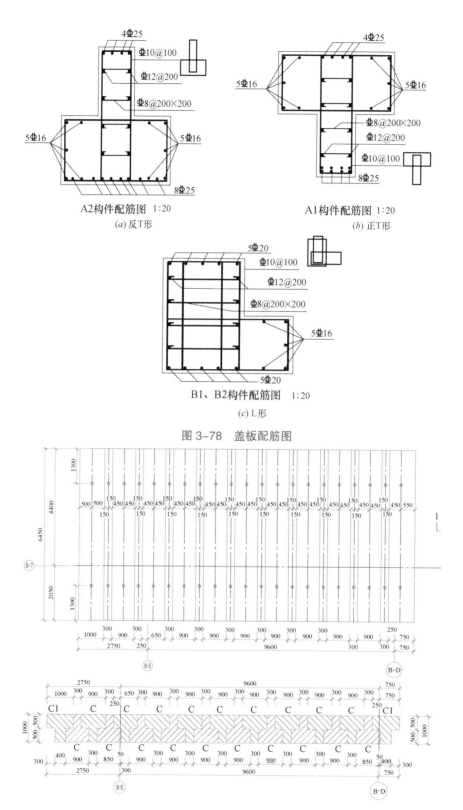

图 3-78 盖板配筋图

图 3-79 热室盖板平面和剖面图

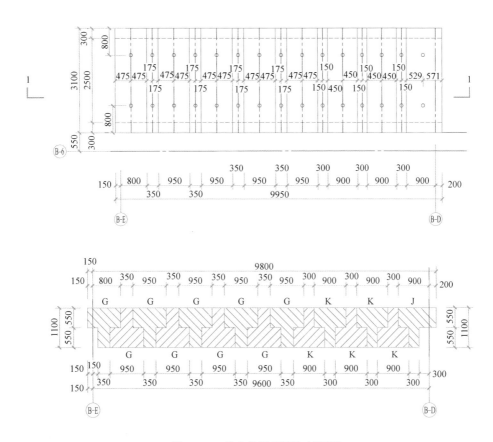

图 3-80 热室盖板平面和剖面图

首先在电脑上进行模拟预拼装，计算出每块盖板允许误差值。浇筑混凝土前对每个结构实际尺寸进行测量，在电脑进行模拟，确认尺寸符合设计要求后，进行混凝土浇筑。浇筑完成后进行耐辐照漆施工，再进行预制场预拼装，测量好数据，确定安装次序，做好标识编号，最后进行现场安装。

二、重质混凝土异形预制盖板的高精度制作技术

1. 重质混凝土盖板制作流程

重质混凝土盖板制作流程：台座施工→钢筋绑扎→预埋骨架角铁→预埋吊环接驳器→模板系统→现浇重质混凝土→耐辐照环氧漆施工。

2. 台座施工要点

制作场硬化场地上设置混凝土台座，台座间走道宽 1000mm。地面采用 C20 混凝土硬化，台座采用 C20 混凝土浇筑，高度 100mm，上铺 18mm 厚模板，针对不同宽度，取木枋加宽措施以增加台座的通用性。考虑盖板的拼缝为 10mm，台座的长边尺寸缩小 30mm，短边尺寸缩小 10mm，高度不变。台座平整度 2mm，侧面平直度 3mm。台座完成，检测台座表面平整度及侧边平直度，符合质量标准后，在其上放置骨架，

定位后并临时横向斜撑固定，以防钢筋绑扎时移位。

3. 钢筋安装要点

钢筋在场外制作，转运至制作场绑扎，绑扎钢筋与骨架及模板专业配合进行。钢筋安装严格按设计图纸与规范进行，受力主筋采用直螺纹套筒连接，水平筋采用焊接。事先考虑支模和绑扎的先后次序，制定安装方案，钢筋安装时做好各种预埋件、预留孔洞的埋设和相应加强筋的布设。钢筋的规格、形状、尺寸、数量、间距、锚固长度、接头位置、保护层厚度必须符合设计要求和施工规范的规定，钢筋与模板间要设置足够数量与强度的垫块。

4. 角钢骨架制作要点

所有拆卸盖板阳角均采用└50mm×50mm角钢护角，骨架内支撑角钢沿边长间距200 mm，双ϕ6锚筋，伸入混凝土内150mm，末端弯圆钩，骨架连接采用焊接，如图3-81和图3-82所示。部分盖板端头为斜边、有一定角度控制，施工前采用高精度全站仪进行精确测量定位。垂直方向采用现场通线定位，水平方向采用水平尺及高精度水准仪进行测量，确保角钢骨架误差控制在 ±3mm。

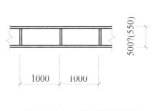

图 3-81　骨架示意图　　　　　图 3-82　预埋角铁护边施工图

5. 模板安装要点

由于截面的特殊性，钢筋绑扎及骨架完成后开始安装模板，安装完成后，用木枋钉上节平板木支架，支架采用二根木枋支承在地面上，沿盖板纵向间距500mm，并及时在支架上铺木枋与支架打钉临时固定。钢模连接接长设置卡口钢板，避免漏浆。侧模外设置沿盖板纵向间距1500mm的斜撑，以控制垂直度。

6. 吊环接驳器预埋高精度控制要点

（1）施工放样

重质混凝土盖板浇筑前放好盖板吊环接驳器（图3-83）的位置，采用钢筋焊接固定，确保位置准确、安装牢固。

（2）吊环接驳器预埋件施工

预埋件接驳器采用 3 根 $\phi20$ 钢筋进行双面焊接 5d，预埋钢筋与底部钢筋进行固定，如图 3-84 所示。焊接需严格按照规范要求，且不能破坏接驳器自身结构。

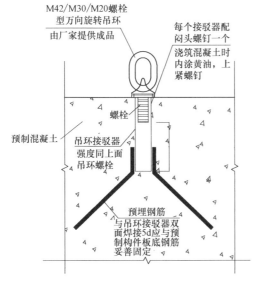

图 3-83　吊环接驳器

图 3-84　吊环接驳器安装

7. 重质混凝土浇筑施工技术要点

（1）重质混凝土生产

浇筑前测出重晶砂、重晶石、铁矿石三种材料的含水率，并根据含水率和试验室配合比计算出施工配合比，每种材料分层多点综合取样，取样 2 ~ 3 次，取几次测量值的平均值作为最终含水率。加料顺序：铁砂→玻璃粉→重晶砂→铁矿石→重晶石→水泥→矿粉→水→减水剂。铁砂上料时用 6 台斗车预装，向小铲车倒铁砂时，先将斗车推到 400mm 高的梯形平台上，提高倒料速度，图 3-85 为铁砂上料作业实况。玻璃粉上料时先倒入小铲车，与铁砂一起投入搅拌机小车。

（2）运输及浇筑

重质混凝土由搅拌车运送至现场，卸入料斗，再用汽车吊吊送到待浇筑部位，整个过程时间不得超过 1h。重质混凝土入模时其自由下落高度不得大于 1.0m，必须分层浇筑，每层厚度设为 300mm，最大不超过 400mm，上层与下层的浇筑间歇时间不得超过 3h，图 3-86 为浇筑实况。采用 $\Phi50mm$ 振动棒振捣，振捣时间经试验确定为 5 ~ 8s，振动棒快插慢拔，振动棒振动点间距为 250mm，对于钢筋或预埋件密集的狭小部位采用 $\Phi30mm$ 振动棒，振动棒振动点间距为 200mm，部分难以振捣的地方采用钢筋辅助插捣。

（3）重质混凝土收面处理

初凝前用刮尺将混凝土面按水平标高控制标记刮拍平整，用木蟹做两遍压实抹平，高低不平的部位及时修补平整，图 3-87 为收面处理实况。

图 3-85　铁砂上料作业

图 3-86　重质混凝土浇筑

（4）养护

浇筑完后及时安装喷淋管，重质混凝土终凝后开始洒水养护，浇筑完 14h 后松开侧模对拉螺杆、3d 后拆除侧模板，持续养护 28d，图 3-88 为养护实况。

图 3-87　重质混凝土收面

图 3-88　重质混凝土浇筑后养护

三、重质混凝土异形预制盖板安装施工技术

1. 预制场重质混凝土盖板预拼装要点

重质混凝土盖板完成后，需进行预制场现场预拼装，确定安装次序，以保证实际现场一次性安装到位。

（1）对现场母体位置（图 3-89）进行高精度测量，复制现场实际尺寸到预制场，如图 3-90。

（2）对靶心重质混凝土盖板进行现场预拼装，如图 3-91 所示。

图 3-89　母体结构现场

图 3-90　预制场复制现场实际尺寸

（3）预制场现场模拟拼装完成后，对每块盖板做好编号，确定安装次序。

2. 重质混凝土盖板安装施工技术要点

（1）转运托架

考虑 T 形及反 L 形构件特殊截面在转运过程中的平稳与安全，采用托架临时支承，托架采用 A48 钢管搭设而成，如图 3-92 所示。待吊车转到新位置后再吊运。

（2）吊装平面布置

根据隧道顶部、靶心、热室及延迟罐的位置，吊车放脚后，中心离墙边 5000mm，各吊装部位布置如图 3-93 所示。

图 3-91　现场预拼装

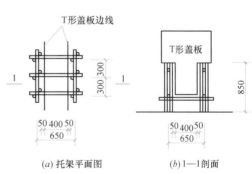

图 3-92　转运托架示意图

（3）现场吊装

安装过程需观察吊点的平衡度，保证 4 个吊点平行才能吊装。从一端开始往另一端分单元吊装，2 反 T+1 正 T 为一个单元。图 3-94 和图 3-95 为现场吊装实况，图 3-96 为吊装完成实况。

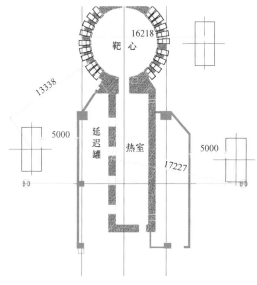

图 3-93 吊装平面布置图

图 3-94 现场吊装（一）

图 3-95 现场吊装（二）

图 3-96 现场吊装完成

第八节 主要创新

通过系统的现场模拟施工试验，优化施工工艺，形成了防中子辐射重质混凝土的施工关键技术，本关键技术的创新性主要体现在以下几方面：

（1）针对防中子辐射重质混凝土组成材料多，投料难度大，投料顺序和搅拌时间、运输距离和运输时间要求严格等特点，进行了混凝土的生产工艺的研究，制定了综合考虑以上因素的搅拌方案、工艺流程和运输方案，形成了防中子辐射重质混凝土的拌合技术和运输技术。

（2）进行了小型预捣件、大型矩形墙体预捣件和大型弧形墙体预捣件的模拟施工试验，研究入模的下落高度控制、布料点的间距控制、分层厚度控制、振捣点的间距控制、振动棒振捣时间控制等对防中子辐射重质混凝土浇筑质量的影响，通过重点控制振捣时间、振捣间距，很好地解决了重质混凝土内骨料密度相差悬殊的振捣难题，形成了防中子辐射重质混凝土密实度及防止重骨料下沉保障技术，保证了防中子辐射重质混凝土浇筑质量。

（3）利用竖向、水平分缝技术将靶心重质混凝土屏蔽筒体分成竖向4块、水平向6层，整个筒体分成24个小单元，按对称浇筑的原则分12次浇筑完成，有效防止了靶心径向收缩裂缝产生。水平和竖向缝均设置成台阶状；水平缝采用3层钢丝网重叠并固定在墙中钢筋上，形成台阶状；竖向缝采用3层钢丝网重叠做成台阶状并固定在墙端支撑短钢筋上，相当于墙体的端模，重质混凝土浇筑完成后采用人工凿除钢丝网并露出新鲜混凝土，很好地保证了施工缝的质量。形成了大型重质混凝土屏蔽厚壁筒体防径向收缩裂缝分块分缝技术。通过在作为内模的不锈钢壳体内设置和优化支撑系统，优化并控制防中子辐射重质混凝土的分层振捣高度、时间、振捣点间距、浇筑间歇时间等，有效地控制热室及延迟罐外浇筑长高防中子辐射重质混凝土厚墙施工时内衬不锈钢壳体的变形，保证内衬壳体的精度和高光洁度，形成了长高防中子辐射重质混凝土厚墙的高精度施工技术。设定严格的重质混凝土温控指标、测温时间和频率，优化测温点布置，根据温度变化曲线采取合理的养护措施，防止了重质混凝土的开裂，保证质量，形成了重质混凝土温控及养护技术。

（4）进行多次的现场灌浆模拟试验，优化灌浆料配合比和灌浆工艺，采用CGM-4超流态高强无收缩灌浆料对靶站大型基板下部预留的厚度为30mm灌浆层进行二次灌浆，保证灌浆的密实度和强度，实现了基板底座均匀地承受设备荷载，形成了大型基板二次灌浆技术。在墙体内穿墙预埋件底部设置兼做排气、观察和振捣孔，根据预埋件大小和振捣间距优化开孔尺寸，重质混凝土浇筑完成后，采用塞焊封闭开孔位置；利用均匀布料和全人工铁钎插捣工艺，保证预埋管线、构件、钢筋密集空间狭小部位重质混凝土的振捣质量，形成了细部结构防中子辐射重质混凝土浇筑技术。

（5）采用高精度预埋角钢护边有效地保护盖板各面、各角点的精度，吊环接驳器焊接到固定在底部钢筋上侧的定位钢筋上保证接驳器位置精确，优化重晶石混凝土的生产、浇筑、振捣、收面处理工艺保证了盖板混凝土的施工质量；通过试验确定漆膜的干膜和湿膜厚度、干燥时间和温度的关系，保证刷耐辐照环氧漆达到功能要求；通过计算机模拟拼装、预制场的现场预拼装，保证正T形盖板一次安装到位；形成了重质混凝土异型预制盖板的高精度制作技术。

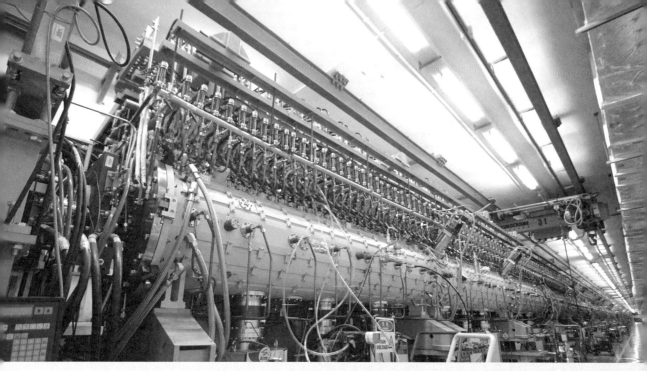

第四章

防辐射屏蔽结构高精度施工关键技术

第一节 概述

本工程反角中子隧道群是中国散裂中子源项目束流打靶的关键部位，包括三条束流射线隧道。隧道屏蔽铁结构位于质子束流末端，与靶芯相连，为本工程防辐射的重点部位。图 4-1 和图 4-2 分别为反角中子隧道群的 BIM 俯视和平面图。屏蔽铁结构由左侧屏蔽层、右侧屏蔽层和屏蔽顶层组合而成，左侧屏蔽层和右侧屏蔽层

图 4-1 反角中子隧道群 BIM 俯视图

分别位于质子束流的左右两侧，屏蔽顶层位于左侧屏蔽层和右侧屏蔽层的顶部，如图 4-3 ～图 4-5 所示。最重、最长屏蔽块尺寸为 9598mm×9295mm，重量 21.2t，重量大于 20t 的有 5 块；重量大于 15t 小于 20t 的有 30 块。为保证隧道内各种设备有足够的安装空间及满足高精度的定位要求，屏蔽铁隧道中心轴线偏差不大于 5mm，净宽误差允许值为 0 ～ 20mm，屏蔽铁结构的内表面大面不平度需小于 10mm，相邻两立块顶部端面高度公差需小于 3mm，全部立块顶部端面高度公差 ±5mm。如何能使如此大型的防辐射屏蔽铁结构达到高精度的安装定位要求，是重点研究的内容之一。

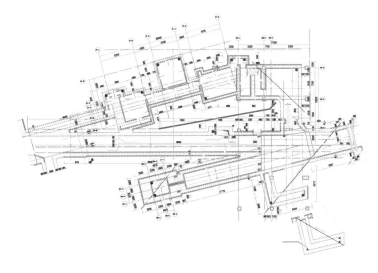

图 4-2 反角中子隧道群平面图

散裂中子源靶站设备中废束站的具体功能为收集不再加速的质子束流，进行辐射屏蔽处理，防止其对外产生辐射。各废束站屏蔽铁结构外形见图 4-6。结构尺寸分别为：L-DUM-A 1.6m×1.6m×2.0m、L-DUM-B 2.3m×2.3m×2.7m、I-DUM 2.0m×2.0m×2.4m 和 R-DUM 3.6m×3.6m×4m。防护屏蔽铁材质为 Q235B。钢板厚度统一为 200mm 和 150mm 两种规格，以 200mm 厚度居多。收集废弃束流过程中，废束站屏蔽铁块的温

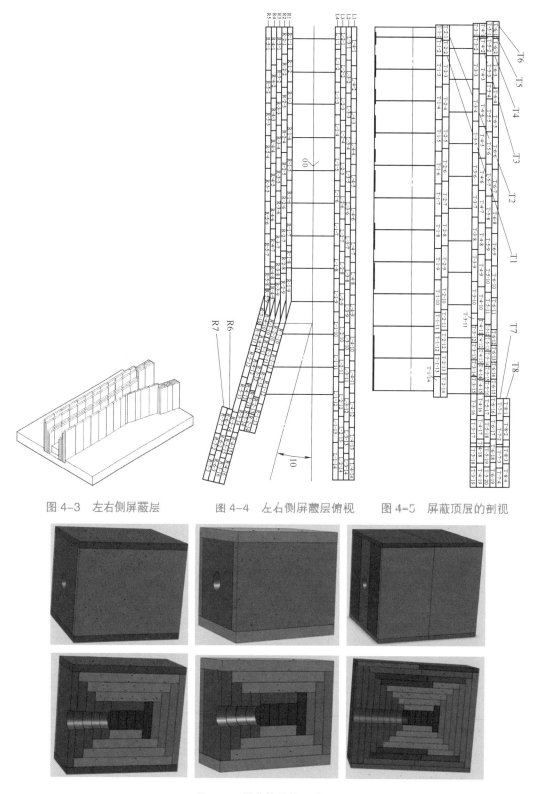

图 4-3　左右侧屏蔽层　　　　图 4-4　左右侧屏蔽层俯视　　　图 4-5　屏蔽顶层的剖视

图 4-6　屏蔽体结构示意图

度将会升高，为防止屏蔽铁块由于温度升高产生的膨胀对外围混凝土造成破坏，以及温度传导至外围混凝土可能造成裂缝，必须在屏蔽铁块与外围混凝土之间留置一定空间。同时要严格控制空间大小，避免存留大量不利于装置运行的热气体。屏蔽体位于地表以下近10m的位置，水压较高，防水难度大。此外，不锈钢如发生隆起或应力过大，将不利于结构防水防辐射作用。

根据工艺要求，在直线隧道末端内设置内置可起吊型屏蔽铁盒的废束站，由可起吊型屏蔽铁盒＋外包钢筋混凝组成，见图4-7。废束站的外观尺寸为4740mm×2780mm×2600mm（H），屏蔽铁盒外形尺寸为2000mm×1600mm×1600mm（H），废束站L-DUMP-A的外包钢筋混凝土厚度：束流前方（束流来的方向）为2200mm，束流后方为500mm，束流上方为200mm，束流下方为400mm，束流左方为200mm，束流右方为580mm。屏蔽铁盒由束流前方的ϕ300mm×800mm垃圾筒及外包屏蔽铁组成，Q235B材质，重量约40t，是废束站的核心组件，主装置的组成部分。

设置在地下隧道内的废束站必须具备屏蔽性能、屏蔽铁盒可吊离及高精度定位的要求，即包括三个方面：①屏蔽性能：移动屏蔽铁盒是质子废束的收集装置，须确保屏蔽铁盒内的气体和射线辐射不能进入隧道内，因此屏蔽铁盒外围为整体混凝土密封结构，不能有裂缝；②可吊离：移动屏蔽铁盒使用期间相对固定，日后根据需要可吊离隧道内，运到专业地方进行处理；③高精度定位：屏蔽铁盒中心与束流中心平面位置偏差±3mm，垂直方向偏差0～6mm，不允许出现负偏差。若因偏差超出范围造成偏束超过10mm，会造成温度过高影响正常使用。

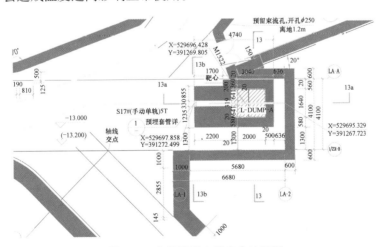

图4-7　直线隧道末端废束站平面

保证废束站高精度、高防辐射要求的建造技术是本关键技术重点研究的内容。

筒体是靶站密封筒的主体部分，其外侧为重质混凝土墙，内侧为靶站内部屏蔽体组件。筒体上设置有质子输运线通道开口、氦容器排污管开口等二十多个开口。在安装好靶站密封筒及地面以下的钢屏蔽体等部件后，在筒体外侧浇筑1m厚及1.2m厚重质混凝土屏蔽墙，并在靶站各设备安装完成后，在其顶部盖上 1m 厚重质混凝土材质的盖板并用薄膜密封以达到密封效果。筒体需要在装置现场拼焊各分块，且需要避免靶站重质混凝土屏蔽体浇筑时可能会对靶站屏蔽体密封钢筒、中子通道穿墙管等的几何形状和空间定位产生的不利影响。如何高精度、高效率地完成密封筒的拼装、开孔及支撑，是靶心结构的技术难题之一。

热室是 CSNS 工程的重要组成部分，主要作用是对含有放射性的设备部件进行日常的维护和转运等操作。中国散裂中子源项目对辐射剂量限制要求严格，而热室壳体是散裂中子源靶站的重要组成部分，高光洁度的壳体可以保证辐射污染物的完全收集，完整的密封性可以保证辐射污染物的不向外界扩散。热室壳体内部尺寸 18000mm×4650mm×4000mm（长 × 宽 × 高），外框架是由 16 号和 10 号槽钢交替焊接组成，热室侧壁覆面板采用 ϕ4mm 不锈钢板，热室底部采用 ϕ10mm 不锈钢板，整体总重量约 35t，分两段吊装，外墙为重质混凝土结构，用以防护高放射性射线，完成后与周围环境隔绝，用于运送标靶进靶心及进行高放射性试验，近百种类型的工艺管线必须精确定位。因此，本项目大型壳体的预理有严格的技术和质量要求。如何将 35t 重的热室壳体在不变形的情况下完成吊装及组装，如何确保各面墙体组装后垂直度公差小于 2mm/m，是需要解决的另一技术难点。

第二节　国内外研究概况

一、大型防辐射隧道屏蔽铁结构安装技术的国内外研究概况

岳世琦等论述了有特殊技术要求的防核辐射厚大屏蔽类铸铁件在生产中可能产生的铸造缺陷及其预防措施，为生产此类铸件制定了切实可行的工艺文件和生产措施。周雄锋等采用 ProCAST 有限元分析软件对 Fe-W 合金屏蔽件砂型铸造过程进行了数值模拟。黄健等发明了一种移动型屏蔽铁盒，由 12 种型号共 23 块铁块堆砌而成，采取合理的堆砌方式，能够对诱导进入盒内的多种射线辐射进行较好地屏蔽。Brinksmeier E 等回顾了关于应用磨削工具，超精密机床和磨削过程的最新技术。最后，提出了先进的超精密研磨工艺的选定实例。上述的研究主要涉及屏蔽铁打磨、虚拟现实进行商品拼装等，且应用于常规环境下，并没有关于防辐射环境下的高精度屏蔽铁结构，对如何进行高精度施工也没有涉及。

二、废束站施工关键技术的国内外研究概况

黄健等提出了一种质子废束站施工技术，包括安装底板下外包防水钢板；浇筑屏蔽铁箱混凝土底板；安装屏蔽铁箱；安装侧壁钢模板；浇筑侧壁混凝土；安装预制混凝土盖板；浇筑顶板混凝土；外包防水钢板；外包钢筋混凝土结构；外包防水卷材；设置

防水保护层。颜良对防辐射诱导缝的设计原理、施工工艺等方面进行了详细研究，为今后类似项目提供借鉴。白才仁等提出了一种防辐射诱导缝结构，在所述结构中设置了填充级配钢珠的弧形不锈钢板，可在超长大体积混凝土结构热胀冷缩过程中进行自由收缩，同时不锈钢板内填充了级配钢珠可防止核辐射的泄漏，并在诱导缝外侧设置挡水混凝土板及橡胶止水带，起到双层防水效果。国外类似的研究也不多。Chen W 等介绍了线性加速器隧道、环形隧道、环向靶束传递（RTBT）隧道以及田纳西州橡树岭国家实验室（ORNL）散裂中子源（SNS）项目的其他表面设施的结构设计与施工。Chen Y 等通过物理模型试验研究了碾压混凝土（RCC）拱坝的破坏机理，提出了诱导缝的相似性模拟问题。上述研究主要涉及防辐射诱导缝和废束站施工技术，并没有关于反角中子隧道群中 24m 屏蔽铁、通视孔、防辐射屏蔽门等施工技术的研究，对如何进行高精度施工也没有涉及。

三、屏蔽薄钢壳高精度施工技术的国内外研究概况

国内关于热室壳施工技术的研究不多。潘继军等提出了一种用于核工程热室壳体制造的立体直角成型模具，但该专利并未涉及壳体施工技术。耿振龙等研究了大型薄壁不锈钢箱体的焊接工艺，主要内容为箱体的焊接应力变形和变形产生的主要因素、形成过程以及焊接应力的消除、变形的预防、控制和矫正等方面的焊接工艺。但其所研究箱体为长方体结构 4600mm×780mm×2100mm，而本项目尺寸为18000mm×4650mm×4000mm。蒋章发等提出了镀膜大型不锈钢箱体的焊接工艺，属于真空容器类产品焊接技术。国外类似的研究也不多。Cheng X 介绍了大跨度单层空间弯曲钢壳结构屋顶的安装技术，提出高支架柱装配技术。Xue C 介绍了常用设备箱体的焊接技术。Bao G J 等介绍大型薄壁箱体焊接技术，包括不同材料和多角度管状结构焊接技术、特厚条件下的厚板焊接技术等。上述研究均没有涉及超大型热室不锈钢壳体施工技术这方面，对如何进行高精度施工也没有涉及。

第三节　大型防辐射隧道屏蔽铁结构安装技术

24m 隧道屏蔽铁结构位于质子束流末端，与靶心相连，为本工程防辐射的重点部位，施工精度要求高。

24m 隧道屏蔽铁结构的施工流程：隧道底板施工放样→隧道底板中间凸块混凝土施工及预埋钢板安装→钢屏蔽立块吊装→浇筑混凝土侧墙→浇筑混凝土隔墙→靶站大厅内钢屏蔽横块吊装→钢屏蔽铁块喷涂耐辐射防锈漆→靶站大厅外钢屏蔽横块吊装→钢屏蔽块收尾→顶部预制混凝土屏蔽块安装。

本技术研究主要包括以下三部分内容：①隧道底板中间凸块混凝土施工技术，

②钢屏蔽铁块安装技术，③混凝土侧墙施工技术。

一、隧道底板中间凸块混凝土施工技术

根据设计图纸，对隧道底板中间凸块混凝土尺寸及位置进行放样，为确保隧道宽度满足要求，凸块尺寸偏差应为正数。

凸块钢筋布置如图4-8所示。钢筋全部在加工厂加工制作，钢筋安装严格按设计图纸与规范进行，钢筋搭接均采用焊接。钢筋安装的过程中，需预埋一些立筋，主要为了在屏蔽铁块安装时用于拉接之用，预埋立筋规格为C28，预埋时避开凸块的设备预埋钢板位置（图4-9）。

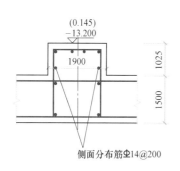

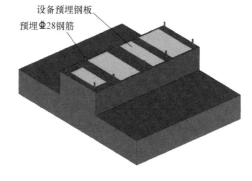

图4-8 隧道底板中间凸块钢筋剖面图　　图4-9 隧道底板中间凸块预埋钢筋设置示意

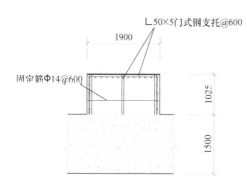

图4-10 中间凸块钢支托剖面图

钢筋安装的同时，每隔600mm预埋一个门式钢支托，支托顶面标高即为凸块顶面钢板底面（图4-10）。钢支托既作为钢板支撑，也作为钢板拼缝的底垫。钢支托焊接于凸块结构钢筋上，钢支托支腿中间用ϕ14水平固定钢筋进行焊接固定，确保定位准确及固定牢靠。

门式钢支托安装后安装谱仪大厅设备预埋板，预埋板共有3种尺寸规格：

1300mm×600mm、1800mm×1000mm、1800mm×1200mm，但地脚螺钉的位置各不相同。要求预埋板全部安装后，平面度小于1mm。

隧道底板中间凸块模板采用18mm厚夹板，墙面模板采用18mm厚夹板拼装而成，如图4-11。内楞（竖向）采用100mm×50mm方木，间距300mm；外楞（横向）采用ϕ48×3.5mm双钢管间距500mm；对拉螺栓M12，水平间距900mm，竖向间距500mm。拼装时按一边向另一边、由下向上的原则进行，拉杆螺母锁紧，模板拼缝严密。模板拼装完成后，检查其位置、垂直度、钢筋保护层。

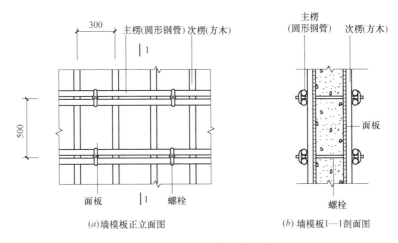

（a）墙模板正立面图　　　　　　（b）墙模板1—1剖面图

图 4-11　中间凸块支模示意

混凝土浇筑采用分层进行，每层厚度 500mm，混凝土下料一层，振捣一次，人工平仓振捣，采用 ϕ70 软轴插入式振捣器振捣。振捣过程中，严禁振捣棒碰到预埋件，振捣棒要快插慢拔，按顺序进行，不得遗漏，禁止过振，振捣上一层时插入下一层混凝土 50mm，以消除两层之间的接缝。振捣时间以混凝土表面出现浮浆、不再冒出气泡、混凝土面停止下沉为准。

二、钢屏蔽铁块安装技术

1. 钢屏蔽铁块安装辅助槽钢支架的设置

隧道底板中间凸块的混凝土拆模后，钢屏蔽立块安装前，在中间凸块上安装槽钢支架，以控制钢屏蔽立块的标高及垂直度。

在安装隧道底板中间凸块的钢筋时预埋的立筋由于避开了谱仪大厅设备预埋钢板，作为拉结用时存在死角。在槽钢支架安装前，设置直筋将预埋的立筋连接，然后在直筋上焊接附加立筋，用于拉接钢屏蔽立块，见图 4-12。

隧道底板中间凸块处设置槽钢支架用于控制钢屏蔽立块的标高及垂直度。支架安装完成后，在安装钢屏蔽立块时，只要将屏蔽立块贴紧槽钢支架安装，钢屏蔽立块顶面与槽钢支架顶面平齐，其顶面水平及垂直度将在槽钢支架的引导下得到非常精准的控制。

槽钢支架包括槽钢立柱、槽钢横梁及斜支撑，采用 10 号槽钢组合焊接制成，如图 4-13 所示。间距根据施工现场需要布置，宽度与中间凸块一致，为 1900mm，高度为第一层钢屏蔽立块的标高 -10.725m，靶站大厅外的第一层钢屏蔽立块标高为 -9.325m，根据钢屏蔽立块实际标高现场调整槽钢支撑高度。

槽钢支架是控制钢屏蔽立块的顶面水平标高的基准，支架安装成型前、安装过程中、安装后，要经过多次测量，及时纠正尺寸偏差，支架顶面水平度的允许偏差为 5mm，垂直度偏差为 10mm。图 4-14 为槽钢直接安装完成时实况。

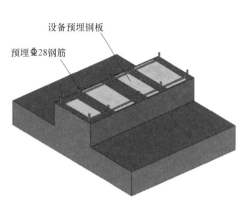

图 4-12 预埋立筋连接直筋设置示意

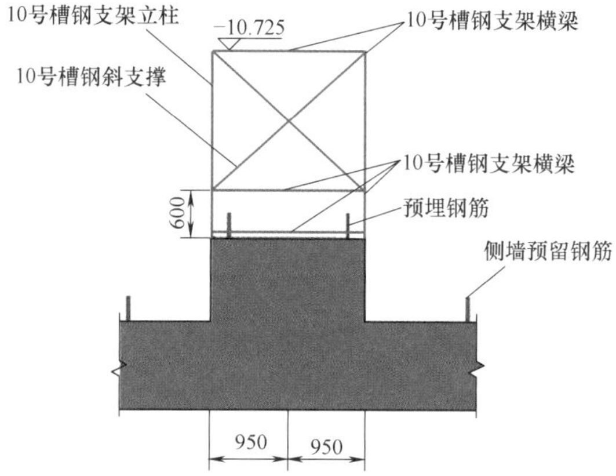

图 4-13 槽钢支架立面示意

2. 钢屏蔽铁块的吊装

钢屏蔽立块吊装采用旋吊法，见图 4-15。

图 4-14 槽钢支架安装完成实况

图 4-15 钢屏蔽立块吊装

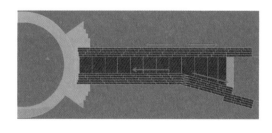

图 4-16 钢屏蔽立块安装顺序（一）

采用计算机模拟技术模拟安装，根据计算机模拟结果，确定钢屏蔽立块安装顺序，如图 4-16 和图 4-17 所示。①钢屏蔽立块安装于 RTBT 隧道的左右两侧，先安装左侧钢屏蔽立块，再安装右侧钢屏蔽立块；②钢屏蔽立块安装后的总体长度大于理论长度，从中间开始安装可减少累计偏差值，左侧钢屏蔽立块第一层先安装中间编号为 L-1-8，再向两边安装；③右侧的钢屏蔽立块从折角处开始，向两边安装；④先安装第一层的钢屏蔽立块，立块内侧要紧挨混凝土凸块，然后再安装第二、第三、第四、第五层钢屏蔽立块。

（1）第一层的钢屏蔽立块安装工艺要点

①钢屏蔽立块吊运至混凝土凸块的安装位置 100～300mm 时停止，由人工撬棍

推移至安装位置后缓缓下放（图4-18），用经纬仪控制钢屏蔽立块的垂直度、标高和中心偏移；②确保第一层钢屏蔽立块内侧紧贴混凝土凸块侧壁；混凝土凸面浇筑时已调整比实际标高低20mm，钢屏蔽立块安装时在立块底部用钢板垫块塞垫，调整至与混凝土凸块上的槽钢支架顶面标高平齐，钢屏蔽立块调整后，再次测量标高及垂直度；③钢屏蔽立块自重较大，立直自身可达到平衡，但为防止在施工过程中发生倾倒，在两侧做支撑及拉接（图4-19）；④靠近混凝土凸块的钢屏蔽立块用10号槽钢与混凝土凸块上预埋的钢筋进行拉接焊接，根据立块宽度大小，设置拉接槽钢；⑤另一侧再用10号槽钢做临时支撑，槽钢支撑利用侧墙的预留钢筋顶紧钢屏蔽立块，与钢屏蔽立块接触面点焊固定（图4-20），支撑及拉接槽钢设置完成后，将混凝土凸块上的槽钢支架与钢屏蔽立块点焊固定，确认安全后方可摘除吊钩；⑥使用上述同样的方法，安装第一层其他的钢屏蔽立块。

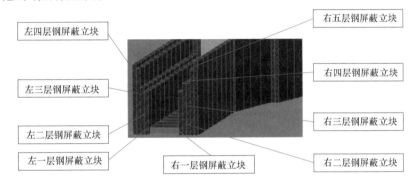

图4-17　钢屏蔽立块安装顺序（二）

图4-18　第一层钢屏蔽立块吊装

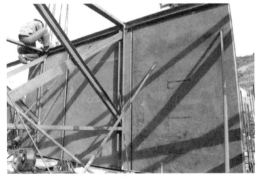

图4-19　钢屏蔽立块钢筋拉接设置

（2）第二层的钢屏蔽立块安装工艺要点

①立块每层高度不同，因此，第二层立块标高控制线以第一层顶面标高为基准，根据图4-21所示尺寸，从第二层屏蔽立块顶面往下至第一层顶面的高度位置弹出标高控制线，其他层次的立块采用相同方法；②第二层的钢屏蔽立块吊装就位，根据弹出的标高控制线，紧贴第一层的立块，调整标高控制线与第一层钢屏蔽立块顶面高度持

平（图 4-22）；③安放钢屏蔽立块的混凝土凸面标高比设计标高低 20mm，因此和第一层钢屏蔽立块采用相同方法塞垫钢板、调整标高；④标高及垂直度调整完成后，在相邻的钢屏蔽立块预先切割完成的倒角处焊接，使钢屏蔽立块间形成整体，第二至第五层立块为断续焊缝；⑤焊接过程中，要进行监控测量，确保在安装前后标高、垂直度无偏差。

图 4-20　第一层钢屏蔽立块槽钢支撑设置

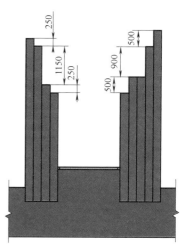

图 4-21　各层钢屏蔽立块高度基准图

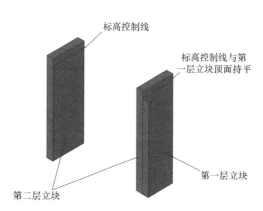

图 4-22　钢屏蔽立块标高控制线设置示意

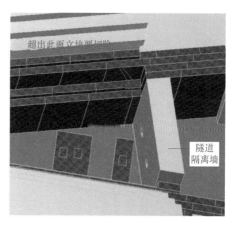

图 4-23　钢屏蔽立块切角部分示意

（3）其余各层的钢屏蔽立块安装工艺要点

①其余层次的立块根据上述方法进行安装；②当 R-1-13、L-1-13、L-4-12 三块屏蔽铁安装至隧道隔离墙位置时，由于靶站大厅内及靶站大厅外的第一层盖板的高度不同，部分要与隧道隔离墙垂直面齐，超出的部分要进行切除，尺寸需根据现场实际情况进行切割（图 4-23）；③两层立块之间缝隙较大处填满细铁砂；④内侧（即靠近束流的两侧）的钢屏蔽立块，安装到位后在靠近束流侧里面与底板中间凸块的间隔填充水泥浆密封，然后整体喷涂耐辐射白色防锈漆；⑤钢屏蔽立块安装完成就进行测量隧道

宽度尺寸，根据测量长度加工钢屏蔽横块及顶一层、顶二层靶站大厅内钢屏蔽横块的水电路通孔。

图 4-24 为钢屏蔽立块安装完成实况。

三、混凝土侧墙施工技术

在钢屏蔽墙外壁焊接上拉杆螺栓，水平间距 600mm，竖向间距 500mm，拉杆螺栓作锁定外模用。

图 4-24　钢屏蔽立块安装完成图

钢筋全部在加工厂加工制作，受力主筋采用直螺纹套筒连接，水平筋采用焊接（图 4-25）。钢筋安装时做好各种预埋件、预留孔洞的埋设和相应加强筋的布设，预埋件采用独立钢支托固定，确保预埋件的安装牢固和定位精确。图 4-26 为隧道两侧钢筋绑扎实况。

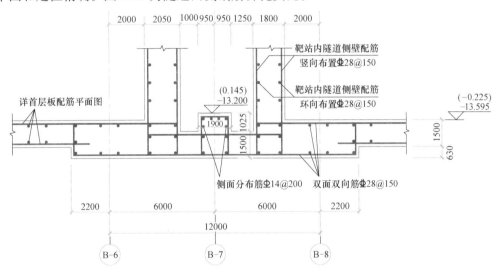

图 4-25　隧道侧墙钢筋剖面图

图 4-26　隧道侧墙钢筋绑扎实况

外侧墙面模板安装：墙面模板采用 18mm 厚夹板拼装而成，内楞采用 100mm×50mm 方木，间距 300mm；外楞采用 φ48mm×3.5mm 双钢管，间距 500mm；穿墙对拉螺栓 M14，水平间距 600mm，竖向间距 500mm。图 4-27 和图 4-28 分别为侧墙模板支撑示意及对拉杆大样。拼装时按一边向另一边、由下向上的原则进行，拉杆螺母锁紧，模板拼缝严密。模板拼装完成后，检查其位置、垂直度正确无误。

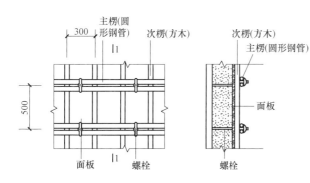

图 4-27　隧道侧墙模板支撑示意

图 4-28　对拉杆大样图

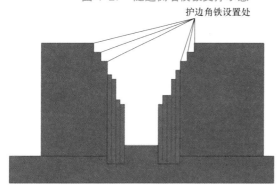

图 4-29　阶梯护边角铁位置

混凝土侧墙护边角铁安装：混凝土侧墙安放钢屏蔽横块的阶梯，在混凝土侧墙浇筑前要在阶梯边角预埋角铁，以免钢屏蔽横块安装时对混凝土边角产生破坏，见图 4-29。护边角铁采用 10 号等边角铁进行预埋，根据阶梯的长度通长设置，严格控制角铁的水平标高，安装完成后必须与混凝土面平齐。

混凝土的浇筑按《大体积混凝土专项施工方案》执行。为确保靶站大厅钢屏蔽横块的顺利安装，靶站大厅内外连接处影响靶站大厅外钢屏蔽横块安装的钢屏蔽立块高度以上部分混凝土留至靶站大厅外钢屏蔽横块安装完毕后才浇筑。混凝土终凝后，应立即进行覆盖、保温、保湿，加强养护。

第四节　废束站施工关键技术

针对废束站高精度、高防辐射要求的特点，重点研究以下关键技术：①废束站屏蔽体建造技术；②内置可移动型屏蔽铁盒的废束站综合施工技术。

一、废束站屏蔽体建造技术

废束站屏蔽体施工流程：屏蔽铁基础预埋件施工→屏蔽铁安装→屏蔽墙施工→顶板钢筋混凝土预制块安装→现浇屏蔽顶板施工。

建造的基本特点：①在屏蔽铁块与外围侧墙间留置 20mm 宽狭窄均匀的热效空间；②施工顺序为由内而外，即先安装屏蔽铁块，再浇筑侧墙，最后安装顶板钢筋混凝土预制块；③侧墙外包 3mm 厚不锈钢板，上涂 2mm 环氧防锈漆，对地下水采取全隔离处理；④在防水层外浇筑 200mm 厚钢筋混凝土保护层，外铺一层 3mm 厚聚合物防水卷材，进一步加强防水效果。

本技术研究包括以下三部分内容：①废束站屏蔽铁安装技术；②废束站屏蔽墙施工技术；③包衬施工技术。

1. 废束站屏蔽铁安装技术研究

（1）施工放样

在废束站混凝土底板浇筑前，准确放样定好废束站屏蔽铁基础预埋件的位置，并采用∟5 角钢进行固定，特别注意第一道水平施工缝以下墙体部分放样及模板安装的准确、牢靠，确保废束站铁块外侧与混凝土墙内侧之间有 20mm 的间隙。

（2）废束站屏蔽铁基础预埋件施工

预埋件顶部平板用于与废束站底板焊接相连，下端四个直钩形的圆钢一端与顶部平板牢固焊接相连，另一端与混凝土底板预埋的∟5 角钢焊接相连，见图 4-30。预埋板在混凝土中的形式如图 4-31 所示，其中顶部平板须与废束站地面平齐，图 4-32 为屏蔽铁下部预埋件和龙骨安装实况。

图 4-30　预埋钢板结构

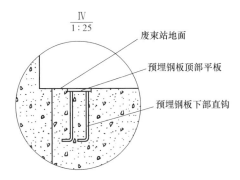

图 4-31　预埋钢板埋入混凝土示意图

（3）废束站屏蔽铁安装

采用计算机模拟技术模拟安装，如图 4-33 所示。

根据计算机模拟结果，确定屏蔽钢板安装原则为由下至上、由里向外。具体安装流程如下：

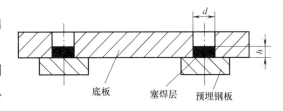

图 4-32　屏蔽铁下部预埋件和龙骨安装实况

① 先在废束站底板上放出废束站的尺寸及位置。通过焊接把屏蔽体各部分连接起来，焊接方式为四周断续焊接，其中底板与预埋钢板为塞焊连接，底板安装示意如图 4-34 所示。

② 安装底部其他平板，安装顺序自下而上，为 1→2→3→4→5→6→7，如图 4-35 所示。

③ 安装中心屏蔽钢板，安装顺序为 1→2→3→4→5，对于第一块带孔的钢板，

孔中心须与前面的束流钢板同心（允许误差 ±2mm）。通过薄钢片调整钢板的高度位置，必要时需对钢板高度尺寸进行修正。如图 4-36 所示。

④ 安装带孔束流钢板，从小到大依次叠加（ 1 → 2 → 3 → 4 → 5 → 6 → 7 → 8 ），安装时需要利用准直器件确定带孔钢板孔的中心位置（ 允许误差 ±2mm ）。通过薄钢片调整钢板的高度位置，必要时需对钢板高度尺寸进行修正，如图 4-37 所示。为防止底面下沉，屏蔽体孔的中心比预埋钢管的中心高 10mm。

⑤ 安装其他剩余钢板：为避免位置干涉，采取从内到外、分层安装的方法，钢板之间的缝隙采用薄钢板和铁砂填塞。

图 4-38 为安装现场实况。

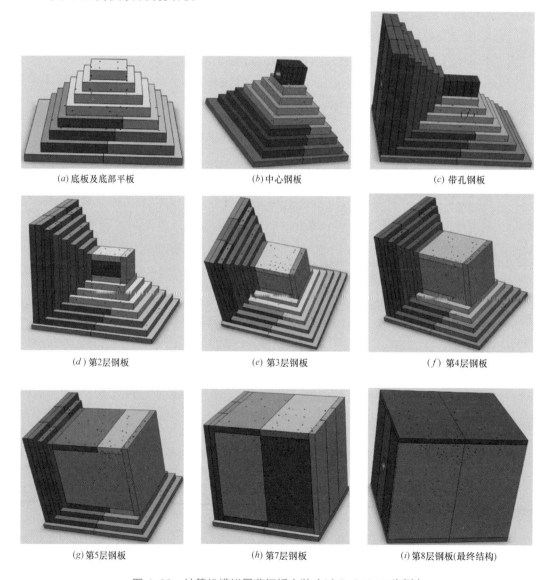

（a）底板及底部平板 　　　　（b）中心钢板 　　　　（c）带孔钢板

（d）第2层钢板 　　　　（e）第3层钢板 　　　　（f）第4层钢板

（g）第5层钢板 　　　　（h）第7层钢板 　　　　（i）第8层钢板(最终结构)

图 4-33　计算机模拟屏蔽钢板安装（ 以 R–DUMP 为例 ）

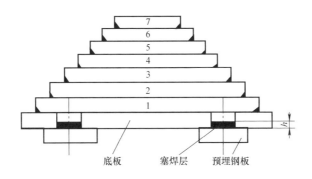

图 4-34　底部其他平板的安装示意图

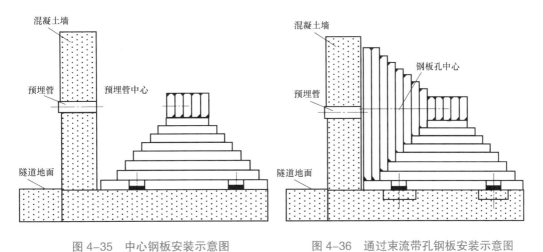

图 4-35　中心钢板安装示意图　　　　图 4-36　通过束流带孔钢板安装示意图

图 4-37　中心钢板安装实况

图 4-38　钢板安装完成实况

2. 废束站屏蔽墙施工技术研究

（1）水平施工缝设置

废束站屏蔽墙的水平施工缝设置如图 4-39 所示。

（2）模板安装

墙体内模板由 4mm 厚钢板拼焊而成。屏蔽铁块安装完成后，在屏蔽铁外侧用

10 号槽钢焊制钢龙骨，然后将钢板焊接在钢龙骨上，如图 4-40 所示。内模钢板与屏蔽铁间距 20mm，竖向槽钢外侧与屏蔽铁块间用边长为 20mm 的正方体木方临时填塞，待混凝土浇筑凝固后抽出。同时为不锈钢包衬施工焊制好龙骨，竖向槽钢间距约 1500mm（图 4-41）。

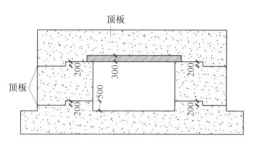

图 4-39　废束站水平施工缝设置图

图 4-40　侧墙内模板龙骨安装

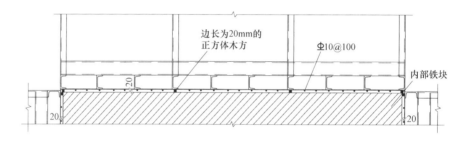

图 4-41　钢桁架与内部铁块间临时支撑示意图

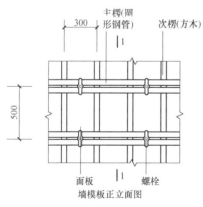

图 4-42　侧墙外模板支撑示意图

墙体外模板采用 18mm 厚夹板拼装而成，如图 4-42 所示。拼装时按由下向上的原则进行，拉杆螺母锁紧，模板拼缝严密。

（3）钢筋安装

墙体两侧竖筋及水平筋均采用Φ28@150，墙中竖筋及水平筋采用Φ12@150，见图 4-43。钢筋全部在加工厂加工制作，受力主筋采用直螺纹套筒连接，水平筋采用焊接，见图 4-44。钢筋安装时应保证各种预埋件、预留孔洞埋设定位精确、安装牢固。

（4）混凝土浇筑和养护

混凝土分层进行浇筑，每层厚度 500mm，上下层间不超过混凝土初凝时间，混凝土浇筑连续进行，不留施工缝。混凝土终凝后，应立即进行覆盖、保温、保湿，加强养护。

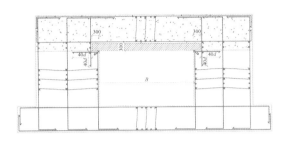

图 4-43　隧道侧墙钢筋剖面图

图 4-44　屏蔽体侧墙钢筋安装图

3. 包衬施工技术研究

（1）不锈钢包衬施工

在侧墙钢筋绑扎前应焊制包衬的龙骨，与侧墙内框连成一体固定，龙骨外侧槽钢与侧墙面相平，龙骨框架尺寸约为 1000mm×1500mm。将加工好的 3mm 厚不锈钢板焊接在龙骨上，每条边都必须与龙骨的槽钢焊接严密，焊缝须焊透。

不锈钢如发生隆起或应力过大，将不利于结构防水防辐射作用，所以焊接时应特别注意应力和变形控制，主要控制以下几个方面；①不锈钢板加工时应保证尺寸准确，表面平整，边缘切割面平顺，无弯曲；②焊接前采用较小直径的焊条进行点焊（定位焊），增加不锈钢板的刚性，减小焊接变形；③尽量减小热量输入，减小热影响区，即选择较小的焊接电流和电弧电压，控制焊接速度；变形较大的位置采用多点火焰加热矫正法进行矫正；④包衬施工完后，外涂一层环氧防锈漆。

图 4-45～图 4-47 分别为废束站外包钢板收口和转角搭接做法、不锈钢包衬完成后实况图。

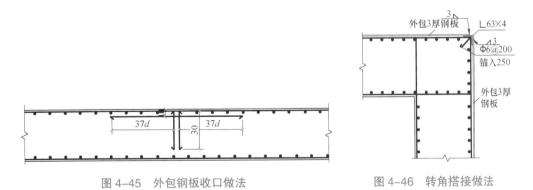

图 4-45　外包钢板收口做法

图 4-46　转角搭接做法

（2）外包混凝土施工

为保护不锈钢包衬，在外围浇筑 200mm 厚钢筋混凝土保护层，将屏蔽体整体包裹。外包混凝土采用 C30 混凝土，配筋双层双向 $\phi 18@150$。侧模采用 18mm 厚夹板拼装而成。拼装时按由下向上的原则进行，拉杆螺母锁紧。模板外侧用钢管架作支撑，设置足够的剪刀撑。

在外包混凝土外铺一层聚合物防水卷材，进一步加强防水效果。卷材铺设好后在外侧砌水泥砖保护。图 4-48 为外包混凝土施工完成后实况图。

图 4-47　不锈钢包衬完成图

图 4-48　外包混凝土

二、内置可移动型屏蔽铁盒的废束站综合施工技术

针对内置可吊离型屏蔽铁盒和外包混凝土结构组成的废束站特点，围绕工艺上要求的屏蔽性能、内置屏蔽铁盒可吊离、高精度定位展开一系列技术的研发，主要包括以下四部分内容：①屏蔽铁分层分块组合施工技术，②外包混凝土防水、防辐射技术，③预留二次结构施工技术，④高精度定位技术。

1. 屏蔽铁分层分块组合施工技术研究

散裂中子源废束站内置屏蔽铁盒 L-DUMP-A 型的外表形状为长方体铁盒，重量约 40t，材质采用 Q235B。外轮廓尺寸为 2000mm（长）×1600mm（宽）×1600mm（高），内空间尺寸为 $\phi300mm\times800mm$，外轮廓与内空间之间为屏蔽铁块，长度方向同束流方向，束流管经宽度方向进入铁盒中心。图 4-49～图 4-51 分别为屏蔽铁盒形状、屏蔽铁盒平面和立面图。

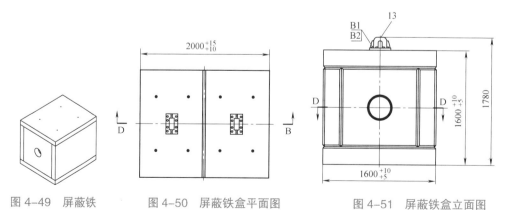

图 4-49　屏蔽铁　　　图 4-50　屏蔽铁盒平面图　　　　　图 4-51　屏蔽铁盒立面图
　　　　　盒形状

（1）屏蔽铁分层分块安装原则

采用计算机模拟技术模拟安装，根据模拟结果，确定屏蔽铁分层分块安装原则如下：①分层分块将板缝错开，采用错缝组合形式，避免通缝的出现，减少气体及射线外泄入隧道内；②根据现场隧道开挖后的吊装条件，起吊半径46m，吊装深度13m，因此，最大块重不超过3t；③考虑可进行吊离的整体性及吊装插销孔的设置，孔径铁盒底部必须脱钩固定并方便整体起吊；④组装方式采用焊接，所以板边直角倒角。

（2）屏蔽铁的分层分块

根据上述分层分块原则对屏蔽铁进行分层分块，分成12种型号共23块堆砌而成，如图4-52、图4-53所示。

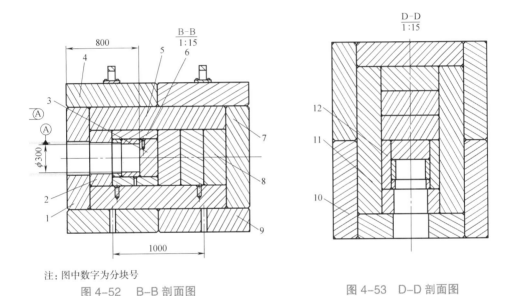

注：图中数字为分块号

图4-52　B-B剖面图　　　　　　　　　图4-53　D-D剖面图

3号中心组件与束流管连接，中心组件位于铁盒的中心，外轮廓尺寸为500mm（长）×400mm（宽）×1400mm（高），长度方向同束流方向。中心组件下部由9号块、5号块、6号块各一块依次由下向上堆砌而成，下部堆砌高度为600mm；上部由6号块、5号块、4号块各一块依次由下向上堆砌而成，上部堆砌高度为600mm；中心组件前侧（束流进入侧）由2号块、1号块各一块从内至外堆砌而成，厚度500mm，铁块中心开束流孔，孔径分别为A320mm、A340mm；后侧由8号块（3块）、7号块（1块）由内至外堆砌而成，厚度1000mm，见图4-53。

中心组件左右两侧（沿束流方向）均由12号块（1块）、11号块（1块）、10号块（2块）从内至外堆砌而成，厚度均为600mm，见图4-53。

根据各分块图在工厂内制作，并焊接起吊组件。

在工厂内进行预组装检测，确定中心线高度允许偏差和外观尺寸允许偏差，为现场安装提供依据。

（3）铁块缝隙处理技术

工艺允许的铁块偏差在 1mm 内，缝隙较小，要在竖缝灌入铁粉，其粒径不应大于 300μm 并形成级配。

进行铁块缝隙铁粉试灌试验，确定采用粒度在 44～150μm 的中等铁粉和 10～44μm 的细铁粉各 50% 分量掺合而成的铁粉作为铁粉。同时，根据试灌试验，确定水平和竖向缝隙处理工艺如下。

水平缝隙处理：①钩锚板与混凝土平抄平：屏蔽铁盒基础混凝土浇筑完成后，采用靠尺检测基础的平整度，超过 2mm 的采用钢板垫平，1mm 及以下的采用铁粉铺平；②铁块水平缝隙：每层钢板上铺铁粉，采用靠尺沿边刮平，高刮低补，见图 4-54；③中间垃圾筒中心下钢板底部下方，由于预低标高后，空隙较大，填 10mm+5mm 二层钢板后再铺铁粉。

竖向缝隙处理：竖向铁块由内向外安装，每一圈竖向铁块安装定位并断续焊完成后，开始灌铁粉，在铁块上临时安装附着式震动器，边震边灌，利用钢板的轻微震动让铁粉进入竖缝内（图 4-55）。

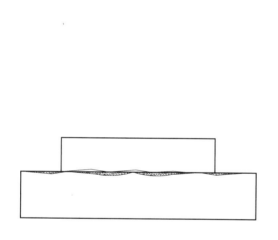

图 4-54　铁块水平缝隙处理图

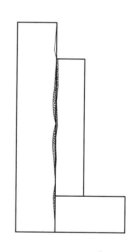

图 4-55　铁块竖缝处理图

2. 外包混凝土防水、防辐射技术研究

屏蔽铁盒采用了外包钢筋混凝土增强对气体及辐射的屏蔽，沿束流前方（束流来的方向）为 2200mm 厚墙体，束流后方为 500mm 墙体，束流上方为 200mm 盖板，束流下方为 600mm 基础，束流左方为 200mm 墙体，束流右方为 580mm 墙体。

为克服外包混凝土和屏蔽铁盒间留有 20mm 的空隙但不能填塞模板和其他材料的难题，外包混凝土表面采用连续钢板当作模板使用，且代替钢筋。在混凝土中掺入高性能膨胀剂聚丙烯纤维和粉煤灰，提高混凝土的抗裂性能；墙体采用分层施工，降低混凝土的内外温差。

（1）屏蔽铁盒和外包钢筋混凝土分离技术

屏蔽铁盒与外包钢筋混凝土的热胀冷缩性能不同，不能采用木板或泡沫板分隔，必须采用措施将二种结构分离，隔离 20mm 的空间，才能避免内部铁盒胀裂外包钢筋混凝土。

在与外包混凝土的内表面设置 4mm 厚连续钢板与屏蔽铁盒留出 20mm 的空隙，连续钢板同时起到提高混凝土抗裂性能及作为模板作用。图 4-56 和图 4-57 分别为设置钢板的平面及剖面图。

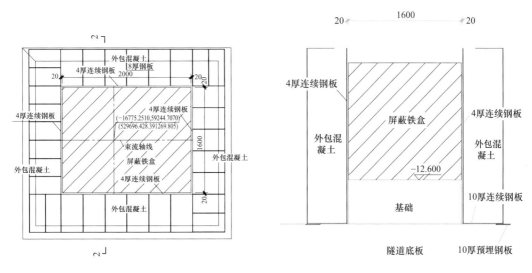

图 4-56 连续钢板平面图　　　　　　图 4-57 2—2 剖面图

在连续钢板及其模板结构完成后，在屏蔽铁盒与连续钢板之间的顶部位置的加劲肋处填塞 20mm 的木条，肋间填塞Φ10 钢筋，木条和钢筋伸入屏蔽铁盒 200mm，如图 4-58 所示。木条和钢筋在混凝土浇筑完成后抽走。

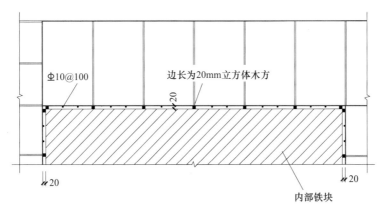

图 4-58 屏蔽铁盒与钢板顶部分离设置图

（2）连续钢板（钢模板）施工

连续钢板除起分隔作用外，并与外侧钢板＋加劲肋形成钢模系统。

施工流程：施工测量→清理预埋钢板表面→焊底部连接钢板→焊限位加劲肋→焊内侧连续钢板→焊加肋→焊外侧连续钢板。

施工工艺要点：①采用全站仪，以散裂中子源地面网系统为依据，放出外包混凝土的边线，并保证与屏蔽铁盒保证20mm的空隙；②清除干净预埋钢板表面的杂物、油污，砂轮机除锈；③连接钢板与预埋钢板、连续钢板与连接钢板及对接接长均采用满焊连接，不能漏焊，以免混凝土浆体流入屏蔽铁盒的空间；④各边根据测量放出位置在连接钢板每边二端部焊接限位加劲肋，控制加劲肋的垂直度及与铁盒的净距。

（3）高性能混凝土施工

通过高性能混凝土配合比试验，确定采用掺入粉煤灰代替部分水泥，掺入高性能膨胀剂聚丙烯纤维，降低混凝土水化热和提高抗裂性能。优化后的混凝土配合比如表4-1所示。

通过现场高性能混凝土试浇捣试验，确定高性能混凝土施工工艺要点如下：

施工流程：混凝土搅拌→混凝土运输→混凝土泵送→混凝土浇筑→混凝土振捣→混凝土收面处理→混凝土面抹光→养护。

混凝土搅拌时间：干拌时间较普通混凝土增加25%，加入水泥和水后，湿拌时间较普通混凝土增加30%，使纤维充分分散，混凝土最短搅拌时间如表4-2所示。

混凝土运输：混凝土采用搅拌车运输，运输过程中宜以 2 ～ 4r/min 的转速搅动，到达浇灌现场时应高速旋转 20 ～ 30s 后再将混凝土拌和物喂入泵车受料斗中，运至浇筑地点的混凝土应仍保持均匀和160mm的坍落度，混凝土从加水拌和到入模的最长时间应由试验室根据水泥初凝时间及施工气温确定。

混凝土泵送：泵送时，先慢后快，逐步加速。

混凝土浇筑：①采用推移式连续浇筑施工，见图4-59；混凝土应分层进行浇筑，不得随意留置施工缝，本工程分层厚度为300 ～ 500mm；②在新浇筑完成的卜层混凝土上再浇筑新混凝土时，应在下层混凝土初凝或能重塑前浇筑完成上层混凝土；上下层同时浇筑时，上层与下层前后浇筑距离应保持1.5m以上；在倾斜面上浇筑混凝土时，应从低处开始逐层扩展升高，保持水平分层；③混凝土浇筑应连续进行，因故间歇时间应小于前层混凝土的初凝或能重塑的时间，不同混凝土的允许间歇时间应根据环境温度、水泥性能、水胶比和外加剂类型等条件通过试验确定；当超过允许间歇时间时，应按浇筑中断处理；④插入式振捣器的移动间距不大于振捣器作用半径的1.5倍，且插入下层混凝土内的深度为 50 ～ 100mm，与侧模应保持 50 ～ 100mm 的距离，每一振点的振捣延续时间为 20 ～ 30s；⑤浇筑完成初凝后，及时抽走屏蔽铁盒上部临时填塞的木条和钢筋。

（4）超厚墙体分层施工高性能混凝土施工

超厚混凝土2200mm的前墙，采用分层施工，分成 1700mm 的外墙和 500mm 的内墙进行施工，以降低混凝土的内外温差，同时避免单墙开裂而出现的通缝问题。

优化后的混凝土配合比 表 4-1

东莞市长兴混凝土有限公司
混凝土配合比设计报告

自检

委托单位：广东省建筑工程集团有限公司　　　　　　　　　　　　检验单位：　　　　　　DGYB/B-005

工程名称：中国散裂中子源项目一期工程　　　　　　　　　　　　检验依据：GB50204-2002、JGJ55-20日（公章）

样品编号：　　　　　　　　　　　　　　　　　　　　　　　　　报告编号：YB001-HP201300168

取样日期：　　　　　　　检验日期：　　　　　　　　　　　　　报告日期：2013 年 10 月 09 日

构件情况	技术设计参数						施工条件		配合设计参数	
	名称（环境条件）		强度等级	抗渗等级	最小断面尺寸（mm）	最小钢筋净距（mm）	坍落度（mm）	搅拌方式	标准差（MPa）	配制强度（MPa）
			C30 纤维	P8			160～180	泵送	5	38.2

原材料检验结果	水泥	品种	强度等级	生产厂名	快速法（MPa）	3d 抗折强度（MPa）	28d 抗折强度（MPa）	3d 抗压强度（MPa）	28d 抗压强度（MPa）
		普通硅酸盐水泥	P.O 42.5R	惠州市光大水泥企业有限公司		7.0	—	30.4	—

	砂	产地	级配区	细度模量	表观密度（kg/m³）	堆积密度（kg/m³）	含泥量（%）	类型
		北江	Ⅱ区	2.7	2630	1440	0.2	河砂

	石	产地	品种	规格（mm）	针片状颗粒含量（%）	表观密度（kg/m³）	堆积密度（kg/m³）	含泥量（%）
		惠州潼湖	花岗岩	5～25	9	2630	1430	0.3

混合材				外加剂			水
品种	等级	掺量及方式		名称	掺量（%）	减水率（%）	来源
粉煤灰	Ⅱ	超量取代 ①		JZB-3	2.0		自来水
		等量取代 ②		纤维	0.2		

施工配合比	水胶比	配合比（水泥∶混合材∶砂∶石∶外加剂1∶外加剂2）		含砂率（%）	实测抗渗等级	坍落度（mm）	质量密度（kg/m³）
	0.44	1∶0.231∶2.38∶2.99∶0.025（∶0.003）		44.4	P8	170	2330

	材料用量（kg/m³）						抗压强度（MPa）		
	水泥	混合材	砂	石	水	外加剂	7d	28d	快速法
	325	75	775	972	175	8.0	0.9	30.5	

备注	本配合比设计中掺用的粉煤灰按超量取代法调整

注：1. 部分复制检验报告需经本公司书面批准（完整复制除外）。

　　2. 地址：长安镇宵边村双龙北路 6 号　邮编：523000　电话：85473333　传真：85477666

批准：　　　　　　审核：张青　　　检验：陈均岁

混凝土最短搅拌时间（min） 表 4-2

搅拌机容器（L）	混凝土坍落度（mm）		
	＜ 30	30～70	＞ 70
≤ 500	1.5	1.0	1.0
＞ 500	2.5	1.5	1.5

墙体工程全部采用木模，侧墙围楞水平间距450mm，竖向间距600mm，同时配合对拉螺栓固定，对拉螺栓间距600mm×500mm，采用φ14圆钢制作，一端焊在内层墙体的连续钢板上。

图4-60为超厚墙体模板安装图。图4-61为超厚墙体分层施工图。

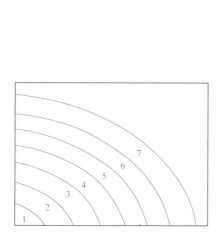

图4-59 推移式连续浇筑施工

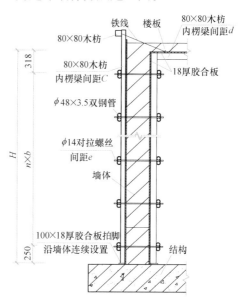

图4-60 超厚墙体模板安装图

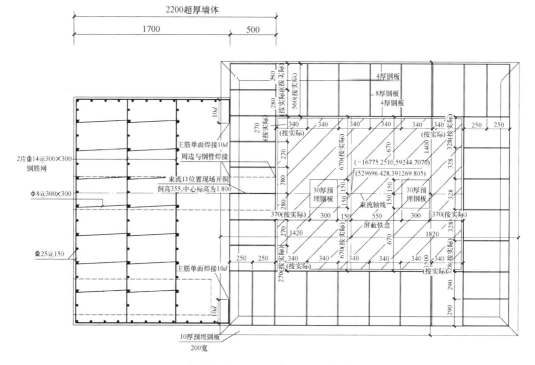

图4-61 超厚墙体分层施工图

3. 预留二次结构施工技术研究

为达到屏蔽铁盒日后需要时吊离隧道的要求，吊离前需切断结构钢筋、切割掉屏蔽铁盒上方的隧道顶板。为了保证在屏蔽铁盒吊离隧道后已切除的部分顶板的第二次结构施工及防水处理，在第一次顶板钢筋绑扎时须在切割口周边预留二次结构钢筋及止水钢板。

（1）预留设置

切割范围的设置：屏蔽铁盒外观尺寸为 2000mm×1600mm×1600（H）mm，考虑吊装所需空间，切割范围设置为 3440mm×3180mm，如图4-62、图4-63所示。

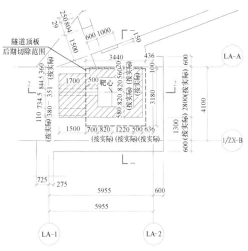

图4-62 隧道顶板切割范围平面图

预留钢筋及安装止水钢板：在切割范围四边外50mm设置预留上下排钢筋，直径及间距同结构相应方向配筋；在切割范围四边外安装150mm×4mm止水钢板，采用搭接接长，接口满焊，见图4-64。

（2）预留的二次结构施工

预留的二次结构施工工艺要点：①隧道顶板模板安装完成后，测量放线，定出切割范围，弹墨线；②绑扎完成顶板下层钢筋并垫上垫块后，开始预留下层钢筋，套筒端头离切割边50mm，套筒包封塑料薄膜；③安装止水钢板，钢

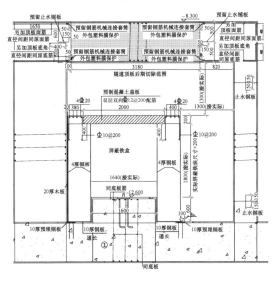

图4-63 隧道顶板切割范围剖面图

板边离切割边50mm，钢板搭设长度50mm，接口单面满焊；④绑扎隧道顶板上层钢筋及预留二次结构上层钢筋，套筒包封塑料薄膜。

预留的二次结构可实现在不影响隧道使用功能的前提下，将屏蔽铁盒吊离隧道后，再次进行隧道顶板的恢复。

4. 高精度定位技术

屏蔽铁盒安装的精度要求如下：①平面位置精度：屏蔽铁盒平面位置偏差为±3mm；②垂直方向为0～6mm。

根据本项目特点，总结出影响精度的工序及相应的控制方法如表4-3所示。根据

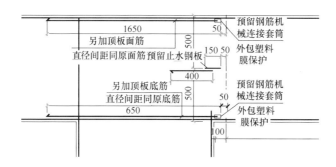

图 4-64 预留钢筋及止水钢板示意图

影响精度的工序及控制方法 表 4-3

序号	影响精度的工序	影响内容	控制技术/方法
1	铁块制作	外观尺寸及垂直方向偏差	各铁块限制偏差,采用预组装为现场提供偏差数据,水平钢板画十字线,便于组装时对中
2	施工测量	平面位置及垂直方向偏差	采用与工艺设备测量组联测,确定束流中心线及铁盒中心坐标,控制精度在 2mm 内,在安装过程中对水平钢板进行三维监测,十字线对准束流中心线
3	钩锚安装	平面位置及垂直方向偏差	采用联测确定束流中心线及换算的钩锚坐标确定平面位置,采用预低标高以确保垂直方向精度
4	混凝土基础	整度影响垂直方向偏差	采用等高模板控制表面平整度在 5mm 内,标高与钩锚钢板面平
5	屏蔽铁盒安装	平面位置及垂直方向偏差	采用钢板调整法调校垃圾筒中心线垂直方向精度

上述各工序,采用了如下的限制偏差、预组装、联测、三维测量、预低标高、等高模板、钢板调整法技术措施控制及调整精度,以满足工艺要求。

(1)限制偏差:根据铁块分块图的偏差标准,采用高精度刨床加工,每块进行尺寸、对角线平整度验收,偏差越小,缝隙空间越小,屏蔽效果越好;水平同钢板画十字线,便于现场组装时对中。

(2)预组装:铁块制作完成后,出厂前进行预组装,量测垃圾筒中心到屏蔽铁盒底尺寸,为现场钩锚安装提供调整数据。

(3)联测:利用设置的准直测量系统为基准,由测量组和工艺装置测量组联合测量,确定屏蔽铁盒垃圾筒靶心坐标,并以束流中心线进行复核,见图 4-65。

(4)三维监测:①在厂内制作画有十字线的水平布置铁块,见图 4-66,铁块安装时均双向监测,平面位置监测时利用水平和竖向布置的铁块完成,十字线与束流轴线重合后方点焊固定、间断焊连成整体;②安装校准 4 块带圆孔的竖向铁板,采用准直器件确定圆孔的中心位置,与束流轴线重合,最大偏差小于 2mm,垫钢板保证靶心高出计算标高 0～6mm,靶心位置平面偏差 ±3mm 内;③通过联测确定垂直方向的标高,然后通过垫钢板调整至靶心垂直方向偏差在 0～6mm 内,不允许出现负偏差。

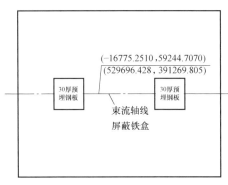

图 4-65　靶心坐标及束流轴线

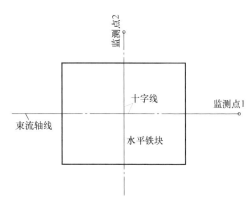

图 4-66　水平布置的铁块

（5）预低标高：厂内预组装靶心垂直方向偏差 +8mm，考虑基础混凝土的平整度及缝隙处理的厚度、安装的偏差因素影响，为避免出现超出 0 ～ 6mm 的不利因素，将钩锚钢板面标高预低 20mm，安装 4 块带圆孔的竖板时再垫钢板调整垂直方向精度。

（6）等高模板：为了更好控制基础混凝土表面的平整度，模板上口标高与钩锚钢板面标高一致，上口平直度控制在 5mm 内，混凝土浇筑表面收平后与模板上口平。

（7）钢板调整法：安装至带圆孔的 4 块钢板时，对预低标高进行微调，确保圆孔中心线与束流轴线重合，偏差小于 ±3mm。

第五节　屏蔽薄钢壳高精度施工技术

针对超大型热室壳体高精度施工要求的特点，重点研究以下关键技术：①分开式龙骨支架定位拼装技术，②大型不锈钢壳体焊接施工技术，③大型壳体运输与安装技术。

一、分开式龙骨支架定位拼装技术

图 4-67 为热室壳体的透视图。为保证超大型热室壳体工厂高精度制作的要求，采用了分开式龙骨支架定位拼装施工技术，即：

（1）4mm 厚不锈钢板内侧设置定型龙骨架，提高大型不锈壳体的整体性和承载力，保证不锈钢包衬在吊装及浇筑混凝土过程中不发生过大的变形。

（2）在工厂内加工时，采用将热室壳体的四周墙体平放加工方式，将近百根管线精准定位放线、开孔，然后再精准拼装，保证开孔的精确度。

（3）热室龙骨架的拼装工艺要点：①拼装在精调平整的车间场地上进行，按图纸要求找出 5mm/1000mm 的斜坡（前墙高、后墙低），支撑稳固后，在底部画出安装四周墙面位置线；②将前墙整体吊装至底部位置，精准对位，龙骨之间先点焊再满焊，依次后墙、左墙、右墙，保证热室内部尺寸和侧壁整体垂直度允许偏差为 5mm/1000mm（图 4-68）。

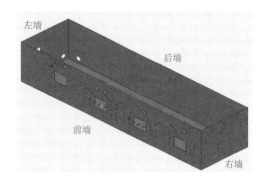

图 4-67　热室壳体的透视图　　　　　　　图 4-68　四扇龙骨的分散拼装

二、大型不锈钢壳体焊接施工技术

大型不锈钢壳体焊接施工的主要工艺特点如下：

1. 龙骨架放线、定位

根据龙骨框架绘制出钢覆面排版图（图 4-69），在平整的操作平台上将四面侧壁龙骨架分别预制，按图纸形式和尺寸拼装点焊完成，再用水平仪器调平、调正，调整完成后将框架和平台进行固定处理，防止焊接变形，焊接完成后进行焊缝区飞溅、药皮、过渡板面打磨平整（图 4-70）。

图 4-69　平台上放线排版　　　　　　　图 4-70　过渡板的焊接打磨

2. 过渡板的焊接

型钢与不锈钢之间采用过渡板焊接，焊接时将过渡板点焊到不锈钢平台上、型钢点焊到过渡板上，固定后采用间断焊分别从两侧焊接型钢与不锈钢过渡板，焊接 100mm，间断 150mm，两侧焊缝错开。过渡板需拼焊时，应将拼接焊缝打磨平（图 4-70）。型钢与过渡板焊接完成后，检查过渡板的平面度和直线度，保证型钢龙骨架符合设计图纸的技术要求。

3. 覆面板的焊接

在型钢龙骨架上排版覆面板（图 4-71）。沿对接间隙两侧交接处对称点好定位焊，焊点 10～20mm，间距 150～160mm，再将背面进行点焊，从中间开始向四周呈放射状焊接塞焊焊点，严禁在母材表面引弧。焊缝长度超过 500mm 都分段施焊，每焊接一段需用木锤轻敲焊缝边沿的覆面板，使其与衬垫角钢紧贴并能适当减小应力。

拼焊后的覆面板在不加任何限制的情况下放在平台上，在拼接焊缝处测量其平面度，所有覆面板均需按图纸检测要求进行无损检验。图 4-72 为覆面板整体拼装后实况。

图 4-71　覆面板的排版

图 4-72　组装完成后的数据复核

三、大型不锈钢壳体运输与安装技术

1. 大型壳体的运输

大型壳体分两段在工厂制作后运输至现场进行安装。由于热室壳体为上部开口槽式结构，分段制作后上部和一侧为敞口。为减轻壳体重量且便于现场拼装，在壳体内部设置支撑，保证了壳体尺寸精度并防止吊装运输过程中壳体发生变形。

2. 大型壳体的现场整体吊装

大型壳体运输到现场采用 350t 吊车进行吊装，吊装前在施工现场精确定位出壳体的平面位置，壳体底部设置墩柱作为壳体底座，每个底座埋设一块标记壳体位置的预埋钢板，钢板上设置可调节装置。可调节装置如图 4-73 所示。埋设时测量好各钢板之间的平整度以及钢板位置。使用钢丝线在两侧做好中线标记（图 4-74），更好地保证两段壳体安装时能顺利连接。

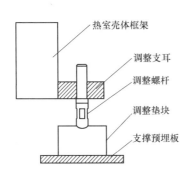

图 4-73　热室底部可调节装置

图 4-74　中线标记

吊装时，再次用全站仪和高精度水准仪复核壳体的位置和标高，如有偏差，采用可调节垫块微调壳体的位置和标高精度，直至符合设计要求精度（图4-75）。

图4-75　壳体的整体吊装

第六节　主要创新

本关键技术的创新性主要体现在以下几方面：

（1）在屏蔽铁隧道中间凸块混凝土设置用于拉结屏蔽铁块的钢筋架，隧道中部设置钢支架控制屏蔽铁块的标高和垂直度；优化屏蔽铁立块的安装次序和方法，结合测量控制，实现了24m屏蔽铁隧道的高精度安装。优化外侧墙面模板安装的安装工艺，保证单侧支模的大体积混凝土的施工质量。

（2）优化钢屏蔽铁的安装顺序和安装工艺，保证了70余块钢板拼装而成的重达400多吨钢屏蔽体的高精度安装；在地下密闭结构施工中，通过安装带龙骨的钢板作为屏蔽铁块外侧隧道墙体的内模，用钢筋混凝土预制板作为顶板底模，并作为永久结构，有效地保证了屏蔽铁块与四周墙体、顶板狭窄均匀的热效空间；采用隧道墙体自防水、外包镀锌薄钢板包衬、浇筑钢筋混凝土保护层、铺设聚合物防水卷材等多道防水防辐射工艺，实现了涉放结构隔离地下水。

（3）屏蔽铁盒利用分层分块错缝搭接工艺，铁板缝隙填塞铁粉充实，解决了屏蔽铁盒无法一次成型、气体和射线直接外泄等难题；外包混凝土结构内侧设置连续钢板兼作模板，优化高性能纤维混凝土配合比，超厚墙体分层施工，提高外包混凝土的防水、防辐射性能。屏蔽铁盒和外包混凝土结构间设置分隔条，保证二者间的间隙精度；

通过限制偏差、预组装、联测、三维测量、预调低标高、等高模板、插入钢板微调等技术措施，实现了高精度定位；隧道顶板内预埋设二次结构钢筋接口和止水钢，解决了切割已完成隧道顶板吊离屏蔽铁盒后二次结构封闭和防水难题。

（4）热室不锈钢壳体分两段在工厂分散拼装，先在平面上加工好各面墙体龙骨，再进行不锈钢包衬焊接施工，最后进行壳体的拼装及墙面体系加工，保证了近百根管线的精确定位放线、开孔。定型龙骨架的设置增强了壳体整体刚度和承载力，满足吊装和重质混凝土浇筑时的要求。

（5）优化焊接工艺和顺序，实现了 18000mm×4650mm×4000mm（长 × 宽 × 高）的热室壳体各面垂直度公差在 2mm/m 以内。通过设置壳体的内部临时支撑和热室底部的可调节装置，现场实时监控和调控，实现了大型热室壳体的精确安装。

第五章

设备底座和管线高精度安装关键技术

靶站基板是靶站的关键部件，为靶站内的设备及部件安装、固定提供稳定可靠的基础。基板为实心圆板，材料采用 Q245R，重量约 12.2t，直径 5m，厚度 80mm，由 12 个 M42 地脚螺栓固定，承重 1500t，抗震设防烈度按 7 度设计。

基板上平面基准标高 −1300mm，基板中心与靶站中心重合，其作用有以下几点：①与靶站密封筒连接在一起形成一道密封保护屏障，最大化地阻止靶站内部活化气体溢出至外部环境，同时密封靶站设备可能泄漏的任何活化液体，采用专门管线集中进行收集；通过地脚螺栓固定在基地基础上，其上定位固定连接裙坐 / 氦容器，见图 5-1 ～图 5-3，保证在地震下的倾覆力矩作用时整体结构更稳定可靠；②采用整体式结构，通过预埋地脚螺栓（图 5-3）及二次灌浆固定在靶站地基上，为氦容器总成及固定块屏蔽的安装和定位提供稳定可靠的基础；地基整体受力均匀，对靶站地基不均匀沉降影响较小；③为靶站设备及部件安装、定位、准直提供参考基准，保证靶站部件安装定位的整体精度。

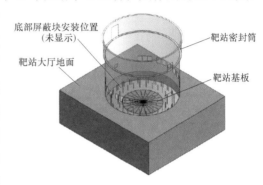

图 5-1 靶站靶心

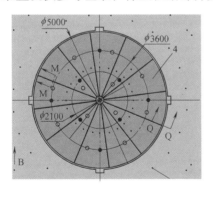

图 5-2 基板

图 5-3 地脚螺栓

密封筒为靶站内的设备及部件安装、固定提供稳定可靠的基础，密封筒直径 9.6m，高度 3.8m，总重约 40t，筒体由 72 根锚杆与混凝土地基连接成一个整体（图 5-4），由于密封筒重量大、底座锚杆孔精度高，为保证密封筒的安装质量，设计要求 72 根 M36×2080mm 锚杆采用预埋方式。锚杆螺纹长度 94mm、公称长度 2080mm，见图 5-5。经表面发黑处理的 24 根地脚螺栓均布在直径 $\phi6350$mm 处，48 根均布于直径 $\phi8180$mm 处，见图 5-4。锚杆中心线的位置度公差为 $\phi10$mm，锚杆埋入混凝土 740mm，伸出混凝土面 1340mm。预埋后锚杆上端对应的绝对标高是海拔 42.385m，预埋后高度误差 ±5mm。由于对锚杆的位置、垂直度的精度要求非常高，不能采用传统直埋地脚螺栓的施工方法。

因此，保证靶站基板和密封筒的高精度安装是本关键技术的研究重点。

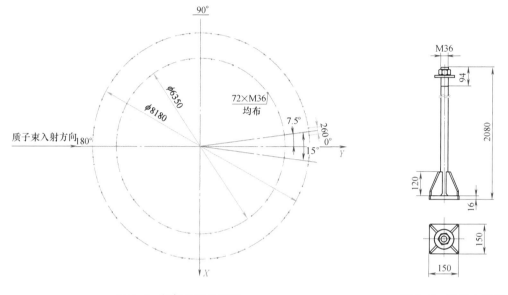

图 5-4　锚杆位置分布图　　　　　　　图 5-5　锚杆大样图

反角中子隧道群内埋设的大量质子加速器基座的基础预埋基板为钢板，由锚板和锚筋组成，预埋基板水平误差允许值为 1.5mm/m，钢板表面不平度允许值为 1mm；同一平面预埋基板高差不超过 3mm，不平行度不超过 1mm。施工中保证预埋基板的平面位置和高程的精确度尤为关键，直接关系到束流装置的安装质量，影响后期的各种结构、各种设备的安装工作。如何保证数量多、形式多样、重量较大的预埋件预埋精度是需要重点研究的另一主要内容。

项目需建设 1 台束流动能为 80MeV 的负氢离子直线加速器、1 台束流动能为 1600MeV 的快循环同步质子加速器、2 条束流运输线、1 个靶站、3 台谱仪及相应的配套设施。由于设备复杂，供电、监控接口多，功率大，且靶站建筑每层的层高多在 8 ～ 14m 的范围，考虑安装难度及后期的维修，要求安装高度在 3 ～ 5m 范围，不能采用常用的吊支架固定，因此，如何在有限空间内高精度敷设大量的电力电缆和控制电缆、风管、工艺给水排水管、油管等综合管线是项目的技术难题。

项目的涉放风管采用不锈钢卷管、碳钢管及聚氨酯加工组合而成。不锈钢管施工完成后外套碳钢套管，两管间空隙采用聚氨酯发泡填充，碳钢管外表面做特加强级的防腐处理等施工技术，以保证涉放风管 50 年寿命内不发生泄漏的高质量要求。如何确保涉放风管施工质量，保证其密封和防腐效果，是本项目要解决的另一技术难点。

第二节 国内外研究概况

一、靶站大型基板及密封筒高精度安装技术国内外研究概况

国内方面，黄健等提出了一种基板底层混凝土浇筑方法，包含以下步骤：①在基板上开孔；②浇筑底层混凝土；③在底层混凝土上设置交叉分隔条；④安装基板；⑤清理；⑥二次灌浆；⑦养护；⑧铆塞焊；⑨对焊缝进行无损检测。袁斌等提出了一中靶心基板和密封筒底座高精度安装方法，包括以下步骤：①制作基板定位套架；②制作底座定位套架；③测量放样；④基板定位套架钢筋斜撑和地脚螺栓角钢预埋；⑤底座定位套架钢筋斜撑和锚杆角钢预埋；⑥浇筑底层混凝土；⑦安装基板定位套架和地脚螺栓；⑧安装底座定位套架和锚杆；⑨浇筑基板及底座下混凝土；⑩安装基板并二次灌浆；⑪安装底座并二次灌浆。国外方面，Perry C 等提出针对泵基板的安装方法，包括控制安装和灌浆时间，采用一次灌注工艺，确保灌浆过程无空隙；Lee N H 等提出混凝土现浇大锚栓的试研究，包括锚杆安全性、拉伸荷载作用下的影响研究等。

国内外关于大型基板高精度安装技术的研究并不多。国内的两篇文献均为本项目完成单位的专利，除此以外，对于高精度螺栓的精准群埋以及承重 1500t 的基板底二次灌浆均未见其他文献有报道。

崔丽提出了预应力钢绞线群锚体系的施工技术与操作方法，主要涉及施工操作工艺、步骤、质量标准和注意事项等方面。贾敏峰提出了矩阵式群锚地脚螺栓预埋安装施工技术。其以某钢结构厂房基础地脚螺栓预埋安装工程为例，介绍了矩阵式群锚地脚螺栓预埋安装的施工技术，并对该技术的工艺特点、质量标准控制进行了总结，以达到钢结构厂房基础地脚螺栓预埋的目的。郭小华等提出了一种复杂群锚的安装方法，用于将锚板固定至基底材料的表面。Marek Weglorz 研究了群锚布局对混凝土受拉能力的影响。Liu Y L 等对各种锚进行拉伸试验，从而研究群锚的破坏模式和受拉性能，并比较极限载荷的试验值和计算值。Mahrenholtz P 等介绍了各种类型锚的群体效应的实验和数值研究的结果，并研发了一个模型来模拟裂纹循环过程中群锚的行为。Jin-Luan H U 等基于群锚与桩之间类似的荷载传递分析了群锚的荷载传递机理，介绍了群锚的加固效应的概念，并提出了新的群锚位移计算方法。

国内外关于密封筒高精度群锚的预埋施工技术的研究不多，类似的研究均没有涉及靶站密封筒群锚的预埋施工技术，也没有涉及高精度施工内容。

二、质子束流加速器预埋基板施工技术的国内外研究概况

何汛等针对大型土木工程试验室内的长短槽内的预埋钢板，通过采用二次成型的施工方法，将施工过程分解为固定螺栓的初步安装和预埋钢板的准确定位，分阶段进

行误差控制。李阳等提出了一种洞桩法钢管柱台座预埋板及其施工方法，该预埋板台座包括垂直设置在底纵筋上的多个定位杆，定位杆上水平设置的预埋板上设有多个定位板，可提高钢管桩的安装精度。所明义等提出了一种大尺寸预埋板高精度预埋方法，给出相应的施工顺序，提高预埋板的精度。和孙文提出了一种调整钢板预埋件达到设计施工精度的施工方法。

以上的方法仅涉及常规的预埋板，并没有涉及质子加速器超长线型密集基座、大尺寸预埋基板等特点，且精度要求也不是太高。国外尚未有关于质子加速器超长线型密集基座的基础预埋板精度控制技术的研究报道。

三、管线高精度安装关键技术的国内外研究概况

国内关于电缆桥架的设计和应用、专利技术已有相关报道。吴占超等提出了基于Pro/TOOLKIT 二次开发技术的产品自适应变型设计方法及其架构，并研究了涉及的自动化装配关键技术。舒立等结合工程试点应用，分析了在电厂热控电缆桥架布置设计中，三维软件与传统方式的差别及优势，提出了未来的进一步发展思路。周家明等运用电缆桥架系统对葛洲坝水力发电厂的电缆廊道进行了技术改造，改善了电缆廊道的运行和工作环境。张元平等介绍了石油化工装置中使用的各种电缆桥架的类型、荷载计算、使用性能，以及它们在实际应用中的一些情况。卢庆新等简述了电缆桥架的分类、型号表示方法、主要电缆桥架特点、规格、电缆桥架的选用及安装。王小乐发明了一种电缆桥架的异形支架，是一种轻便、灵活的敷设电缆线的装置，在电缆桥架上用来支撑托架。张旭发明了一种电缆桥架 E 形异形支架，通过凸起和定位孔的设计，安装使用过程中不受空间的限制、操作省时省力。

上述研究中未见多层线形复杂桥架的设计，也未见有用于密闭狭窄空间的桥架施工技术的报道。此外，项目提出的侧墙悬臂式综合支架的制作及施工技术，也未见有相似的文献报道。

关于双层复合管及制备方法有较多的报道。张效刚发明了一种新型不锈钢碳钢复合管道，赵锦永、叶丙义发明了一种双层合金钢管的成型方法，韦再生等发明了钢基双层复合管道，耿凌鹏等发明了一种防中子辐射涉放风管和一种防中子辐射涉放风管组件的组装方法。其中，涉及防中子辐射涉放风管的仅为本项目完成人的专利。

第三节　靶站大型基板及密封筒高精度安装技术

一、靶站大型基板安装技术

靶站大型基板安装的精度要求为：①靶站基板上表面高度 −1300mm，高度误差小于 3mm，即 −13000 ～ 10mm；②基板全面积内水平度误差小于 3mm；③基板中心的位

置度误差小于 5mm；④基板上 0°、90° 和 180° 刻线对准正确的位置；⑤现场组焊的焊缝应进行密封检测，保证不渗漏。

基板螺杆采用高精度预埋，不能采用后埋法。由于基板上承重 1500t，调整基板平整度后，需保证灌浆的强度，以确保基板的稳定性。因此如何保证基板螺杆的预埋和基板安装的高精度、基板底部的灌浆密实度和强度是本技术研究的重点内容。

1. 定型套架的设计

定型套架采用 16 号槽钢焊接而成，见图 5-6。在地面上先进行放样，再把 16 号槽钢焊接成套架，再在相应的位置精确放样定好定位孔，并进行钻孔，孔的直径为 50mm。制作完成后，严格复查孔的位置和直径大小。

钢筋斜撑采用 ϕ28 钢筋，与水平面成 60°，每根钢筋长 1640mm，伸入倒数第二层浇捣混凝土长度 400mm，用于定型套架的支撑。角钢采用∟50mm×5mm，在地脚螺栓四周分别预理 4 根，每根长 850mm，埋入混凝土 400mm，用于固定地脚螺栓下端，见图 5-7。

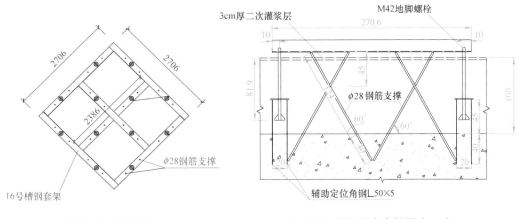

图 5-6　槽钢套架　　　　　　图 5-7　预埋固定大样图（cm）

2. 定型套架及地脚螺栓安装

定型钢套架在工厂制作，采用运输车辆整体运输至现场。运输过程中要保持钢套架平放，并做好缓冲保护及固定，确保运输过程不变形。

现场安装采用 1 台 25t 汽车吊辅助吊装。地脚螺栓的下端设置 245mm×245mm、中间开 1 个 ϕ50 圆孔的定位钢板，并放样，定出地脚螺栓的位置及标高。地脚螺栓上端与钢套架之间采用两个螺母固定，其中下螺母为限位螺母，上螺母为固定螺母。安装时，地脚螺栓下端定位钢板先穿入，再逐一将 4 根地脚螺栓安装于钢套架上，将钢套架与地脚螺栓整体吊到预埋好的钢筋斜撑上，慢慢调整钢套架的位置，直至到达准确位置。钢套架拼装完成后，旋转上、下可调螺母，固定地脚螺栓，并将地脚螺栓与钢板定位点焊牢固。以靶站靶心为基准点，调整限位螺母和拧紧地脚螺栓紧固螺母，对 12 根地脚螺栓位置进行复核，把地脚螺栓调整至准确位置上见图 5-8。图 5-9 为定型钢套架安装完成后实况。

图 5-8　预埋螺杆高精度测量

图 5-9　定型钢套架安装完成后实况

3. 钢筋安装及混凝土浇筑

靶站地基基础的钢筋比较密集，对地脚螺栓的安装带来较大的难度。为了精确地安装地脚螺栓，钢筋安装在地脚螺栓安装完成后进行。当基础钢筋与地脚螺栓位置有冲突时，应避让地脚螺栓。安装过程中，严禁碰撞地脚螺栓及其固定构件。钢筋安装完毕后，重新检查地脚螺栓的位置及标高，准确无误后才能浇筑混凝土。

混凝土浇筑按常规要求分层浇筑，预留 30mm 作为基板安装二次灌浆的厚度。在基板外侧放宽 30mm 支立圆筒形模板，模板采用 4 块 20mm 厚弧形钢板拼接而成，高度为 80mm，见图 5-10。

4. 基板安装

安装基板前，对浇筑完成的混凝土表面进行凿毛，以保证二次灌浆时与原混凝土表面良好结合，见图 5-11。

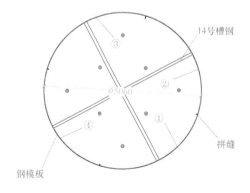

图 5-10　支立圆筒形钢模板图

图 5-11　安装基板前混凝土表面凿毛

基板安装前，先修平地基基础上锚块的定位平面区域，同时进行准直测量，找平找正安装位置，保证基板的定位。根据基板底部标高，先调好基板内侧 4 个地脚螺栓下限位螺母，标高比基板底低 1mm。

基板安装就位前，在基板下混凝土基础上，用槽钢分隔条，将基板下混凝土基础面设置为 4 等分，槽钢宽为 40mm，高为 30mm。

基板采用四点吊装，4 个吊装孔均匀分布，见图 5-12。把基板中心调整到靶站中心上，对准基板的方位，安装基板，准直测量基板圆心，确保与靶站标定的基准中心重合，并保证基板上 0°、90° 和 180° 刻线安装在正确的位置上。

调整基板上方的调平螺母，直至基板顶面标高满足设计要求。再拧紧基板顶紧固地脚螺母，固定基板，复测基板的位置精度。图 5-13 为基板调平实况。

图 5-12 基板吊装   图 5-13 基板调平

5. 基板二次灌浆技术

如何保证二次灌浆质量，从而保证底座均匀地承受设备的全部荷载是工程的难点，为此，通过现场灌浆模拟试验，确定灌浆料配合比和灌浆工艺。采用 CGM-4 超流态高强无收缩灌浆料，采用四等分块的方法灌浆。灌浆过程连续进行，从内侧的灌浆口灌浆，浆液从外侧的排气孔排出后，塞紧排气孔，继续灌浆至基板四周均充灌浆液为止，确保基板底部灌浆饱满充实，满足设计要求。

二、密封筒群锚预埋及安装施工技术

研制了一种特制的模具式高精度定型套架，将要预埋的螺栓穿在模具中，将螺栓与模具连接成整体（图 5-14）。先对模具的位置及水平精度进行校正，在保证了模具的位置及水平精度后，即可保证螺栓的位置及垂直度。校正无误后，将模具与支架焊接成整体，复测无误后进行混凝土浇筑。定型套架的孔定位误差 ±1mm、孔直径误差 ±1mm、套架的外形尺寸误差 ±5mm，可确保 72 根锚杆的精准定位和稳定性，大大提高施工效率。

图 5-14　高精度定型套架应用实况

1. 高精度定型套架的制作与安装技术

定型套架采用 12mm 厚钢板，按密封筒底座锚杆埋设位置分别向内、外侧各外放 100mm，外径 $\phi8380mm$，内径 $\phi6150mm$。环形板分为 8 等分进行精加工，在相应的位置精确放样定好定位孔，定位孔采用落地镗进行镗孔，环板上孔内径仅比设计地脚螺栓外径大 4mm，中心严格与设计一致，图 5-15 和图 5-16 分别为定型套架环形钢板的平面图和制作实况。当地脚螺栓被套于其中时，每个螺栓所能产生的最大位移偏差为 $0 \sim 2mm$，保证各锚杆间中心位移达到施工预控目标：锚杆中心线的位置度公差为 $\phi10mm$。制作完成后，严格复查孔的位置和直径大小。

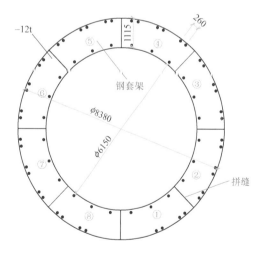

图 5-15　定型套架环型钢板

图 5-16　环形板

采用 $\phi28$ 钢筋斜撑作为定型套架的支撑，钢筋斜撑与水平面成 65°，长 2840mm，伸入倒数第二层浇捣混凝土中的长度 400mm。分别在锚杆周预埋 4 根 ∟50mm×5mm 角钢，每根长 850mm，埋入混凝土 400mm，用于固定锚杆下端及定位钢板。

钢套架共分 8 块，经工厂试拼合格后，分块编号。运输过程中保持钢套架平放，并做好缓冲保护及固定，确保运输过程不变形。现场安装时采用 1 台 25t 汽车吊辅助吊装。

将锚杆定型套架按实际尺寸绘制到平面位置，以靶心为中心点，用全站仪找出正北方向，再找出 0°、90°、180°、270°，经过中心点划出十字线，作为定型套架就位的基准定位线，要求角度精确至秒。

先吊起编号为①的环形钢板，使用经纬仪控制环形钢板的轴线偏差，使用高精度水准仪控制环形钢板的水平精度，保证钢板面标高误差控制在 0 ～ 1mm、轴线误差控制在 2mm，慢慢调整钢板位置，直至到达准确位置后，将钢板与预埋好的钢筋斜撑点焊固定，必要时增加钢板固定支撑（图 5-17）。按同样的方法安装编号②的环形钢板，并与编号为①的环形钢板用螺栓进行拼接（图 5-18），直至完成编号⑧的环形钢板安装。

图 5-17　定型套架支撑的安装

图 5-18　环形钢板拼装

2. 密封筒群锚预埋及安装施工技术

将 72 根锚杆安装于环形钢板上，锚杆与定型套架之间采用双螺母固定。地脚螺栓安装前，先在地脚螺栓下端安装一块中间开有 ϕ40mm 圆孔的 245mm×245mm 钢板。

在环形钢板上的切向和径向焊接带花兰 ϕ10 圆钢（图 5-19），一端焊于环形钢板上，一端焊于锚杆的螺母上，用于调整和固定锚杆上端的位置。

将锚杆下端的定位钢板按实际尺寸绘制到平面位置后，用全站仪放样找出定位钢板四个角的精确位置，定位钢板精确就位后与预埋好的角钢牢固点焊。图 5-20 为锚杆定位套架剖面图，图 5-21 和图 5-22 分别为锚杆上下端定位套架剖面图，图 5-23 为定位钢板与预埋角

图 5-19　切向和径向焊接带花兰圆钢

钢的连接实况。

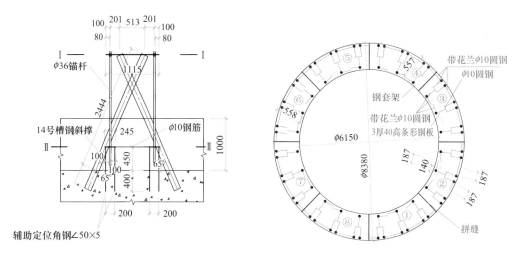

图 5-20　锚杆定位套架剖面图（cm）　　　　图 5-21　锚杆上端定位套架 I-I 平面图（mm）

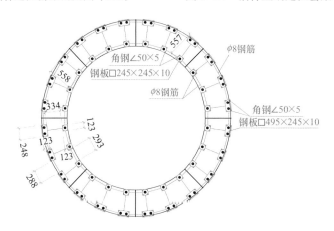

图 5-22　锚杆下端定位套架 Ⅱ－Ⅱ 平面图（mm）

锚杆就位后进行锚杆顶标高初步调整。一人调整锚杆下口的千斤顶，一人在锚杆上口观察锚杆与定位孔间隙保持均匀一致，另一人用高精度水准仪控制锚杆上口标高。至设计标高后，将锚杆上下口的螺母旋至定型套架的钢板平面。初步调整后，再次利用高精度水准仪进行锚杆上口的标高复核，如有偏差则采用旋转螺栓上下口的螺母来微调标高，直至符合控制精度要求为止。

最后对长锚杆水平位置进行微调。以靶站靶心为基准点，用全站仪对 72 根锚杆的位置进行复核，通过转动定型套架环板上的花兰，把锚杆调整至精确的位置上，图 5-24 为锚杆安装后实况。

浇筑混凝土前，再次用全站仪和高精度水准仪复核锚杆的位置和标高精度，如有偏差，则通过调节锚杆上口的花兰及上下口的螺母来微调锚杆的位置和标高，直至符合设计要求精度。浇捣过程中，注意锚杆位置的位移问题，严禁振捣棒碰到预埋件，避免使锚杆的位置偏移。

图 5-23　245mm×245mm、495mm×245mm 定位钢板　　图 5-24　锚杆安装完成后实况

第四节　质子束流加速器预埋基板高精度施工技术

230m 的环型加速器（RCS）隧道内大量质子加速器基座的预埋基板为钢板，材料均采用 Q235A，由锚板和锚筋组成，该预埋基板施工中保证预埋基板的平面位置和高程的精确度尤为关键，其预埋位置的准确性，直接关系到束流装置的安装质量，直接影响后期的各种结构、各种设备的安装工作；本工程在超长线型内预埋件数量较多，形式多样，重量较大，加之对预埋的精确度要求高，施工的难度大。本项目中，预埋基板水平误差允许值为 1.5mm/m，钢板表面不平度允许值为 1mm；同一平面预埋基板高差不超过 3mm，不平行度不超过 1mm。本项目的主要施工难点如下。

（1）高精度控制点定位

由于本项目特殊性、重要性，特别是测量技术要求的精确性：①控制测量精度高。该工程对主体结构、设备构件的定位要求较高，主体结构测量定位相对控制线的定位误差要控制在 ±5mm 以内，直线加速器、输运线以及环等束流线上关键控制点定位要控制在 ±3mm 以内，才能满足将来科学实验设备安装的要求；②隧道主体结构板墙定位测量大部分是圆环结构，圆环结构的放样点位密集，大量的放样点需要现场计算，因此现场计算及放样、复核的工作量相当大。

（2）大尺寸预埋基板多元安装系统控制

RCS 内质子轨道为环形轨道，需要保证整个轨道设备安装后位置的精确度及平整度，确保预埋基板与邻近预埋基板的绝对位置及相对平整度。

（3）厚预埋基板安装精调

大尺寸、大重量的预埋钢板如何在绑扎好的钢筋作业面上牢固固定，并保证精度要求。

针对以上工程难点，本项研究重点研发以下三项关键技术：①高精度控制点定位技术，②大尺寸预埋基板多元安装系统控制技术，③厚预埋基板安装精调技术。

一、高精度控制点定位技术

1. 测量仪器配置

为满足测量精度要求，测量设备配备先进的全站仪、数字精密水准仪、静力水准系统等测量手段，主要配置 2 台全站仪、2 台 N3 精密水准仪、4 台 DS3 水准仪和 4 把 50m 钢尺等测量仪器设备。

2. 首级控制网的布设

根据业主、设计院提供的若干个基岩永久控制点及普通地面控制点，采用导线法与轴线法联合测设，建立场区首级控制网，如图 5-25 所示。

结合散裂中子源一期场地周围观测条件，首级平面控制采用 Nikon C-100 高精度全站仪进行边角同测，组成边角网。为了减小对中误差，外业观测仪器采用强制对中，并按城市二等控制网要求施测，角度观测六测回（测回之间变换读数），边长正倒镜各三测回（测回间重新照准），边长往返观测以考察系统误差，观测时输入温度和气压等气象数据以进行温度和气压的改正。

采用测角精度 5″、测距标称精度为 $\pm(3+3\text{ppm}\times D)$ mm 的数字化全站仪从首级控制网点直接引出二级控制网点，建立有效的二级独立测量控制网，缩小作业面到控制点之间的距离，使作业面上每一点到控制点之间的距离不超过 120m，确保测量仪器的精度满足施工要求。外业观测仪器采用强制对中，并按城市二等控制网要求施测，角度观测 6 测回（测回之间变换读数），边长正倒镜各三测回（测回间重新照准），边长往返观测以考察系统误差，观测时输入温度和气压等气象数据以进行温度和气压的改正。

3. 高程控制

场区水准测量使用数字精密水准仪、N3 精密水准仪与 DS3 普通水准仪。高程控制网的观测图形和路线与平面控制网相同，起始数据利用业主、设计院提供的坐标、水平交桩点作为已知高程点，布设成具有两个闭合环的水准网。外业施测采用高精度水准仪配合铟钢尺按城市二等水准往返观测。

4. 准直永久点的施工

本项目引入准直永久点来保证控制网的精度。该点不随周边的扰动而动，直接坐落的基岩上，与地壳一体。

在互相通视的条件下，按设计图进行准直永久点的选位，如图 5-26 所示。

微风化基岩上采用冲孔钻机冲孔至新鲜基岩面以下 1m，成孔直径 1700mm，其施工工艺按照冲孔灌注桩的施工工艺，关键控制桩底沉渣厚度和桩顶预埋件的精确度和平整度。永久点水泥桩坐落在全新基岩上。放入制作成型且与顶部临时连接为一体的内外套筒，内筒伸至孔底，于底部开设 8 个混凝土浇筑孔，每个孔 150mm×400mm，沿套筒周边均匀分布，外筒底伸至基岩面处，外筒底及内筒距底 900mm 处分别设置钢套环一道，套环外径 1650mm，两道上下各焊接三道环向防水钢筋，套环之间填充膨润土塞紧，内外套筒之间布置 8 片限位钢板，保证内外套筒之间间隙，并放入准直桩钢筋笼，并安装好准直桩顶预埋件。

图 5-25　初步首级控制网示意图	图 5-26　永久点初步布置图

通过精密测量，对这些永久点进行定位。

二、大尺寸预埋基板多元安装系统控制技术

由于 RCS 内质子轨道为环形轨道，为了保证整个轨道设备安装后位置的精确度及平整度，确保预埋基板与邻近预埋基板的绝对位置及相对平整度。将 RCS 分为 4 个区（Ⅰ、Ⅱ、Ⅲ、Ⅳ），每个区内预埋基板所处位置直线、环线区分开，直线位置的预埋基板拉中轴线；环线位置测量根据图纸坐标加密布置，然后将点位置用 100mm×100mm 小铁片上布置加密控制点。

待一个区内预埋基板位置以及平整度达到要求后一次性浇筑混凝土，保证预埋基板不会因先后浇筑混凝土而导致预埋基板平整度偏差。其他区施工时，以第一个施工完的区作为参考对象，在完成区内调整外，通过仪器远距离控制两区的相对平整度、位置，将误差降低到最小，消耗在施工过程中。

三、厚预埋基板安装精调技术

1. 预埋件精确坐标放样

底板钢筋绑扎完毕后，测量确定预埋件大体位置，用红油漆喷涂在底板钢筋上。在喷涂的红油漆位置施焊 100mm×100mm 的钢板，预埋件精确坐标放样在此钢板上（用 Y 精确表示），如图 5-27 所示。

2. 预埋基板的支撑平台施工

以精确坐标为依据，确定预埋件下部支撑架的位置，在底板施焊竖向钢筋（高出底板钢筋面层不小于 500mm）。在施焊的竖向钢筋上放样预埋基板底部标高，并且沿标高位置施焊 50mm×50mm 的角钢（边测量边施焊），作为预埋基板的支撑平台，见图 5-28。

图 5-27 放样在施焊钢板的坐标 　　　　　图 5-28 预埋基板角钢支撑平台施工

3. 预埋基板的吊装及复核定位

将预埋基板用塔式起重机吊装放置在支撑平台上，见图 5-29。根据钢板上的精确坐标，确保预埋基板角部与施焊 100mm×100mm 钢板的坐标重合，见图 5-30。重新用全站仪进行复核定位，确保位置误差不超过 5mm，标高误差 1mm。

图 5-29 预埋基板吊装 　　　　　　　　　图 5-30 预埋基板初调

预埋基板位置精确定位后，预埋基板与支撑平台点焊，确保预埋基板稳固不变，见图 5-31。安装预埋基板定位支架，定位支架锚筋与隧道底板钢筋焊接连接，确保在混凝土浇筑、振捣时不出现倾斜、偏位，见图 5-32。安装完后，及时用 100mm×100mm 板面比较光滑的小型钢片抹擦螺栓孔位置，确保螺栓端头不高于预埋基板顶部标高。

图 5-31　预埋基板定位支架安装

图 5-32　定位支架端头与预埋基板平面控制

4.浇筑混凝土

混凝土浇筑应注意以下问题：

（1）用胶带封堵螺栓丝扣处，并且用薄土工布包裹预埋基板，使丝扣及预埋基板不被混凝土污染或施工机具碰坏。

（2）浇筑混凝土时在预埋基板位置从侧边伸入振动棒头，防止棒头碰击打歪预埋件。

（3）现场浇筑混凝土时注意振捣棒不紧挨预埋基板，避免预埋基板跑位。

（4）预埋螺栓沿纵横方向均拉小白线控制定位，混凝土浇筑过程中保留小白线，防止高频振动碰撞螺栓致其移位。

（5）混凝土浇筑过程中指定人员跟踪检查发现移位，一经发现立即修正。

混凝土浇筑完后及时复核预埋基板的轴线、标高，确保精度要求：

（1）底板混凝土凝结后，对照控制轴线调整钢板的位置，使其纵横轴线与控制轴线重合，再对照标高线用调平螺母调节钢板的高低，使其顶面标高符合设计要求。

（2）轴线、标高均调整完毕校正无误后，浇筑 C30 混凝土面层，面层与预埋基板表面持平，待面层凝结后打磨螺栓至与预埋基板面平。

（3）为防止预埋基板出现空鼓、空隙现象，浇筑钢板部位时，要求混凝土砂浆在钢板四周和板上通气孔溢出（及时清除），使钢板底面的空气及浮浆水分被赶出。

第五节　管线高精度安装关键技术

一、狭窄空间内密集管线高精度安装技术

由于中国散裂中子源项目的供电、监控接口多，功率大，且靶站建筑每层的层高多在 8 ～ 14m 的范围，考虑安装难度及后期的维修，要求安装高度在 3 ～ 5m 范围，

因此，研发了 BIM 综合管线技术、多层线型复杂的综合管线在密闭狭窄空间的施工技术和侧墙悬臂式综合支架的制作及施工技术有效地解决了在有限空间内高精度地内敷设大量的电力电缆和控制电缆、风管、工艺给水排水管、油管等综合管线的难题。

1. BIM 综合管线技术

RCS 管沟层为密闭狭窄空间，由于部分工艺管线不可修改的原则，为避免与不可修改的工艺管线碰撞，施工前运用的 BIM 技术，将施工的综合管线进行三维建模，并采用 BIM 技术中具有可视化模型及碰撞检测功能，及时调整，从而减少了施工中不必要的返工，大幅度提高综合管线在这样密闭狭窄空间内的施工效率。

（1）管线综合图的绘制

在 BIM 三维模型的基础上，进行建筑、结构、机电、装饰等各专业深化设计，并随工程进展绘制土建—机电—装修综合图，通过各专业三维图叠加综合，做到三维可视化，及时发现综合图中桥架与各专业之间的碰撞错漏碰缺等问题，并根据 BIM 模型提供碰撞检测报告，及时进行解决，以实现图纸设计零冲突零碰撞，避免施工过程中的返工停工等现象发生，减少设计变更，确保施工进度。详见图 5-33 ～图 5-35。

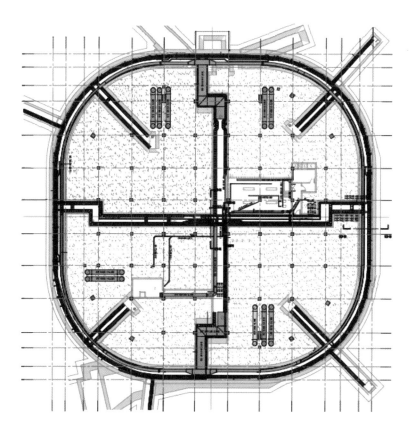

RCS设备楼地下管沟管线综合平面图 1:200

图 5-33　三维综合管线平面图

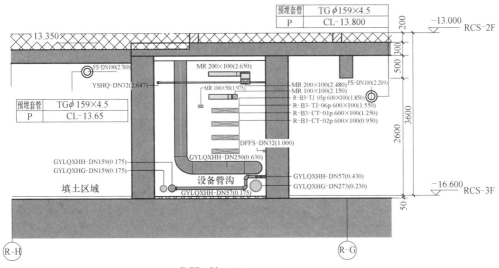

RCS-01 1:50

图 5-34　三维综合管线剖面图

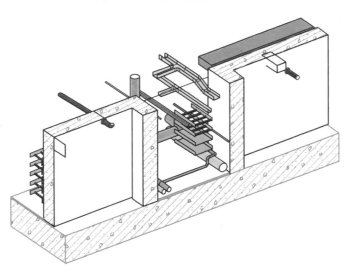

RCS-3D-01

图 5-35　三维综合管线剖面图

（2）各专业碰撞检查

完成整合模型，并对整体模型进行平衡协调后，可运行碰撞检测功能在碰撞检测报告中找到视觉上难以直接发现的碰撞干涉等问题，并加以修正。碰撞分析及碰撞报告如图 5-36、图 5-37。

（3）综合管线深化施工平面图

在完成了综合管线的碰撞检测与修正，确保整体模型的合理性与可行性后，各专业设计人员按照本专业修正后的模型完成深化施工平面图，详细标注专业管线的标高与位置（图 5-33、图 5-38），用于指导具体施工。

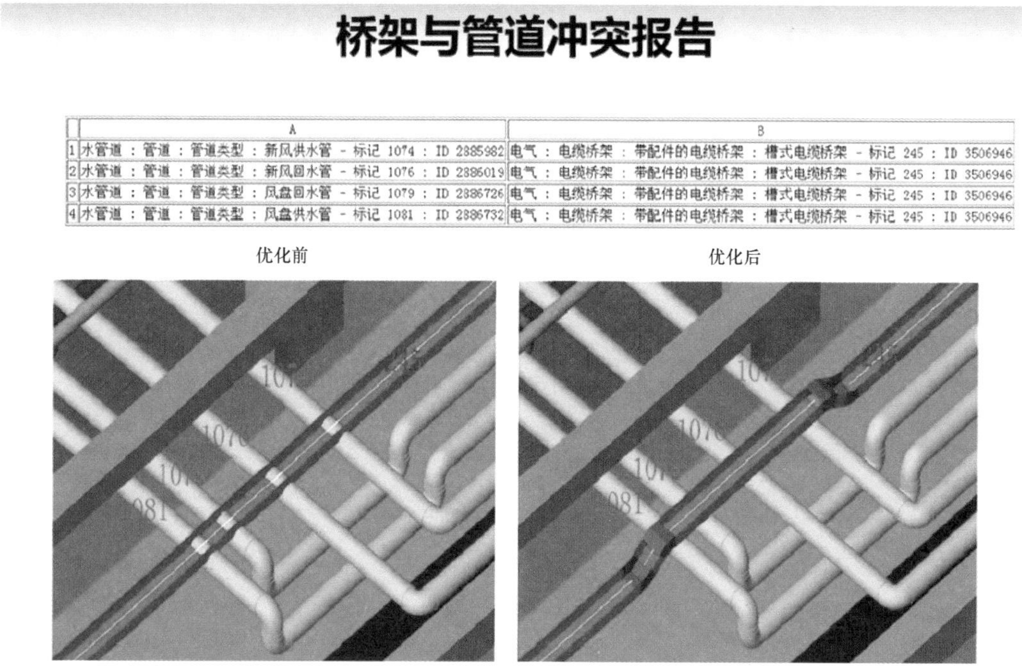

桥架与管道冲突报告

	A	B
1	水管道：管道：管道类型：新风供水管 - 标记 1074：ID 2885982	电气：电缆桥架：带配件的电缆桥架：槽式电缆桥架 - 标记 245：ID 3506946
2	水管道：管道：管道类型：新风回水管 - 标记 1076：ID 2886019	电气：电缆桥架：带配件的电缆桥架：槽式电缆桥架 - 标记 245：ID 3506946
3	水管道：管道：管道类型：风盘回水管 - 标记 1079：ID 2886726	电气：电缆桥架：带配件的电缆桥架：槽式电缆桥架 - 标记 245：ID 3506946
4	水管道：管道：管道类型：风盘供水管 - 标记 1081：ID 2886732	电气：电缆桥架：带配件的电缆桥架：槽式电缆桥架 - 标记 245：ID 3506946

优化前　　　　　　　　　　　　　　优化后

图 5-36　碰撞分析

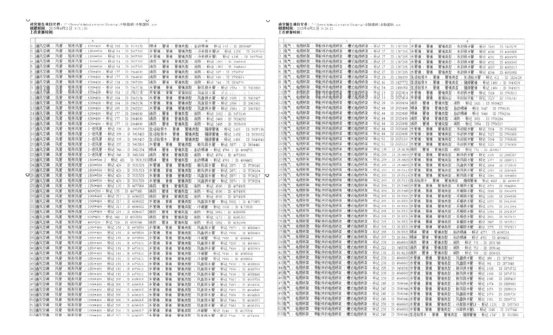

(a) 风管与水管碰撞检查报告　　　　　　　　(b) 风管与桥架碰撞检查报告

图 5-37　碰撞分析报告

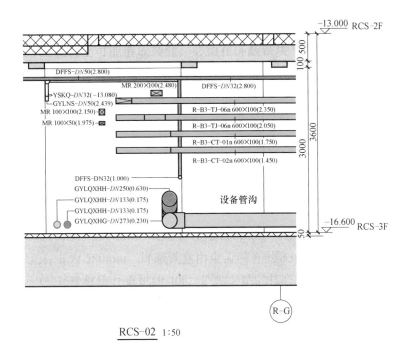

RCS-02　1:50

图 5-38　RCS 管沟层综合管线标高剖面图

2. 多层线型复杂的综合管线在密闭狭窄空间的施工技术

由于 RCS 管沟层的空间密闭狭窄，建筑空间的不规则，造成该空间的综合管线的线型复杂多样。各种异型支架的制作安装，成品管线的重新放样开料、制作等多道工序，增加了工程的复杂性。如何使综合管线在密闭狭窄的空间中安装到位，且满足了工程质量要求，是本项目的一个施工难点。

（1）综合管线的走向弹线定位

综合管线进行现场施工前的弹线，应注意以下事项：①综合管线由直线段和各种弯通组成，必须根据 BIM 设计走向，现场确定立体方位、走向和转弯角度，并测量和统计直线段、各种弯通和附件的规格和数量，提前做好制作或采购计划；②综合管线定位设计时，考虑动力电缆桥架与控制电缆桥架共用一个支架，动力电缆桥架与控制电缆桥架应分层敷设，控制电缆桥架应布置在上方，动力桥架在下方，必要时还要采取屏蔽措施；③综合管线的分布进行弹线定位。对于管线较密集的区域，从地板上弹线，然后用红外线射灯定位投射到顶板来确定支架的固定点，其他部位从顶板上放线以确定支架的位置。

（2）各种管线弯头制作

单个弯头制作示意图如图 5-39。制作方法及步骤如下：

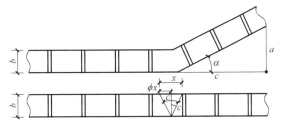

图 5-39　单个弯头制作示意图

171

① 首先根据实际情况确定预制弯头的形状，量出 *a*、*c* 值。以此算出角 $a=\mathrm{arctg}a/c$。

② 然后算出下料尺寸 *x*，$x=2b×\frac{1}{2}a$（*b* 为桥架的宽度）。

③ 图 5-39 为水平弯头的制作方法，*b* 为桥架的宽度；当制作垂直弯头时，*b* 为桥架的高度。

④ 特殊角的下料尺寸 *x*：

当 *a* 为 30°时：$x=2b×\mathrm{tg}\frac{1}{2}a=2b×\mathrm{tg}150=2×0.268b=0.536b$；

当 *a* 为 45°时：$x=2b×\mathrm{tg}\frac{1}{2}a=2b×\mathrm{tg}22.50=2×0.41b=0.828b$；

当 *a* 为 60°时：$x=2b×\mathrm{tg}\frac{1}{2}a=2b×\mathrm{tg}300=2×0.577b=1.154b$。

注意：图 4-41 中 *b* 表示弯曲的宽度，取角度 *a* 为 30°时，$x=0.536b$；取角度 *a* 为 45° 时，$x=0.828b$；取角度 *a* 为 60°时 $x=1.154b$。

多层等间距等高桥架任意角弯头制作：制作示意图如图 5-40，图中的角 *a* 值同上述图 4-39 中角 *a* 值，但 *b* 值不同，为层间距值。制作方法及步骤：

① 制作第一层弯头

第一层两个弯头的做法和上述单个弯头的做法相同，两个弯头的间距 *a* 值由现场确定，但需要满足电缆弯曲半径要求。

② 制作第二层弯头

计算第二层桥架第一个弯头的定位尺寸 *e*；先量出第一层桥架定位尺寸 *d* 值，则，$e=d+b\mathrm{tg}\frac{1}{2}a$。依照单个弯头中的方法制作第二层弯头的第 1 个切口 *a*。计算两个弯头间距 *c* 值：$c=2b\mathrm{tg}\frac{1}{2}a+a$，式中：*b* 为层间距，*a* 为第一层桥架两个弯头的间距。依照单个弯头制作方法制作第二层弯头的第 2 个切口 *a*。计算补偿尺寸 $h=2b\mathrm{tg}\frac{1}{2}a$。

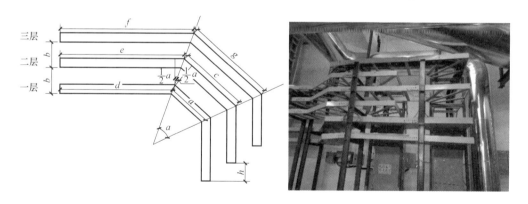

图 5-40　多层等间距等高桥架任意角弯头制作示意图

③ 制作第三层弯头

制作方法同第二层弯头：$f=e+b\mathrm{tg}\frac{1}{2}a$，$g=2b\mathrm{tg}\frac{1}{2}a+c$。

多列等间距等宽桥架任意角弯头的制作方法与多层等间距等高桥架任意角弯头的制作方法相同。

多层"之"字形弯头制作：与"多层等间距等高桥架任意角弯头的制作方法"类似，只是 a、c、g 值相等，所切的两个 a 角在桥架的两侧，见图 5-41。

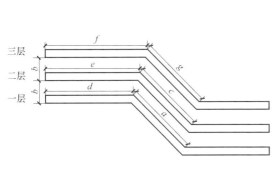

图 5-41　多层"之"字形弯头制作示意图

桥架直角弯头制作：桥架现场制作弯头时，若需要水平转直角，由于电缆不能转直角，要转成圆弧形，所以弯头不能直接做成直角。因此，应制作成两个 45° 桥架，构成的弯头来实现直角弯头，具体做法如下（图 5-42）：

四边形 A′B′C′D′ 与四边形 ABCD 是完全重合的，它是以 A 为轴心弯转 45° 而成。角 AD′K 等于 22.5°。线段 a=a′=d=d′。线段 AK（AK（a′）=L×tan22.5°。四边形 EF′G′H′ 同样弯转而成。

AD 和 EH 为切割线，D 以 A 为轴心弯转至 D′ 处。H 以 E 为轴心弯转至 H′ 处。线段 C′D′ 垂直于线段 G′H′。

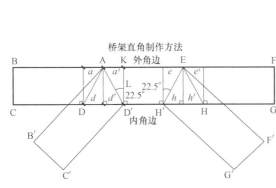

图 5-42　直角弯头制作示意图

桥架弯头制作等高度等坡度桥架的三角关系如图 5-43 所示。

∠cod 为桥架爬坡的角度，即下料口所切掉的角度。在 oc、od 上分别取 oa=ob= 桥架帮高，因此等腰三角形 oab 就是切掉的部分。在等腰三角形 oab 作 ∠aob 的平分线 ok，则 ok 垂直于 ab，因此只需要计算出 ak 即可算出切掉的部分 ab。ak=oa×tg½∠aob，于是，ab=oa×tg½∠aob×2，因此可以得出任意坡度的桥架弯头公式，x=2×桥架帮高×tg½a 短 ½ 口。两层桥架之间的关系只与桥架之间的间距有关，上层桥架帮下沿与下层桥架帮上沿相差的尺寸为 y，桥架间距 $xtg½a$，各补偿量的关系只与 tg½a 有关。

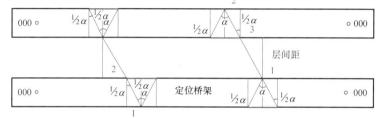

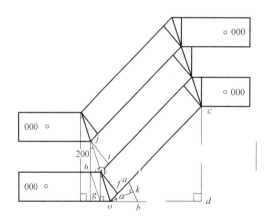

图 5-43 等高度等坡度桥架的三角关系

（3）管线安装

桥架的安装：

① 桥架在每个支、吊架上应固定牢固，固定螺栓应朝外。

② 桥架穿过防火分区、楼板处，应采用防火填料封堵，防火封堵工艺标准如表 5-1 所示。

③ 桥架安装应平直整齐，水平或垂直安装允许偏差为其长度的 2‰，全长允许偏差为 20mm；桥架连接处牢固可靠，接口应平直、严密，桥架应齐全、平整、无翘角、外层无损伤。根据深化设计图，对各楼层的桥架弯头、三通等配件进行编号，并将弱电与低压桥架进行标识。

防火封堵工艺标准　　　　　　　　　　　　　　　表 5-1

槽架穿墙的防火封堵工艺标准大样图	备注
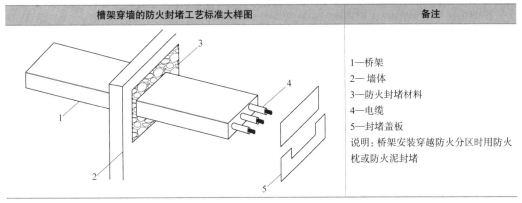	1—桥架 2—墙体 3—防火封堵材料 4—电缆 5—封堵盖板 说明:桥架安装穿越防火分区时用防火枕或防火泥封堵

④ 桥架敷设直线段长度超过 30m 时，以及跨越建筑结构缝时采用伸缩节，保证伸缩灵活。桥架之间的连接采用半圆头镀锌螺栓，且半圆头应在桥架内侧，接口应平整，无扭曲、凸起和凹陷。

⑤ 桥架转弯及分支处均选用成品配件，且弯头的弯曲半径根据桥架内敷设的最大电缆转弯半径确定。

⑥ 为确保电缆的顺利敷设，水平安装桥架的顶部距顶板最小距离为 200mm，采用共用支架的桥架各层之间的最小间距为 150mm。

⑦ 垂直桥架主要集中在强电井内，因电井内的墙体为高强度等级的混凝土墙体，在前期结构预留预埋时，电井内预埋铁件（−10mm×100mm×100mm）作为桥架固定支架的焊接连接点，竖向支架采用 8 号镀锌槽钢与预留钢板焊接，桥架与槽钢支架采用螺栓连接。

⑧ 由金属桥架引出的金属管线，接头处应用锁母固定。在电线电缆引出的管口部位应安装塑料护口，避免出线口的电线或电缆遭受损伤。

⑨ 桥架的接地

电缆桥架系统应具有可靠的电气连接并接地，在伸缩缝或软连接处需采用编织铜带连接，桥架安装完毕后要对整个系统每段桥架之间跨接连接进行检查，确保相互电气连接良好，对其电气连接不好的地方应加装跨接铜板片，或采取全长和另敷设接地干线，每段桥架与干线连接。

3. 侧墙悬臂式综合支架的制作及施工技术

RCS 管沟层设备管线众多且布局极其复杂，在有限的空间内，在保证设备的正常使用功能和维修以及二次施工管线的前提下，如何最大限度地节省有效空间，就成为综合管线安装施工过程所要考虑和重点对待的问题。

（1）综合支架优点

传统施工方法是各专业依据深化设计图各自为政，加工和安装自己专业的吊架，其缺点是吊架整齐不一、五花八门,有丝杆吊杆、角钢、槽钢等,设置单独的支吊架就会出现由于支吊架的吊杆过多,导致走廊吊顶上方支吊架无法生根或管线及支架间过分拥挤导致无法设置检修通道等现象,同时各专业管线安装使用单独支吊架时钢材用量大。在安装中通风管道的宽度已经占据了走廊的宽度空间,其他管线的吊架根本无法生根安装,有时不得不借助设备房的墙体作为吊架固定点,造成支吊架管线布局散乱,不能合理利用空间,既浪费材料和人力,且工作效率低,工程进度慢,协调问题多,综合支架对比传统支架有以下的优点:

① 组合式构件、装配式施工,整齐、美观、大方。无须焊接和钻孔。利用构件装配组合,可方便地进行拆改调整,可重复使用,也可对以后管道的扩展预留一定的空间,浪费极小。

② 各专业协调好,提高室内空间标高。具有良好的兼容性,各专业可共用一支吊架;充分利用空间,可使各专业的管束得以良好的协调,达到空间和资源共享,提高有限空间利用率,从而可以提高设备区走廊的标高,解决了标高困扰的问题。

③ 受力可靠、稳定。完备的设计方案和施工图集,所有的受力构件——型钢及扣件(带锁紧锯齿)可以实现拼装构件的刚性配合,连接无位移,无阶调节,精确定位。抗冲击及震动,增强支架节点的抗剪能力。底座与结构顶板采用锚栓连接,其非破坏性拉拔强度是膨胀螺栓的两倍。

④ 安装速度快,施工工期短。根据深化的综合管线图进行下料,便可进行组装,安装速度是传统做法的 6 ~ 8 倍,制作安装成本降 1/2。各专业和工种可交叉作业,提高工效,缩短工期。

⑤ 使用寿命长,后期维护方便。根据使用环境、不同部位的特殊需求,提供小同工艺的材料有电镀锌(冷镀锌)、热镀锌及粉末镀锌涂层(喷塑),材料具有很强的防腐,使用寿命长。

⑥ 材料预算准。为标准化半成品,型号标识明晰,配合规范的管理,材料和配件上的浪费和丢失极少。

⑦ 良好的通用性。结构的变化,决定了吊架几何尺寸的不统一性,有些需要根据位置来设计吊架的几何尺寸。组合性丰富的标准组件种类可供多种选择,保证了不同条件下各类支架的简便性、适用性及灵活性。

⑧ 环保。施工无需电焊和明火,无需传统吊架防腐(刷漆或镀锌)的工艺处理,不会对环境和办公造成影响。

(2)管线综合吊架施工步骤

施工流程(图 5-44)如下:安装测量→切割材料→支架连接件拼装→支架底座安装→管道、桥架铺设。

(a) 安装测量　　　　　　　(b) 切割材料　　　　　　　(c) 支架连接件拼装

(e) 管道、桥架铺设　　　　　　　(d) 支架底座安装

图 5-44　综合支架施工流程

部分施工实况如图 5-45。

图 5-45　侧墙式综合支架

二、新型双层发泡涉放风管施工技术

对本项目的涉放风管有严格的技术和质量要求：①不锈钢风管接头焊接完成后，

需要做 X 光探伤，按行业标准《承压设备无损检测 第 2 部分 射线检测》JB/T 4730.2
评定要求，所有焊缝满足二级焊缝以上等级，并且要求 100% 的 X 光射线检测和提
供第三方检测单位的检测合格报告；②涉放工艺空调通风系统中需与土建施工同步预
埋在混凝土及土壤中的不锈钢管风管均采用 8mm 厚 304 不锈钢钢管，氩弧焊接，不
得存有焊渣，管道公称压力 0.25MPa；③不锈钢风管外套 6mm 厚碳钢管，不锈钢风
管与外套碳钢管间空隙采用充满硬质聚氨酯泡沫塑料，注硬质聚氨酯泡沫塑料孔采用
DN20 碳钢管，端头预留法兰，其外套碳钢管外仍需要作"五油五布"防腐处理，具
体做法如图 5-46；④排风管道均需接入室内 500mm，接口处预留法兰，钢制法兰尺
寸型式参考《钢制管法兰 类型与参数》GB/T 9112 及《钢制管法兰、垫片、紧固件》
HG/T 20592 对应管道外径采用欧洲体系Ⅱ系列的外径尺寸，法兰型式采用平焊平板法
兰。管道安装完成后，需采用 1.5mm 厚镀锌钢板作为盲板用螺钉固定保护管道接头内
不得进入其他任何杂物。

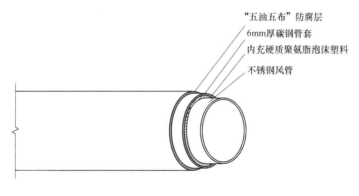

图 5-46 "五油五布"防腐处理图

通过上述严格的技术要求，保证排风管不发生辐射泄漏的安全事故及 50 年的寿命
要求。

1. 不锈钢风管的加工制作

（1）加工组装平台

为保证不锈钢风管的制作质量，焊接前先设立加工组装平台，组装平台用木方及
铁板、不锈钢板做成，平台示意见图 5-47。

平台搭建后，再将不锈钢风管运至平台处进行组装（图 5-48），由于不锈钢风管
重量大（本项目的风管大部分的直径较大，最大为 ϕ1200mm），在现场要配置一台 25t
的吊车进行辅助预制作业，运输不锈钢风管。

（2）焊接工艺

选用钨极氩弧焊焊丝，见表 5-2。钨极氩弧焊所用的纯 Ar 气体，应符合气体质量
使用标准，其纯度达 99.9 %。

图 5-47　加工组装平台

图 5-48　不锈钢风管的组装

钨极氩弧焊焊丝的选用　　　　　　　　　　　　　　　表 5-2

母材材质		焊丝牌号	规格（mm）
不锈钢管	304	ER308（棒状）	$\varphi 1.6$ $\varphi 2.4$
	316	ER316、ER316L（棒状）	
	316L	ER316L（棒状）	

使用的焊机应严格进行定期检测维修，确保良好的操作性能。

焊接坡口：壁厚 $t \leqslant 2mm$ 时，管子对接拼缝均不开坡口焊接，见图 5-49；壁厚 $t > 2mm$ 的管子对接拼缝，均应开坡口，如图 5-50。

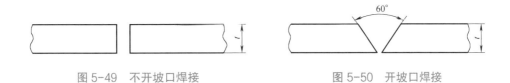

图 5-49　不开坡口焊接　　　　　　　　　图 5-50　开坡口焊接

焊前清洁：对焊缝坡口面和坡口两侧各宽 20mm 范围内（角接焊缝在焊接面两侧各宽 20mm 范围内）作清理，并去除油、锈等污物；坡口加工残留毛刺应除去，并应重新清理。

装配要求：装配工在安装管子对接时，首先要检查管子接口同心度，防止安装错边；装配间隙见表 5-3。

装配间隙　　　　　　　　　　　　　　　　　　　　　表 5-3

管子规格 （管子直径 φ，壁厚 t）	坡口形式	间隙（mm）
$t \leqslant 2$（φ 无限制）	I 型	1.6 ～ 2
$\varphi \leqslant 90$ 或 $2 < t \leqslant 4$	V 型	2 ～ 2.4
$\varphi \geqslant 90$ 或 $t > 4$	V 型	2.4 ～ 3

对于要求单面焊双面成型的管子拼缝，焊前，有色金属管内应充氩气保护，并采用钨极氩弧焊（TIG焊）打底。

焊接参数：为确保管子的焊接质量，焊接时应参照表5-4的焊接参数进行。

焊接参数
表5-4

焊接方法	管子规格（mm）（直径φ，壁厚t）	层数	焊丝直径（mm）	钨棒直径（mm）	焊接电流（A）	电弧电压（V）	气体流量（L/min）	
							焊接气流量	保护气流量
钨极氩弧焊	$t \leqslant 2$（φ不限制）	1	1.6	2.4	45	11	12	4
	$\varPhi \leqslant 90$ 或 $2 < t < 4$	1	1.6		$50 \sim 55$	$13 \sim 14$	15	5
		2			$45 \sim 50$	$12 \sim 13$		
		3	2.4		$55 \sim 60$	$13 \sim 14$		
	$\varPhi > 90$ 或 $t \geqslant 4$	1	1.6		$50 \sim 60$		16	6
		2			$60 \sim 70$	$14 \sim 15$		
		3	2.4					

图 5-51　管道端头的封堵

（3）焊接工艺过程

焊前充气：焊前先用铝铂胶带对所焊管子接缝两端面及坡口面封住，对于较长管子可采用海绵、泡沫、可溶纸等工具做成堵板，设置于距焊缝150～200mm的两侧，造成一个气室，如图5-51，管子一端充氩气，管子另一端开一个约5mm的小孔排气，等管子内空气排尽并被氩气充满后，方可开始焊接。

钨极氩弧焊操作要领：①对于水平转动管道对接的焊接，引弧可选在垂直位置与焊接方向相反10°～20°区域内引弧（即1～2点钟位置），见图5-52；②对于水平固定管道对接的焊接，引弧应选在仰脸部偏左或偏右10mm处引弧（顺时针焊接，引弧点在约5点钟位置；逆时针焊接，引弧点在约7点钟位置），见图5-53；③引弧必须引在坡口内，不得在坡口处管壁表面随意引弧；④对于每个点的位置，在施焊过程中，始终沿圆周方向进行变化；焊接采用半击穿法，加以焊丝，以滴状形式使焊丝熔化的熔滴熔于熔孔中形成熔池，填充焊丝端点始终在熔池内，焊炬要匀速移动，如图5-54；⑤当焊接熄弧后重新引弧时，引弧点应在弧坑后面重叠焊缝5～10mm处引弧，电弧引燃后，焊炬在引弧处停留5～10s，以获得与焊缝同宽明亮、湿润的焊缝，随后向焊接方向运弧，直至移动至弧坑根部出现熔孔时，方可填充焊丝；⑥焊接结束后，应借助焊机上的电流衰减装置，逐渐减小焊接电流，从而使熔池逐渐变小，熄弧后，氩气在收弧处延时保护，直至熔池冷凝，焊炬方可移开。

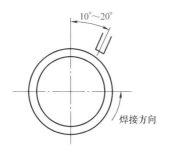

图 5-52　水平转动管道的焊接

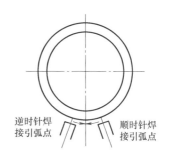

图 5-53　水平固定管道的焊接

不锈钢风管直管就位后，进行弯头组装，组装不锈钢弯头时，要在直管与弯头接触处，焊接一圈不锈钢钢片做为直管与弯头临时固定（图 5-55、图 5-56）。

图 5-54　不锈钢管焊接

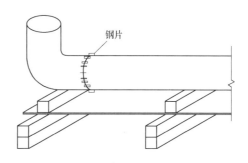

图 5-55　不锈钢管弯头对接

焊接完不锈钢钢片后，再进行直管与弯头的焊接，焊接时，先焊接钢片与钢片之间距的一处，焊接完后，敲掉一处的钢片，再进行下一处的焊接，焊接顺序为环形进行（图 5-57、图 5-58）。不锈钢风管对接，均采用此方法。

图 5-56　不锈钢管弯头对接

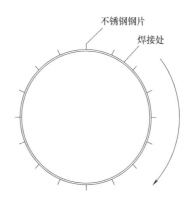

图 5-57　直管与弯头的焊接

焊接时，先撕开坡口面上的铝铂胶带，长约 30 ～ 40mm，焊一段后，再撕开一段。

不得将坡口面上的铝铂胶带全部撕完后再焊。焊接过程中，必须始终对管内充氩保护。见图 5-59。

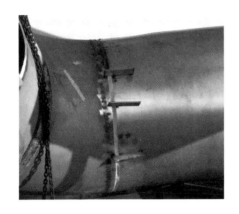

图 5-58　直管与弯头的焊接　　　　　　　图 5-59　不锈钢管焊接

滞后充气：焊接结束停留数分钟后，再停止充气保护。对于多层焊的中间层和盖面层，无论采用何种方法焊接，必须全过程处于管内充气保护，持续至整个接头焊接结束。

（4）检验

不锈钢风管接头焊接完成后，需要做 X 光探伤，按行业标准《承压设备无损检测 第 2 部分 射线检测》JB/T 4730.2—2005 评定要求，所有焊缝满足二级焊缝以上等级，并且要求 100% 的 X 光射线检测和提供第三方检测单位的检测合格报告。焊接结束后，焊工必须对自己所焊部位的焊缝表面敲清飞溅，并仔细检查所焊的焊缝表面是否存在焊接缺陷，如有缺陷存在，需采用砂轮剔除缺陷，修补完整后方可提交验收。

管子表面焊缝的外观检查，按规范对管子焊按表面质量验收要求执行。管子焊缝的内在质量，按图纸工艺要求进行 100% 的 X 光拍片检查，评片标准按国家标准执行。

当焊缝内部经 X 光探伤后有超标准的缺陷存在时，必须进行修复。返修工艺按《焊缝返修通用工艺》执行。焊接缺陷修复，应选用砂轮或机械的方法将缺陷部位剔除，重新进行焊接，并再进行 X 光探伤检查。当焊接缺陷有延伸可能时，检查员在原拍片部位两端有权加片检查。

当管子焊接结束后须进行密性试验检查的焊缝如有渗漏，则必须停止密性试验，找出渗漏部位，用砂轮或机械的方法，剔除渗漏处的焊缝，重新焊接，并再次进行密性试验检查，直至渗漏消失。

2. 碳钢套管的加工

碳钢管弯头要根据不锈钢的弯头进行配置、调整，考虑其特殊性，因此，碳钢套管弯头需要在现场制作。

各施工过程的碳钢套装弯头的切割、组装都需有专业放样工在加工面上和组装大样板上进行精确放样。放样后须经检验员检验，以确保碳钢套装加工的几何尺寸、形位公差、角度、安装接触面等的准确无误（图 5-60）。

下料切割：放样后，进行下料切割（含坡口）：包括气割、剪切。下料切割的主要设备有火焰多头切割机，加工的要求应按设计及规范标准检验切割面、几何尺寸、形状公差、切口截面、飞溅物等。碳钢套装弯头制作用碳钢管直管进行分块切割，以扇形形式切割（图 5-61～图 5-64）。

组装焊接：切割完成后，进行组装焊接，组装时分块进行焊接。当两块扇形管件焊接完成后，再进行第三块、第四块的焊接，将弯头套管组装成 90° 弧形弯头（图5-66）。

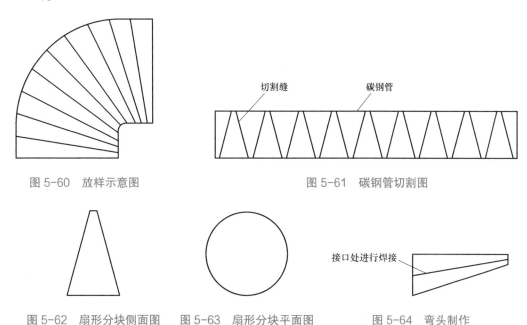

图 5-60　放样示意图　　　　　图 5-61　碳钢管切割图

图 5-62　扇形分块侧面图　　图 5-63　扇形分块平面图　　图 5-64　弯头制作

扇形分块焊接顺序如图 5-65 和图 5-66 所示。

碳钢套管弯头焊接成型后，考虑弯头与不锈钢风管套装时的情况，需要将碳钢套管用气割从中间切割成两块（图 5-67），便于与不锈钢风管套装。

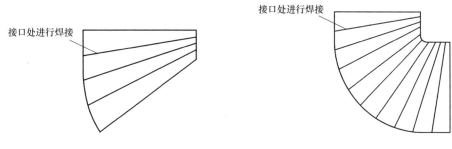

图 5-65　扇形分块焊接顺序示意图　　图 5-66　弯头组装焊接完成示意图

3. 管道的组装

不锈钢风管检验合格后，进行碳钢套管直管的组装。用碳钢直管套入不锈钢管内。

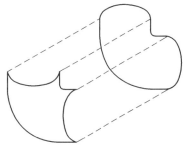

由于碳钢管与不锈钢管不能直接接触（如果不锈钢和碳钢直接接触的，由于碳的存在，与铁形成渗碳体，与铁素体形成微电池，接触不锈钢后，造成局部接触腐蚀。时间长了腐蚀面积会扩大，从而造成不锈钢管的损伤），碳钢套管内预先焊接综合支撑钢片（图5-68、图5-69），以确保其安装精度。组装无误后，再将碳钢与不锈钢风管焊接固定。

图 5-67 碳钢套管弯头切割图

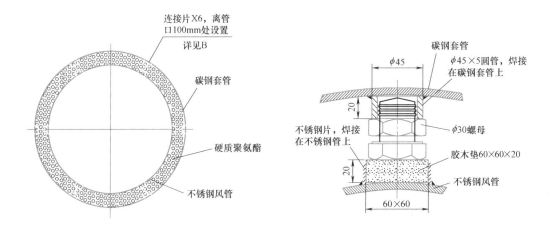

图 5-68 碳钢管与不锈钢管连接

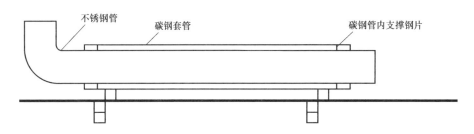

图 5-69 碳钢套管组装图

碳钢套管直管组装完成后，进行碳钢套管弯头的组装，考虑弯头处套装的不便性，碳钢套装弯头需切开成两半（图5-70、图5-71），然后再进行套装，碳钢管对接接口处，用电焊进行点焊连接。

4. 聚氨酯泡沫塑料注塑工艺

（1）聚氨酯泡沫塑料

聚氨酯泡沫塑料分为 A、B 二组，又称为黑白料。用于密封堵漏、填空补缝、固定粘结，具有较强的保温保冷效果。

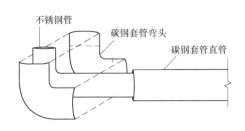

图 5-70　碳钢套管弯头组装图　　　　图 5-71　碳钢套管弯头组装图

发泡料密度：选用自由发泡密度 60kg/m³，实际发泡密度可达 60kg/m³。

发泡速度：调为 200 ～ 300s，确保充分流动性。

（2）施工方法

聚胺酯发泡过程：不锈钢管焊接→检验（试压）→安装套管→碳钢套管接头焊接→发泡→封闭注塑孔。

为了方便施工和安装，采用整条管（以一条 6m 的计算）做发泡保温处理，以有效地控制发泡的效果。每条内外管的长度取 6m，为了减少热量的损耗，内外的连接固定采用热桥处理。热桥采用 100mm×120mm 不锈钢绝缘垫，厚度为 100mm。

所有管道发泡将分两次进行，考虑到施工时管道的安装难度大，因此在管道组装时进行一次注塑，管道安装时再进行一次注塑。

碳钢管的注塑孔每 500mm 设置一组，考虑到直管注塑聚氨酯后，底部会发生渗漏现象，所以直管一组设置三个注塑孔（图 5-72），立管一组设置四个注塑孔（图 5-73），弯头处共设置三组（图 5-74），底部不设置。

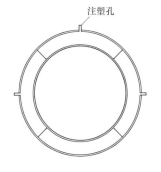

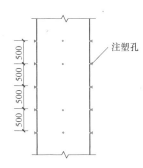

图 5-72　直管注塑孔平面图　　图 5-73　立管注塑孔示意图　　图 5-74　弯头处注塑孔

将固定好准备发泡的钢管一端用板堵住，封住部位离外管约 100mm。慢慢抬起钢管另一头，保持两端高差 1 ～ 1.5m。

用机器向管内灌发泡料，沿内管的下壁每次注射 30s 左右，待完全起发后将管旋转 180° 再发，以防管内出现空洞。

发泡将到管口时，做好密封套。确保上端离管口 50mm 无发泡料，以利于后期焊接。

整条发好后将管放平并将挡板拆下。整条管发泡施工完毕。

因管道连接方向各不相同，如果碳钢套管直管组装后能满足安装要求，则不用等碳钢套管弯头做完后再进行注塑，可在碳钢直管套管完成后进行注塑。

注塑完成的示意图如图 5-75 所示。

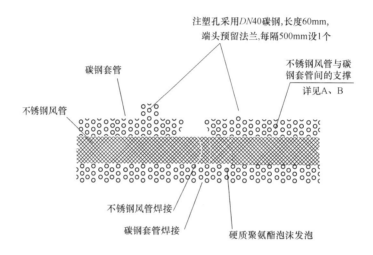

图 5-75　注塑完成示意图

5. 管道安装工艺

（1）管道安装要求

管道成排安装时，直线部分应互相平行。曲线部分当与管道水平或垂直并行时，应与直线部分保持等距；管道水平上行并行时，弯曲部分的曲率半径应一致。

不锈钢管安装时不得用铁质的工具或材料敲击和挤压，在碳钢支架与不锈钢管道之间应垫入橡胶垫使碳钢支、吊架与不锈钢管道不直接接触。

涉放工艺空调通风系统中需与土建施工同步预埋在混凝土及土壤中的不锈钢管风管均采用 304 不锈钢钢管，氩弧焊接，不得存有焊渣。

所有预埋风管管道两端接头，均需配同样材质法兰。管道预埋后，需采用 1.5mm 厚镀锌钢板作为盲板用螺钉固定保护管道接头内不得进入其他任何杂物。

（2）预埋不锈钢管道固定方式

根据管道穿越建筑物的部位，可将预埋不锈钢管道固定方式分为如下两种。

① 管道从建筑物内部水平穿越：不锈钢管道穿越建筑物内部的剪力墙或楼板，预埋在混凝土中不锈钢风管管段均先作"五油五布"防腐处理；管道按设计要求经防腐处理后，按照设计图纸的位置、标高定位后将加工完成的不锈钢管道用 U 形码固定在

型钢上，U形码需与不锈钢管道之间用橡胶管隔离，再将固定管道两端的型钢支架底部利用膨胀螺栓固定在混凝土基础上（图5-76），预埋在混凝土中的不锈钢短管须做好管口封口处理，防止混凝土进入凝结污染管内壁。

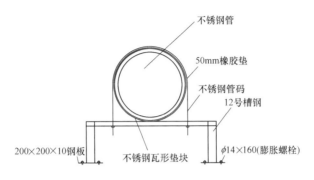

图5-76 穿剪力墙或楼板的管道固定

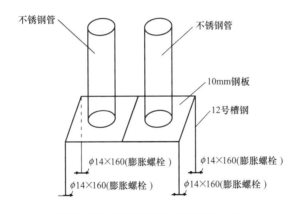

图5-77 钢支架托住固定管道一端

② 管道从建筑物垂直穿越：A.预埋在混凝土中的不锈钢风管管段均先作"五油五布"防腐处理，也可采用外缠两层聚乙烯带，包扎两层沥青漆（或环氧树脂）、玻璃纤维塑胶布防腐，或其他经甲方及设计认可的防腐措施；B.预埋短管段参照下述不锈钢管道从建筑物内部垂直穿越的方式固定，该短管段须按设计要求设置防水翼环；并将不锈钢管口封口处理，防止混凝土或土壤进入堵塞或污染管内壁，将不锈钢管道按照设计的位置、标高定位，管道一端用钢支架托住固定（图5-77），中间加钢支架固定（图5-78）；C.安装立管时，上部的接口施工难度大，所以要搭建脚手架及施工平台进行施工，脚手架搭设高度为6m左右（图5-79）；D.安装并排立管时，位置固定之后，需要用槽钢设置两排进行连接管道（图5-80），作为临时拉结，防止管道走位。槽钢拉结安装时，先在管道上焊接一块不锈钢垫块，然后再进行槽钢安装。

6."五油五布"防腐的施工工艺

（1）"五油五布"防腐处理的要求

由于部分风管深埋在地下十几米深，不易更改，设计要求保证 50 年寿命，因此对管道的防腐要求高。根据图纸要求，按照《埋地钢质管道石油沥青防腐层技术标准》SY/T 0420，管道需进行"五油五布"防腐处理的施工作业，其防腐等级为特加强级（表5-5）。

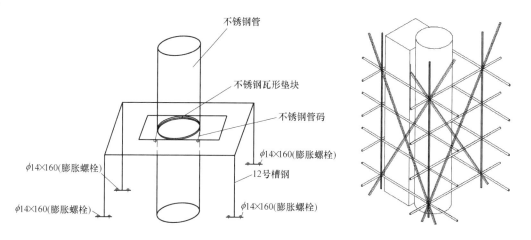

图 5-78　钢支架垂直固定管道中部　　　　图 5-79　立管道安装脚手架示意图

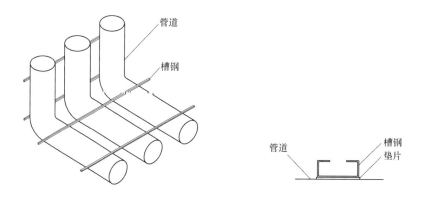

图 5-80　并排立管临时槽钢拉结

（2）防腐层涂敷

钢管在防腐前表面预处理应符合下列要求：①清除钢管表面的焊渣、毛刺、油脂和污垢附着物；②预热钢管，预热温度为 40 ～ 60℃；③采用喷（抛）射或机械除锈，其质量应达到《涂装前钢材表面锈蚀等级和除锈等级》GB/T 8923 中规定的Sa2 级或 Sa3 级的要求；④表面预处理后，对钢管表面显露出来的缺陷应进行处理，附着在钢管表面的灰尘、磨料清除干净，并防止涂敷前钢管表面受潮、生锈或二次污染。

石油沥青防腐层结构的要求　　　　　　　　　　　　表 5-5

防腐等级		普通级	加强级	特加强级
防腐层总厚度（mm）		≥4	≥5.5	≥7
防腐层结构		"三油三布"	"四油四布"	"五油五布"
防腐层数	1	底漆一层	底漆一层	底漆一层
	2	石油沥青厚≥1.5mm	石油沥青厚≥1.5mm	石油沥青厚≥1.5mm
	3	玻璃布一层	玻璃布一层	玻璃布一层
	4	石油沥青厚1.0～1.5mm	石油沥青厚1.0～1.5mm	石油沥青厚1.0～1.5mm
	5	玻璃布一层	玻璃布一层	玻璃布一层
	6	石油沥青厚1.0～1.5mm	石油沥青厚1.0～1.5mm	石油沥青厚1.0～1.5mm
	7	外包保护层	玻璃布一层	玻璃布一层
	8		石油沥青厚1.0～1.5mm	石油沥青厚1.0～1.5mm
	9		外包保护层	玻璃布一层
	10			石油沥青厚1.0～1.5mm

（3）熬制沥青

熬制沥青应符合下列要求：①熬制前，宜将沥青破碎成粒径为 100～200mm 的块状，并清除纸屑、泥土及其他杂物；②石油沥青的熬制可采用沥青锅熔化沥青或采用导热间接熔化沥青两种方法。熬制开始时应缓慢加温，熬制温度值控制在 230℃左右，最高加热温度不得超过 250℃。熬制中应经常搅拌，并清除石油沥青表面上的漂浮物。石油沥青的熬制时间宜控制在 4～5h，确保脱水完全。

（4）涂刷底漆

①底漆用的石油沥青与面漆用的石油沥青标号相同，严禁用含铅汽油调制底漆；②涂刷底漆前钢管表面应干燥无尘；③底漆应涂刷均匀，不得漏涂，不得有凝块和流痕缺陷，厚度应为 0.1～0.2mm。

（5）浇涂石油沥青和包膜玻璃布

①常温下涂刷底漆和包膜石油沥青的时间间隔不应超过 24h；②涂石油沥青温度以 200～230℃为宜；③浇涂石油沥青后，应立即缠绕玻璃布。玻璃布必须干燥、清洁。缠绕时应紧密无褶皱，压边应该均匀（图 5-81）；④严禁在雨天、雪、雾及大风天气下行进露天防腐作业。

图 5-81　"五油五布"施工作业

第六节　主要创新

本关键技术的创新性主要体现在以下几方面：

（1）研制了可应用于靶站大型基板安装的高精度定型钢套架，辅助定位地脚螺栓，保证地脚螺栓在混凝土浇筑过程中不出现移位和歪斜；利用预埋螺杆辅助安装大型基板，设置调平螺母，保证大型基板平整度。研制了可应用于靶站密封筒预埋群锚的高精度锚杆定型套架，具有刚度大、稳定性好，可保证混凝土浇筑过程中不移位和歪斜；采用高精度多重定位技术，实现了长锚杆的精确定位。

（2）在整体一级控制网基础上加设半永久性控制点，进一步建立有效的二级独立测量控制网，缩小作业面到控制点之间的距离，保证精度。引入准直永久点，保证控制网的精度，满足了控制网精度要求高以及将来设备定位和结构施工结束后整体变形监测的需要。将230m的环形加速器（RCS）隧道分区，每个区直线、环线位置各自控制，统一调整；后续区以前一施工区为参照完成区内的精确调整，减少了设备安装前预埋基板的调整量。在底板施焊竖向钢筋，竖向钢筋上沿精确标高处施焊角钢作为厚预埋基板的支撑平台，预埋基板与支撑平台点焊后安装预埋基板定位支架，并采用全站仪复核定位，保证浇筑混凝土后预埋基板轴线、标高符合精度要求。

（3）进行桥架和综合管线的三维建模，利用BIM技术进行碰撞检测和调整，提高了密闭狭窄空间内密集管线的安装效率；设计各种异形桥架，优化成品管线的加工工艺，满足管线线型复杂多样的要求；设计了侧墙悬臂式综合支架，解决了层高大幅高于预定安装高度的管线安装难题。利用施工现场常见的螺栓、不锈钢片或胶木垫制作成可调整的内外管隔离支架，保证了双层发泡管内外管不能直接接触的要求；根据双层发泡管走向，采用现场放样开料、焊接成型、焊接损伤、先安装管道后成型的施工流程，优化相应的施工工艺，实现了施工现场双层发泡管的高度重制作。

第六章

涉放大体积混凝土地下复杂结构施工关键技术

中国散裂中子源工程的主装置区是散裂中子源的工作区，整个工艺流程设备设置在深埋地下的隧道内，由长约245m直线加速器隧道及直线到环传输线隧道，230m的环形加速器隧道、长约123m的环到靶站传输线隧道以及靶站组成。

反角中子隧道群是中国散裂中子源束流打靶的关键部位，结构形式复杂多变，包括三条束流射线隧道：一条为主束流射线隧道，长度为95m，质子在环形加速后达到设计要求能量后，通过主束流隧道高速撞击靶站靶心重金属板；一条为废束束流射线隧道，长度为37m，质子束流在设备运行过程中多余束流射线经过此隧道，由废束站屏蔽铁块吸收及储存；一条为反角中子隧道，长度52m，隧道内设置终端间、样品间、中子隧道等，质子束流通过主束流隧道撞击靶站靶心重金属板后产生中子，经过反角中子隧道终端间接收集中子，用于科研研究。超长隧道内的波导孔及竖井外形不规则，截面形状种类多达19种。反角中子隧道群为一级设计防水要求，不允许贯彻裂缝，以满足防辐射、防水要求，且要求结构尺寸的高精准，即隧道地面不均匀沉降小于0.3mm/a，沉降量小于1mm/a，以保证高精度的束流设备安装。

环形加速隧道（RCS）管沟层为电缆管道层，位于地下18.2m，层高3.45m，占地面积约6000m²，筏板厚度为0.9m和1.2m，且剪力墙结构侧壁密集、连续分隔成不同大小单元间，侧壁曲折，弧形墙体众多，封闭的单元间采取砂及C15混凝土回填。地下18m深的施工工程量大、难度高。

针对本项目涉放大体积混凝土地下复杂结构防裂、防水（防辐射）要求高，采用常规的防水施工工艺无法保证工程项目要求，以及结构复杂、施工精度高等特点，重点研发以下关键技术：

（1）涉放大体积混凝土地下复杂结构防裂、防水关键技术；

（2）环形加速隧道（RCS）圆形迷宫结构施工技术。

国内关地下室防辐射筏板施工技术的研究并不多。冯金荣等根据工程案例，分别从基坑排水、钢筋支架、温度控制以及施工组织等技术方面综述了超厚筏板的研究现状。朱本涛等通过混凝土裂缝控制措施、BIM技术创建钢筋支架模型、溜槽浇筑工艺等技术，完成了富雅·国际金融中心工程主楼的超厚筏板施工。操丰等研究了核电站反应堆水池和乏燃料水池的不锈钢覆面结构的泄漏问题，并提出了泄漏确认方法、泄漏位置及原因分析、常用检漏技术以及焊接修复技术。葛超等总结了大体积混凝土温度裂缝的产生机理和影响因素，论证了防止大体积混凝土温度裂缝的必要性和可行性，从材料控制、设计措施以及施工措施三个方面阐述了大体积混凝土温度裂缝控制的措施，并且通过试验和仿真分析，针对实际工程采取了有效的温度裂缝控制措施，为同类工程温控施工提供了方便，也为进一步的理论研究提供了参考。

上述研究主要涉及大体积混凝土在一次浇筑下的温度影响、裂缝控制等问题，并没有涉及防水防辐射的论述。

Chen 等介绍了包括线性加速器隧道、环形隧道、环到靶管线传输隧道以及田纳西州橡树岭国家实验室（ORNL）的散裂中子源项目（SNS）的表面设施的结构设计和施工经验。Matsuura 等在核反应堆钢筋混凝土安全壳的钢筋混凝土隔膜地板施工中，将混凝土分阶段进行浇筑，以便在多次浇筑时间内形成连续的混凝土层。Tang 等介绍了秦山核电站建设中采用的地下防水系统。该系统除采用特殊结构防水外，还采用了适当的回填方式综合技术，包括室外排水系统（地沟沟渠）、结构外侧防水材料、结构自刚性防水系统。Ghafari 介绍了一种适用于地下混凝土结构的双防水防护系统（DWS）。Yang 等针对模块化施工过程中现场操作空间狭窄的问题，对自密实混凝土的流动性、填充性科学利用等进行了研究。颜良对防辐射诱导缝的设计原理、施工工艺等方面进行了详细研究，为今后类似项目提供借鉴。白才仁等提出了一种防辐射诱导缝结构，在所述结构中设置了填充级配钢珠的弧形不锈钢板，可在超长大体积混凝土结构热胀冷缩过程中进行自由收缩，同时不锈钢板内填充了级配钢珠可防止核辐射的泄漏，并在诱导缝外侧设置挡水混凝土板及橡胶止水带，起到双层防水效果。国外类似的研究也不多。

曹建介绍了大体积混凝土分块跳仓浇筑的施工方法，晏伟介绍了超长大体积混凝土箱形基础无缝施工的分块跳仓浇筑技术，汲庆玉和夏恩磊介绍了跳仓施工法在大体积钢筋混凝土地下室工程中的应用，刘悦介绍了大体积混凝土分块跳仓浇筑温控抗裂施工技术，张庆芳介绍了大体积混凝土基础"分块跳仓、抗放结合"的施工方法，上述研究并未涉及地下涉放复杂管沟的施工问题。

目前我国关于复合隧道及波导口竖井施工技术的研究并不多。陈晓明等提供了一种竖井施工方法。张先锋等提出一种由压型钢板和混凝土组成的隧道二次衬砌结构。马晓明等提供一种超长混凝土结构收缩裂缝控制方法。邵剑文等公开了一种采用隐式裂缝诱导插板的超长混凝土墙体裂缝控制设计方法。上述的研究主要涉及竖井施工方法，采用压型钢板和混凝土组成的结构防水的方法以及超长混凝土结构控制收缩裂缝的方法，并没有关于防水防辐射的超长隧道的施工技术，不规则波导口竖井的施工技术以及防水方法的研究也没有涉及。

涉放大体积混凝土地下复杂结构防裂、防水关键技术

一、反角中子隧道群型钢诱导缝施工关键技术

本关键技术研究主要包括以下三部分内容：①型钢诱导缝的研发；②诱导缝伸缩钢结构的制作；③诱导缝伸缩钢结构的安装。

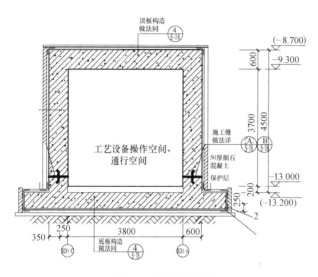

图 6-1　单隧道剖面

1. 型钢诱导缝的研发

本项目的诱导缝必须满足以下功能：①可伸缩功能，②防水功能，③抗辐射外泄功能，④隧道中墙抗辐射功能。

在对现有的诱导缝构造形式的研究过程中发现，现有的诱导缝构造形式难于防止混凝土结构裂缝的出现，容易造成辐射超标，对周围环境及人员造成不利影响。经反复研究，研发了由内外缝组成的新型内外缝型钢诱导缝结构形式，见图 6-1 和图 6-2。

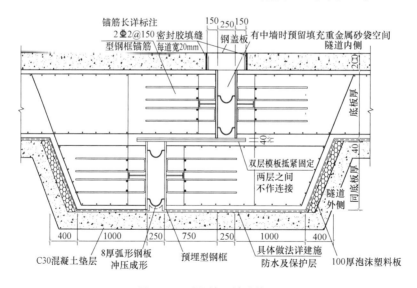

图 6-2　诱导缝双缝结构图

内外缝结构形式及选用材料均相同以便伸缩等效。预埋型钢缝框采用 25mm 厚钢板压弯成 L 形钢，高度同结构截面尺寸，设置间距 1000mm 的 10mm 厚板作为加

劲肋以增强钢框的刚度，3Φ20@150（L=1000）锚筋与隧道结构连接成整体。缝内各满焊 2 道沿底板、侧壁及顶顶闭合的弧形 8mm 厚止水钢板环，缝外焊接止水钢板环，累计内、外缝及各缝内外共 8 道止水钢板环，止水钢板与缝框钢板满焊，迎水面双面焊，内侧单面焊。诱导缝伸缩钢结构多层防水环由内、外二道缝组成，内外缝之间铺设双层胶合板分隔，沿隧道环形闭合，内缝、外缝同隧道相应位置的底、侧壁、顶板厚度。

内外缝内共焊接 4 道防水环，内外缝框共焊接 4 道防水环，全部进行防水焊接施工。采用厂内整体铆装、分节制作、现场组装及焊接的技术。考虑辐射因素，设置混凝土外环，环厚同结构厚度，钢筋混凝土环与隧道结构之间采用木板分隔。

隧道结构底板下抗辐射屏蔽环设置了 U 形槽位，在槽位混凝土垫层完成后，垫层面涂二遍环氧树脂，与其上的卷材组合滑动层，同时，在槽位侧壁卷材外铺 100mm 厚泡沫塑料板，详见图 6-2，解决屏蔽环的滑动伸缩功能。

2. 诱导缝伸缩钢结构的制作

（1）分节制作与流程

诱导缝伸缩钢结构多层防水环外形较大，最重达到约 24t，最大外形尺寸为103009mm（底长）×7080mm（高），由于受交通条件的超高或超宽限制而无法整体运输，同时增加吊装难度，沿侧壁水平中轴线分成上、下二节，将上、下二节制作成半成品，满足运输的交通条件限制要求。分节示意如图 6-3 和图 6-4 所示。

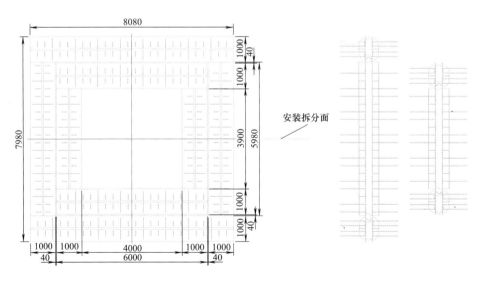

图 6-3　伸缩钢结构多层防水环分节示意图

分节制作流程：开料→弧形板压制成型→钢框加劲肋焊接→钢框止水钢板→钢框和弧形钢板焊接→钢底框完成→下节侧框与底框焊接→焊缝检测→镀锌→焊接锚脚→装车运输。

图 6-4 分节制作实况图

（2）开料

根据单套诱导缝整体尺寸和分拆为两部分后，确定单件材料尺寸，并根据弧形板的形状尺寸计算其展开尺寸。确定各部分尺寸后选择符合条件的钢板材料，使用半自动切割机进行气切割或剪板机剪切。

根据焊接部位及其焊接需要，对各焊接部位进行气割焊接坡口，坡口形式和尺寸依不同部位和材料厚度不同，一般对厚 8mm 钢板开单面坡口，25mm 钢板开双面坡口。

下料钢板尺寸应严格按图纸尺寸下料，长度和宽度允许误差≤3mm，对角线误差≤2mm。气割切口应将金属熔渣、毛刺打磨去掉，坡切口表面应平整光滑，并对整件材料表面除锈、打磨、抛光，打磨后材料表面可见金属光泽。

（3）压制成型技术

为了有效减少焊接可能出现的焊缝缺陷，保证弧形止水钢板防水效果，采用压制成型技术。根据 U 形钢和弧形板形状尺寸分别开发制作压制成型模具，90°转角也采用特制模具压制成型，开料和处理好的各钢板材料分别用不同成型模具通过油压机压制成型，图 6-5 和图 6-6 为压制成型的弧形止水钢板。压制成型钢板材料表面不允许存在划痕、裂纹和毛刺等缺陷，其尺寸公差允许 ±1mm，垂直度误差小于 1/1000，平直度误差小于 1/1000。

图 6-5 弧形止水钢板

图 6-6 弧形止水钢板 90°转角压制成型

压制成型材料检查合格后对其表面进行打砂等表面处理，打砂完成合格后拍照记录，并作好标识标签。

（4）型钢和弧形板焊接

焊接材料采用符合国家标准的低碳钢 E43XX 系列 E4303（J422）焊条，焊条焊前进行必要烘焙烘干和保温处理。

在工作台上安装组焊定位模具，对检查合格的成型钢先在平台上进行试拼装，组件对接焊前要对组件的垂直度和平面度进行检查校正，保证其垂直度误差小于3/1000，平面度误差小于3/1000，在两U形钢对接中间加一块厚25mm过渡垫板，以便于对接施焊牢固性和可靠性。试拼装检查尺寸精度合格后对各组件施点焊以定位，并每间隔500mm左右焊接防变形临时支撑。

试拼装完成后进行整体施焊，满焊焊接前首先双面进行局部间隔100～300mm对称施焊接，然后全部满焊施焊。

螺纹钢锚筋焊在U形钢内按图纸尺寸定位，并在整个圆周施焊，焊缝高为8mm满圆周焊接，对于在第一组件和第二组件有对接部位先预留500mm空位不焊钢锚筋，待对接焊缝安装完工后再补焊齐全钢锚筋。

（5）整节热浸锌技术

主要部件分节焊接完成后，整节热浸锌。保证主要部件的焊缝质量，确保弧形钢板止水环及缝外止水环的防水质量。

热浸锌工艺流程：工件→脱脂→水洗→酸洗→水洗→浸助镀溶剂→烘干预热→热镀锌→整理→冷却→钝化→漂洗→干燥→检验。采取措施锌渣量控制。

3.诱导缝伸缩钢结构安装技术

（1）厂内整体试拼装及定位技术

为了避免分节制作可能出现的接合不吻合，采用了工厂内整体试拼装完成，再分成上、下两节运输和现场安装。

工厂内整体试拼装实况见图6-7。厂内整体试拼装完成检查尺寸精度合格后，在车间现场安装连接定位装置，以确保上、下节拆开后到现场拼装时尺寸精度基本保持不变，具体定位形式如图6-8所示。

由于内缝下节与隧道结构底板同标高，离地面高度同屏蔽环高度，因此需要按1000mm设置1个定位架，定位架焊接止水钢板防水见图6-9。

图6-7 整体试拼装实况

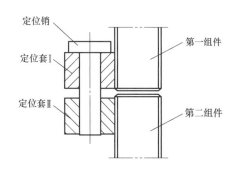

图6-8 上下节定位装置图

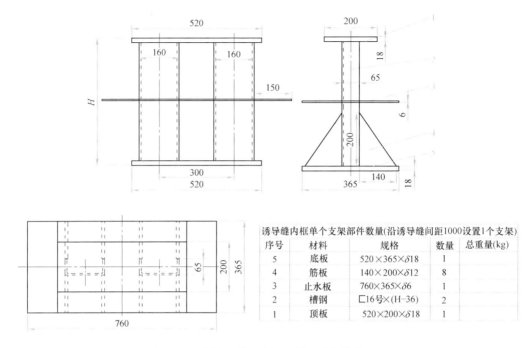

诱导缝内框单个支架部件数量(沿诱导缝间距1000设置1个支架)

序号	材料	规格	数量	总重量(kg)
5	底板	$520 \times 365 \times \delta18$	1	
4	筋板	$140 \times 200 \times \delta12$	8	
3	止水板	$760 \times 365 \times \delta6$	1	
2	槽钢	$\sqsubset16$号$\times(H-36)$	2	
1	顶板	$520 \times 200 \times \delta18$	1	

图 6-9　内缝下节定位架设置及防水技术图

（2）现场安装技术

内外缝上下节划分:伸缩钢结构多层防水环上、下节分次安装,先安装内、外缝下节,隧道底板混凝土浇筑完成后安装上节,见图 6-10。

下节安装流程:测量放线→内缝支架→吊装外缝下节→放置屏蔽环横向钢筋→调校定位→焊接固定→屏蔽环钢筋绑扎及焊接→吊装内缝下节→放置隧道横向钢筋→调校→焊接固定。

下节安装工艺要点:①精确定位:初步定位后,在保持吊机没拆卸状态下,借助千斤顶、调整架、调节螺钉工装等,对水平度、垂直度、位置进行微调、精调,要求平面位置误差 3mm,垂直度 5mm;②焊接固定:待外缝下节调校,其水平度、垂直度、平面位置达到质量要求后,四周用型钢斜撑焊接固定,确保外缝在浇筑混凝土时不产生移位和变形;③内缝定位架安装:采用型钢制作成定位架,间距 1000mm,底面与锚入混凝土内的 2M12 锚杆焊接固定,见图 6-11;④铺设上下缝隔离层:外缝下节安装完成后,在外缝上面满铺胶合板隔离层;⑤吊装内缝下节并用型钢斜撑固定;⑥底板及屏蔽环结构施工:内、外缝下节安装完成后,进行底板及环的钢筋绑扎,底板纵向钢筋及屏蔽环纵向钢筋与内、外缝框焊接牢固,双面焊 5d,安装施工缝止水钢板,安装模板及浇筑混凝土。

上节安装流程:吊装外缝上节→插销固定→调校→焊接固定→吊装内缝上节→调校→焊接固定→检测。

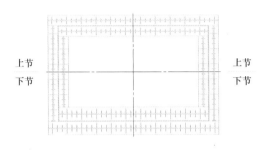

图 6-10 上下节划分示意图

图 6-11 外缝下节固定与内缝定位架安装图

上节安装工艺要点：①吊装就位：将上节诱导缝吊至下节诱导缝上方，并对准下节诱导缝定位销孔逐步吊装到位，待两部分组件合为一体时，插进定位销，临时固定，见图 6-12；②拼装精度检查：下节和上节诱导缝拼装后，检查两部分的安装的吻合度、垂直度、水平度和位置度是否符合要求，借助调节丝杆、测量仪表进行微调校正，直至安装精度达到要求；③上下节诱导缝焊接连接：上、下节接口采用坡口焊，上、下节弧形止水钢板采用搭接板进行连接，与上、下节止水钢板及与缝框钢板满焊，见图 6-13；④补焊连接位锚筋：上、下二节焊接完成后，在对接部位补焊齐螺纹钢锚筋，墙体纵向钢筋与诱导缝框钢板焊接。

本关键技术成功应用于中国散裂中子源项目的反角中子隧道群型钢诱导缝施工中，弧形钢板满足伸缩功能，止水钢板环全面进行防水，隧道内干燥无湿渍，诱导缝位置干燥，效果良好，加上了屏蔽环外包防水卷材，多层次不同材料结全，实现了将水阻止于屏蔽体外面，防止了地下水受污染。图 6-14、图 6-15 为隧道施工完成后实况图。

图 6-12 上节吊装就位图

图 6-13 上下节焊接连接

二、新型复合隧道及波导口竖井防水和抗辐射综合施工技术

本项目辐射最大的位置都在地下结构，为避免辐射通过水源外涉，隧道的防水要求非常高，由于整个隧道形状变化大、棱角多，普通的防水施工工艺如防水卷材、防

水涂料、沥青油等，都很难达到此防水要求。

图 6-14　诱导缝底板、侧壁实况　　　　　图 6-15　隧道完成实况

采用耐久性好的外包混凝土型钢结构进行排水，既能防水又能防护辐射，但成本很高，经过方案对比，最终选用在隧道外侧增设隔水墙及波导口竖井外包型钢混凝土的技术，解决了混凝土侧壁同时满足防水和抗辐射多功能要求的难题。

复合隧道型钢结构的应用解决了混凝土侧壁同时满足防水和抗辐射多功能要求的难题。型钢结构在保证防水功能的基础上实现了同原钢筋混凝土的屏蔽性能，但是新增侧壁处亦形成了渗漏及辐射外泄的薄弱位置，如处理不好，造成渗漏及辐射超标。因此，本技术的关键在于：①解决波导口竖井的压型钢板与隧道顶板的压型钢板导水槽的连接；②针对波导孔及竖井外型不规则，多达 19 种的截面形状种类，确定不规则竖井模板工字钢的间距以确保模板的安全性。

1. 复合隧道新型型钢结构施工技术

（1）型钢结构多层构造

新增外包钢筋防水混凝土的波导孔及竖井位于直线设备楼至 LRTBT 之间，具体在直线隧道 ZX-4 ～ ZX-25/ZX-C ～ 1/ZX-CA 范围内。

根据设计图纸，波导孔及竖井在现有结构外设置压型钢板 +300mm 厚混凝土，压型钢板与隧道顶板的压型钢板接顺，不能接顺的增加排水疏导沟，以利于波导孔及竖井上的积水通过顶板压型钢板的槽排水，隧道外新增排水沟，波导孔及竖井根部设置 45° 角与顶板新增钢筋防水连接，原设计图纸相邻且各自独立的波导孔及竖井采用防水混凝土连接为整体，详见图 6-16 和图 6-17，隧道顶标高为 -8.7m，波导孔顶标高为 -2.25m，高度为 6.45m。

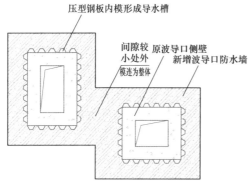

图 6-16　波导口竖井结构图 1

波导孔及竖井新增侧壁混凝土
强度等级为 C30，防渗等级为 P8，
（钢筋采用）HPB300（A）、HPB400
（C），（压型钢板采用）YX-75-200
（600）或类似型号，波高 75mm，板
厚 0.8mm，带有防腐涂层。

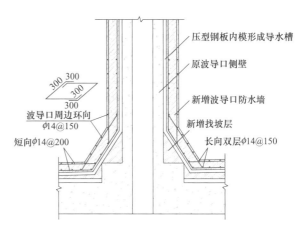

图 6-17　波导口竖井结构图 2

（2）型钢排版

由于整个隧道形状变化大，棱
角多，所以隧道顶板型钢排版尤为
重要。以大面积为主体，减少搭接
部位及长度，使型钢楼层板导水槽
顺畅。压制成型钢板材料表面不允许存在划痕、裂纹和毛刺等缺陷，对保证隧道的防
水效果起了非常重要的作用。顶板垫层按 2% 坡度进行找坡，且伸出隧道侧墙 100mm，
设置滴水槽，保证顶板垫层不积水、导水顺畅。排版效果图见图 6-18。

（3）型钢固定及封口

型钢搭接部位使用建筑结构胶封口，防止水泥浆流入堵塞导水槽，且使用防水膨胀
螺钉固定型钢楼承板于隧道结构上，防止型钢结构整体滑移和起鼓。如图 6-19～图 6-21。

2. 新型不规则竖井侧墙单边模板施工技术

（1）不规则波竖井分组

波导孔及竖井外形不规则，其截面形状：部分为多边形，部分为长方形或正方形，
种类由 A 型～ T 型，共 19 种。详见图 6-22。

图 6-18　型钢排版图

图 6-19　型钢固定

（2）不规则竖井单边模板植筋技术

根据设计变更通知，A 型、M 型、N 型边长较长，由于混凝土侧压力太大，用型
钢结构难以承受侧压力并固定模板的四个型号波导孔及竖井，因此在原结构上植筋作

穿墙螺栓承受混凝土侧压力及固定模板。植筋水平间距 600mm，竖直间距 450mm。植筋采用 M14，中间焊 50mm×50mm×4mm 止水钢板及设置限位螺母，螺栓植入现有结构内 150mm。按照穿墙螺栓间距在压型钢板上弹线，然后进行植筋。

图 6-20　顶板压型钢板与侧墙连接　　　　图 6-21　顶板与竖井倒角型钢连接施工

（3）不规则竖井单边模板安装技术

顶板波导口竖井倒角混凝土浇筑完成，脚手架搭设完成验收合格后开始进行倒角以上模板安装。沿弹好的波导孔边线钉拍脚，分三次安装模板。分次进行模板安装，每次安装高度不大于 3.0m，第二次、第三次模板均须延伸向下过施工缝不小于 200mm。模板分次安装，每次安装高度不大于 3.0m。

先将木模按块钉好次楞梁，然后采用吊车将型钢吊到预先设置好承托的位置，承托间距同柱箍间距，吊线锤控制好型钢位置并在脚手架伸出的横杆作好标记，扣上扣件或竖向短钢管。拧紧外边的对拉调节螺杆，使型钢贴紧扣件或竖向短钢管。安装凹入部位模板双钢管主楞梁，采用顶托或木枋与型钢顶实。

除了 A 型、M 型、N 型三种型号波导孔外，其他均采用型钢结构方案，布置方式如柱箍二对边交替同间距配置。型钢结构柱箍沿竖向间距 600mm。中间穿墙螺栓采用 M30 钩在工字钢上，并点焊牢固，间距不大于 3000mm，波导孔外侧采用厂家订制的 M30 调节螺杆，安装示意图见图 6-23 和图 6-24。

波导孔侧壁不规则，在固定工字钢后再用调节顶托顶实模板上的主围楞双钢管。

（4）超高不规则竖井单边模板模拟计算

超高不规则竖井单边模板模拟计算包括以下内容：① 300mm 厚墙模板计算：面板、小梁和主梁的强度和挠度验算，对拉螺栓验算；② I22 工字钢结构柱箍计算：面板和小梁的强度和挠度验算，柱箍的强度和挠度验算，对拉螺栓验算。

通过计算（过程略）结果可知，工字钢模板加固系统各方面参数均符合本项目施工要求。

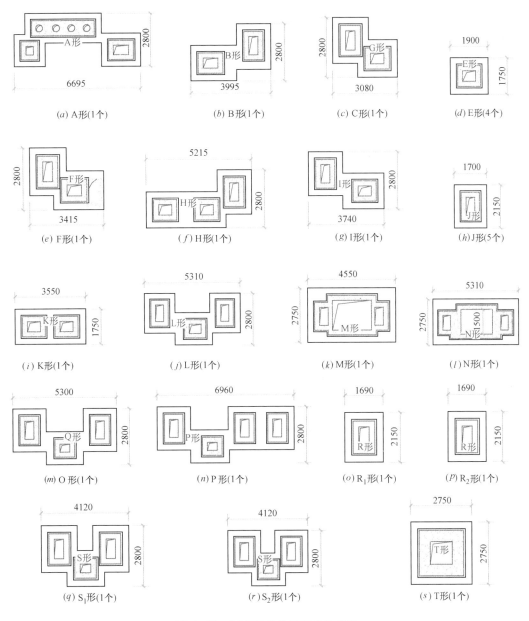

图 6-22 不规则波导口竖井分组图

（5）超高竖井脚手架搭设技术

采用 $\phi 48 \times 3.0mm$ 钢管在波导孔周边搭设双排钢管脚手架，A、M、N 型植筋波导孔内排立杆离新外包混凝土墙边 400mm，其他型号波导孔因采用型钢结构支撑模板，故内排立杆离新包混凝土墙外边 600mm。立杆沿波导孔周边间距 1500mm，内外排立杆 700mm，扫地杆离地 200mm，步距 1800mm，操作层栏杆高度不小于 1200mm，沿脚手架外立杆设置双向剪刀撑。部分凹入过大位置增加脚手架。

沿隧道纵向设置二座上落梯，脚手架外侧满铺安全网。

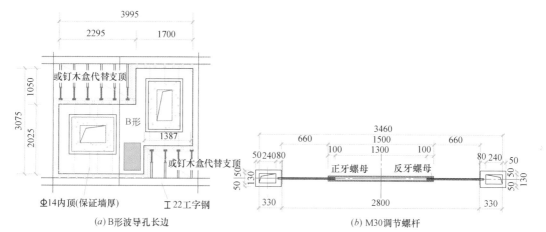

(a) B形波导孔长边　　　　　　　　　　　　(b) M30调节螺杆

说明：① 采用工22工字钢，对拉螺栓采用M22，二端扣板采用Q235钢板，厚10mm。
　　　② 对拉螺栓单边外加长度：18(模板厚)+100(木枋)+220(工字钢)=338(mm)。
　　　③ 工22字钢跨度2000mm，超过长度采用M22穿墙螺栓或2⚎14钢筋弯钩焊牢。
　　　④ 中间调节器采用加强(厚)螺母，边上焊三条ϕ16圆钢。

图 6-23　单边模板安装示意图

图 6-24　波导口竖井模板安装

（6）超高竖井侧墙混凝土施工技术

设计要求：本波导孔新增外包混凝土侧壁全部采用 C30 抗渗混凝土，抗渗等级均按 P8 等级设计施工。

混凝土的制作与运输：采用经监理审批合格的供应商供应商品混凝土，现场采用泵车将混凝土泵送至浇筑部位。

混凝土配合比要求：选用低水化热的普通硅酸盐水泥；采用Ⅱ级粉煤灰，粉煤灰等量取代水泥用量应不大于 10%；选用级配良好的粗骨料，选用中粗砂，砂、石均选用 B 类骨料，严格控制其含泥量，不得大于 1%；控制混凝土的水灰比大于 0.45；采用减水剂，可有效减少泌水，减少混凝土的收缩。

混凝土的浇捣：控制混凝土的入模温度，混凝土浇筑温度不宜超过 28℃，要求商品混凝土供应站混凝土的出罐温度不得高于 25℃，现场对浇筑混凝土每 4h 进行一次温度的测量；为保证混凝土的均匀性，插入振捣棒需变换其在混凝土拌合物中的位置，应竖向缓慢拔出，不得放在拌合物中平施。泵送下料口应及时移动，不得采用插入式振捣棒平拖驱赶下料口处堆积的拌合物将其推向远处；混凝土浇筑应分层进行，每层厚度不超过 500mm，且上下层间不超过初凝时间，浇筑尽量连续进行。

混凝土养护：在混凝土浇筑后，做好混凝土的保温、保湿养护，以使混凝土缓解降温，充分发挥混凝土的徐变特性，降低温度应力；侧壁混凝土浇筑后，待侧壁混凝土终凝后，约 2d 时间，松侧壁螺栓，使侧模板与侧墙有 2～3mm 的空隙，慢淋水养护，养护约 7d 后，可脱侧模，并在两侧盖一层塑料布，挂湿麻包袋，淋水养护，养护时间不少于 28d。

3. 超长混凝土侧墙施工技术

（1）超长隧道侧壁脚手架搭设

立杆、水平杆（扫地杆）、剪刀撑等均用 $\phi 48 \times 3.6mm$ 的钢管，其质量应符合《碳素结构钢》GB/T 700 中 Q235-A 级钢的规定。钢管上严禁打孔，钢管必须涂防锈漆，不得使用锈蚀严重的钢管。

由于基坑侧壁与隧道底板距离 1.5～2m，空间狭窄，设计脚手架立杆沿隧道纵向间距 1500mm，横距 700mm，扫地杆离地 200mm，步距 1800mm，工作面层栏杆高度 1200mm。局部位置狭窄的，无法搭设脚手架，采用临时脚板。

（2）超长隧道侧墙钢筋安装

底层分布竖筋往上层甩出大于 50d 高度，加强区两次接头钢筋端部错开高度 50d，接头数量在同一平面内不超过 50%。

根据混凝土分次浇筑高度，分次绑扎钢筋。首先根据所弹墙线，调整调直墙体预留钢筋，绑扎时竖筋在里，水平筋在外，中间绑扎梯形筋定位，间距在 2m 以内，保证墙体内外两侧钢筋网片间的距离和位置。墙体节点及预留洞口处，暗梁、连梁等搭接位置及锚固长度按设计及规范要求。钢筋绑扎安装完成后，开始进行防水钢板安装。超长隧道侧墙钢筋完成如图 6-25 所示。

修整合模以后，对伸出的墙体钢筋进行修整，并绑一道临时定位筋。水平筋保护层 15mm。墙体浇灌混凝土时安排专人看管钢筋，发现钢筋位移和变形应及时调整。

（3）超长侧墙模板安装

复合隧道 300mm 侧壁工程全部采用木模，模板采用 18mm 厚胶合板，侧板内龙骨为 $100 \times 50@200$ 松木方，侧板外龙骨 $\phi 48mm \times 3.6mm$ 双钢管 @600。同时配合对拉螺栓固定，对拉螺栓间距 600mm × 500mm，采用 $\phi 14$ 圆钢制作。侧墙模板安装如图 6-26 所示。

图 6-25 侧墙钢筋完成

图 6-26 侧墙模板安装

图 6-27　侧墙混凝土浇捣完成

（4）超长侧墙混凝土浇筑

隔水墙侧壁整个横断面混凝土按设计图分 2 次浇筑，第一次为垫层至底板以上 500mm 侧墙，第二次侧墙为顶板及以下 500mm 侧墙，用钢板止水带对施工缝进行处理。

顶板混凝土采用无纺布覆盖浇水养护，侧墙采用淋水养护。

超长隧道侧墙混凝土浇捣完成见图6-27。

三、抗辐射混凝土的新型防水施工技术

项目的地下隧道如出现渗漏现象，很可能对周边水源造成污染。因此，为避免辐射通过水源外涉，隧道的防水要求非常高。地下隧道选用水泥基渗透结晶型防水材料 XYPEX，其防水机理是：以水为载体将 XYPEX（赛柏斯）材料中含有的活性化学物质渗透，充盈到混凝土或砂浆结构的微孔及毛细管中，催化结构中未充分水化的水泥进行再次水化，形成不溶于水的枝蔓状结晶体，从而使混凝土或砂浆本身的密实度得到提高，达到致密防水、防渗、防潮、防腐、防裂、补强等功效。其对结构产生的 0.4mm 以内的裂缝遇水后有自愈修复能力。如果结构产生裂缝，遇水后仍可以二次、三次及多次产生结晶，裂缝自愈；可以把水挡在结构外，保障整个辐射屏蔽体的抗水功能满足使用要求。

1. 防水设计方案概况

（1）隧道防水大样

中国散裂中子源项目隧道防水等级为 I 级，采用赛柏斯水泥结晶型涂料＋聚氨酯防水，侧面保护层采用水泥砂浆＋挤塑板，水平面采用水泥砂浆＋细石混凝土，见图 6-28。

（2）施工部署

根据《地下防水工程施工组织设计》，平面区段划分及竖向分次划分及施工流程如下。

直线隧道段平面划分：直线隧道按隧道长度及诱导缝位置，划分为 9 个施工段，分段见图 6-29。

RCS 平面区段划分：将 RCS 按逆时针分成一、二、三、四区进行流水施工，分段见图 6-30。

RTBT 隧道区段划分：RTBT 按隧道走向划分为 5 个施工段，分段见图 6-31。

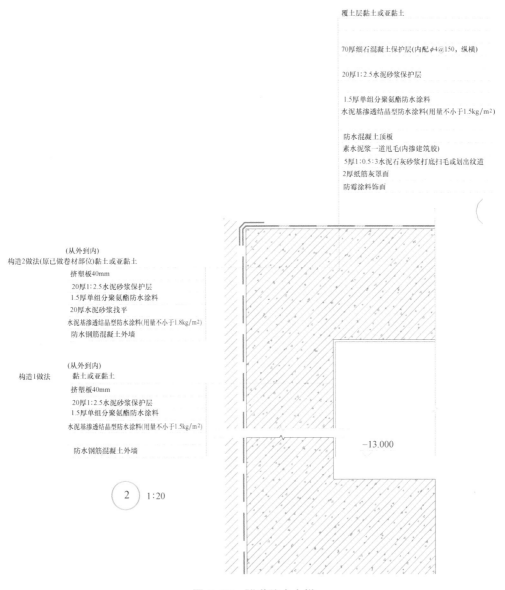

覆土层黏土或亚黏土

70厚细石混凝土保护层(内配φ4@150，纵横)

20厚1:2.5水泥砂浆保护层

1.5厚单组分聚氨酯防水涂料
水泥基渗透结晶型防水涂料(用量不小于1.5kg/m²)

防水混凝土顶板
素水泥浆一道甩毛(内掺建筑胶)
5厚1:0.5:3水泥石灰砂浆打底扫毛或划出纹道
2厚纸筋灰罩面
防霉涂料饰面

(从外到内)
构造2做法(原已做卷材部位)黏土或亚黏土
   挤塑板40mm
   20厚1:2.5水泥砂浆保护层
   1.5厚单组分聚氨酯防水涂料
   20厚水泥砂浆找平
   水泥基渗透结晶型防水涂料(用量不小于1.8kg/m²)
   防水钢筋混凝土外墙

(从外到内)
构造1做法
   黏土或亚黏土
   挤塑板40mm
   20厚1:2.5水泥砂浆保护层
   1.5厚单组分聚氨酯防水涂料
   水泥基渗透结晶型防水涂料(用量不小于1.5kg/m²)

   防水钢筋混凝土外墙

-13.000

2) 1:20

图 6-28 隧道防水大样

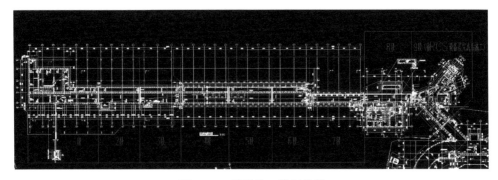

图 6-29 隧道施工段划分图

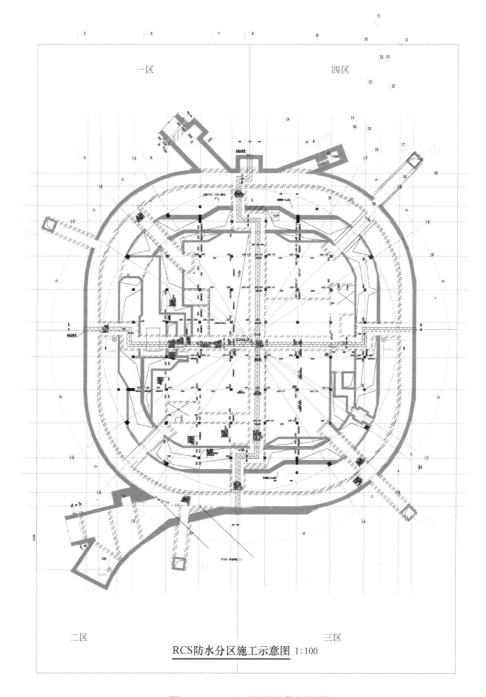

RCS防水分区施工示意图 1:100

图 6-30　RCS 平面区段划分图

竖向分次划分：隧道防水赛柏斯施工竖向分次划分，分四次进行施工，每次均由上往下涂刷。配合回填土，由 -17.6m 开始往上按 1.8m/ 次，分次搭接长度 200mm，各次由下往上涂刷，见图 6-32。

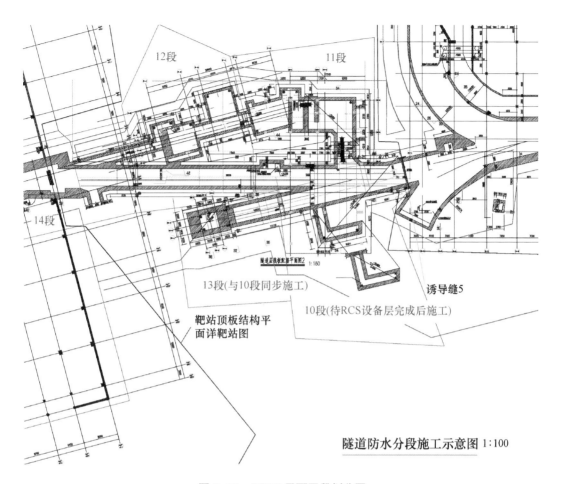

图 6-31　RTBT 平面区段划分图

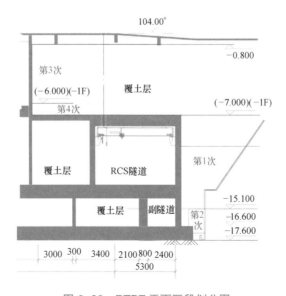

图 6-32　RTBT 平面区段划分图

2. 水泥基渗透结晶型防水材料施工工艺

（1）材料特性

水泥基渗透结晶型防水材料选用国际品牌 XYPEX（赛柏斯），它是引自加拿大 XYPEX 化学公司的专有技术，由一组活性极强的化学物质和波特兰水泥、特殊级配的硅砂等组成的灰色粉末状材料。其防水机理是：以水为载体将 XYPEX（赛柏斯）材料中含有的活性化学物质渗透，充盈到水泥混凝土或砂浆结构的微孔及毛细管中，催化结构中未充分水化的水泥进行再次水化，形成不溶于水的枝蔓状结晶体，从而使混凝土或砂浆本身的密实度得到提高，达到致密防水、防渗、防潮、防腐、防裂、补强等功效，综合提高改善水泥混凝土或砂浆本身的各项功能。技术指标：执行标准 GB 18445—2012，见表 6-1。

水泥基渗透结晶型防水材料技术指标 表 6-1

序号	试验项目		性能指标
1	外观		均匀，无结块
2	含水率 /%	≤	1.5
3	细度，0.63mm 筛余 /%	≤	5
4	氯离子含量 /%	≤	0.10
5	施工性	加水搅拌后	刮涂无障碍
		20min	刮涂无障碍
6	抗折强度 /MPa，28d	≥	2.8
7	抗压强度 /MPa，28d	≥	15.0
8	湿基面粘结强度 /MPa，28d	≥	1.0
9	砂浆抗渗性能	带涂层砂浆的抗渗压力 [a] /MPa，28d	报告实测值
		抗渗压力比（带涂层）/%，28d ≥	250
		去除涂层砂浆的抗渗压力 [a] /MPa，28d	报告实测值
		抗渗压力比（去除涂层）/%，28d ≥	175
10	混凝土抗渗性能	带涂层混凝土的抗渗压力 [a] /MPa，28d	报告实测值
		抗渗压力比（带涂层）/%，28d ≥	250
		去除涂层混凝土的抗渗压力 [a] /MPa，28d	报告实测值
		抗渗压力比（去除涂层）/%，28d	175
		带涂层混凝土的第二次抗渗压力 /MPa，56d ≥	0.8

[a] 基准砂浆和基准混凝土 28d 抗渗压力应为 0.4MPa，并在产品质量检验报告中列出。

（2）施工步骤

薄弱环节加强修补→基面清理→基面湿润→涂刷 XYPEX 浓缩剂 0.8kg/m² （涂刷一遍）→涂刷 XYPEX 增效剂 0.8kg/m² （涂刷一遍）→养护→验收。

基面清理与基面湿润：用钢丝刷、打磨机、电锤、凿子或高压水枪等打毛混凝土基面，清理处理过的混凝土基面，不准残存任何的悬浮物质。然后用水充分湿润处理过的待施工基面，使混凝土结构得到充分的润湿、润透，但不要有明水。

XYPEX 灰浆的调制：将 XYPEX 粉料与干净的水调和（水内要求无盐、无有害成分），混合时可用手电钻装上有叶片的搅拌棒或戴上胶皮手套用手及抹子来搅拌，见

图 6-33。XYPEX 粉料与水按容积比 5 ∶ 2 调和。XYPEX 灰浆的调制：将计量过的粉料与水倒入容器内，用搅拌物充分搅拌，使料混合均匀；一次调的料不宜过多，要在 20min 内用完，灰浆变稠时要频繁搅动，中间不能加水加料。

XYPEX 材料的涂刷：XYPEX 涂刷时需用半硬的尼龙刷，或喷枪，不宜用抹子、滚筒油漆刷，见图 6-34 和图 6-35。涂刷时应注意来回用点力，以保证凹凸处都能涂上。XYPEX 涂层要求均匀，各处都要涂到，不易过薄和过厚，过薄则催化剂用量不足，过厚养护困难；因此一定要保证控制在单位用量之内。当需涂第二层（XYPEX 浓缩剂或增效剂）时，要等第一层初凝后仍呈潮湿状态时进行，如太干则应先喷洒些雾水后再进行第二层的涂刷。在热天露天施工时，早晚进行施工，防止 XYPEX 过快干燥影响渗透；阳光过足时应进行遮护处理。在平面进行施工时必须注意将 XYPEX 涂匀，阳角及凸处要刷到，阴角及凹处不能有 XYPEX 的过厚的沉积，否则在堆积处可能开裂；阴角涂层初凝 4h 后，将阴角处用砂浆抹成 50mm × 50mm 斜角，待砂浆初凝后 4h 后，再用浓缩剂涂刷一遍。对于水泥类材料的后涂层，在 XYPEX 涂层初凝后（3 ～ 4h）即可使用。对于聚氨酯等其他有机涂料需要在 XYPEX 涂层上继续施工的，则需要将 XYPEX 涂层最少养护 3d 放置 7d 后才能进行后续施工。

图 6-33　灰浆调制　　　　图 6-34　涂刷施工（一）　　　图 6-35　涂刷施工（二）

涂层施工质量的检验：XYPEX 涂层施工完后，需检查涂层是否均匀，用量是否够量，有无漏涂部位，以上现象如有出现，则需进行再次施工修补。XYPEX 涂层施工完后，需检查涂层是否有暴皮现象。如有，暴皮部位则需去除，并进行基面的再处理后，再次用 XYPEX 涂料涂刷。XYPEX 涂层的返工处理，返工部位的基面，均需潮湿，如发现有干燥现象，则需喷洒些水后，再进行 XYPEX 涂层的施工，但不能有明水出现。图 6-36 为涂层缺陷修补措施。

涂层的养护：养护很重要，不要忽视，以免影响施工质量。在养护过程中必须用净水，必须在终凝后 3 ～ 4h 或根据现场的湿度而定，使用喷雾式洒水养护，一定要避免大水冲破坏涂层。一般每天需喷雾水 3 次，最少连续养护 3d。最好 7d。在热天或干燥天气要多喷几次，防止涂层过早干燥。养护过程中，必须在施工后 48h 内防避雨淋、霜冻、日晒、沙尘暴、污水及 4℃ 以下的低温。在空气流通很差的情况下，需用风扇或鼓风机帮助养护。露天施工用湿草垫覆盖好（需 24h 后方可覆盖）。如需回填土施工时，在

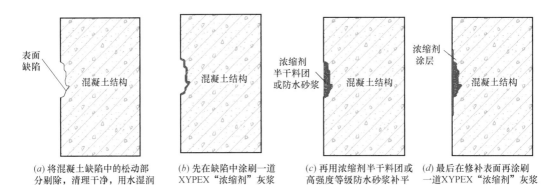

(a) 将混凝土缺陷中的松动部分剔除，清理干净，用水湿润　(b) 先在缺陷中涂刷一道XYPEX"浓缩剂"灰浆　(c) 再用浓缩剂半干料团或高强度等级防水砂浆补平　(d) 最后在修补表面再涂刷一道XYPEX"浓缩剂"灰浆

图 6-36　涂层缺陷修补

XYPEX 施工 36h 后可回填湿土，7d 以后方可回填干土，以防止其向 XYPEX 涂层吸水（如工程紧迫，需提前回填干土，可在干土中洒水）。养护期间不得有任何磕碰现象。

（3）具体部位修补加强说明

蜂窝麻洞、空鼓的修补：对蜂窝结构、空鼓及疏松结构均应凿除，将所有松动的杂物用水冲掉，直至见到坚硬的混凝土基层，并在潮湿的基层上涂刷一层 XYPEX "浓缩剂"涂层，随后用砂浆填补并捣固密实，见图 6-37。对于小的气泡孔则可以使用砂浆填平。

图 6-37　蜂窝麻洞、空鼓

施工缝、裂缝的修补：对于施工缝、裂缝等薄弱处均凿成宽 20mm、深 20～70mm 的"U"形槽，槽内必须用水刷洗干净，并除去所有表面明水，再涂 XYPEX 浓缩剂到"U"形槽内，待固化后，用 XYPEX 浓缩剂半干粉团（浓缩剂粉：水 =6：1 调成）或砂浆加掺合剂填进缝内压实，使用手或锤捣固压实在"U"形槽内，再用浓缩剂灰浆在接缝两边处抹平，以起到牢固粘结和封闭作用，见图 6-38 和图 6-39。

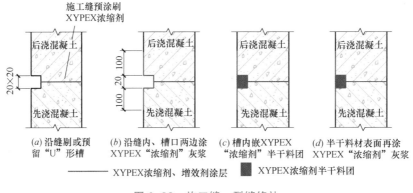

(a) 沿缝剔或预留"U"形槽　(b) 沿缝内、槽口两边涂XYPEX"浓缩剂"灰浆　(c) 槽内嵌XYPEX"浓缩剂"半干料团　(d) 半干料材表面再涂XYPEX"浓缩剂"灰浆

—— XYPEX浓缩剂、增效剂涂层　　■ XYPEX浓缩剂半干料团

图 6-38　施工缝、裂缝修补

钢筋头（螺栓头）的修补：对钢筋头（螺栓头），先将钢筋头（螺栓头）四周凿开，并由专业人员将钢筋头（螺栓头）割除至低于结构层，冲洗干净后用浓缩剂半干料团补平，外涂 XYPEX 浓缩剂灰浆，见图 6-40～图 6-42。

图 6-39　现场工人修补施工缝

后浇带的修补：在后浇带的两条缝开宽 20mm、深 20～70mm 的 U 形槽，槽内必须用水刷洗干净，并除去所有表面明水，再涂 XYPEX 浓缩剂到 U 形槽内，待固化后，用 XYPEX 浓缩剂半干粉团（浓缩剂粉：水 =6：1 调成）或砂浆加掺合剂填进缝内压实，使用手或锤捣固压实在 U 形槽内，再用浓缩剂灰浆在接缝两边处抹平，见图 6-43 和图 6-44。

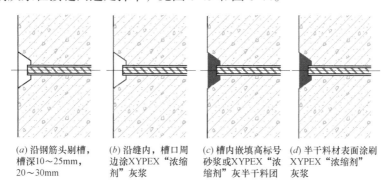

(a) 沿钢筋头剔槽，槽深10～25mm，20～30mm　(b) 沿缝内，槽口周边涂XYPEX"浓缩剂"灰浆　(c) 槽内嵌填高标号砂浆或XYPEX"浓缩剂"灰半干料团　(d) 半干料材表面涂刷 XYPEX"浓缩剂"灰浆

图 6-40　钢筋头、螺栓头修补

图 6-41　工人修补钢筋头

图 6-42　钢筋头修补效果

3. 单组分聚氨酯防水涂料施工工艺

（1）材料特性

单组分聚氨酯防水涂料是由异氰酸酯、聚醚等经加成聚合反应而成的含异氰酸酯基的预聚体，配以催化剂、无水助剂、无水填充剂、溶剂等，经混合等工序加工制成的一种防水涂料。单组分聚氨酯防水涂料在施工固化前为无定形液体，对于任何形状

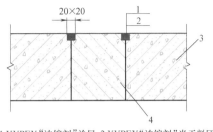

1.XYPEX"浓缩剂"涂层 2.XYPEX"浓缩剂"半干料团
3.先浇混凝土 4.后浇补偿收缩混凝土

图 6-43 后浇带修补

图 6-44 后浇带修补效果

复杂、管道纵横和变截面的基层均易于施工，形成一层柔韧、无接缝的整体涂膜防水层。固化后的单组分聚氨酯防水涂膜具有优异的物理力学性能，具有很好的弹性、拉伸性能和超乎寻常的耐低温性能，可在 -35℃ 下弯曲保持不裂；与混凝土、木质、金属等基层粘结力强，其固有弹性可弥合因结构变形引起的基层裂缝。对细部节点有特殊的密封处理措施，保证了单组分聚氨酯防水涂膜防水层的整体密封。在使用时不需要现场配料，无需加入任何溶剂、不需搅拌、开盖即用，省时省工。单组分聚氨酯防水涂料不含焦油、沥青和苯、甲苯等有害物质，是纯聚氨酯型，不污染环境；而且在使用过程中不掺兑溶剂，免除了有毒溶剂对环境的污染和对人身的伤害。其技术性能指标见表 6-2。执行标准为《聚氨酯防水涂料》GB/T 19250。

单组分聚氨酯防水涂料性能指标 表 6-2

序号	项目	I	II
1	拉伸强度 /MPa ≥	2.0	6.0
2	断裂伸长率 /% ≥	500	450
3	固体含量 /% ≥	85.0	
4	低温弯折性 /℃ ≤	-35℃，无裂纹	
5	不透水性 0.3MPa 30min	0.3MPa，120min，不透水	
6	表干时间 /h ≤	12	
7	实干时间 /h ≤	24	
8	粘结强度 /MPa ≥	1.0	

（2）施工工艺

施工步骤：基层处理→涂布聚氨酯防水涂料→成品保护→涂膜保护层。

基层处理：由于前期混凝土基面已经做过水泥基渗透结晶型防水涂料，基面相对平整、坚实，在涂刷防水层施工前，将基面彻底清理干净，达到干净、干燥要求后，即可进行涂膜防水层的施工。

涂布聚氨酯防水涂料：①附加涂膜层：穿过墙、地的管根部、套管、阴阳角、变形缝等薄弱部位，应在涂膜层大面积施工前，先做好上述部位的增强涂层（附加层）。

附加涂层做法：在涂膜附加层中铺设玻璃纤维布，涂膜操作时用板刷刮涂料驱除气泡，将玻璃纤维布紧密地粘贴在基层上，阴阳角部位一般为条形，管根为块形，三面角，应裁成块形布铺设，可多次涂刷涂膜。②涂刷第一道涂膜：在前一道涂膜加固层的材料固化并干燥后，应先检查其附加层部位有无残留的气孔或气泡，如没有，即可涂刷第一层涂膜；如有气孔或气泡，则应用橡胶刮板将混合料用力压入气孔，局部再刷涂膜，然后进行第一层涂膜施工。③水平基层面上用滚刷或橡皮刮板涂布单组分聚氨酯防水涂料，单组分聚氨酯防水涂料涂在基层上，初期富有流动性，能自动流平，随着化学反应，后期流动性逐渐消失，涂料固化成膜，涂布在水平基层上的单组分聚氨酯防水涂料，即使在涂布施工时厚度不均匀，涂料也能尽量流平，达到厚度均匀一致的效果。平面或坡面施工后，在防水层未固化前不宜上人踩踏，涂抹施工过程中应留出退路，可以分区分片用后退法涂刷施工。垂直基层面可用滚筒均匀涂刷，力求厚度一致。④聚氨酯防水涂料在施工时应分层分遍涂布，每遍涂刷的涂刷厚度不要太厚，涂刷时尽量做到均匀、厚薄一致，一般可分 2～3 遍完成。每遍涂布之后应让涂膜有充分时间固化，间隔时间不宜少于 24h。每遍涂料涂抹的方向应与前一遍相互垂直，应涂满整个基层，并覆盖所有的细部节点附加层，聚氨酯防水涂料的参考涂布量为：当涂膜厚度为 1.5mm 时，使用量约 2kg/m^2。⑤每道施工完 72h 内，涂层应避免浸泡在水中，在后一道涂刷时，应用抹布抹去前一道涂层表面的水珠。现场施工图见图 6-45。

成品保护：施工人员应穿软质胶底鞋，严禁穿带钉的硬底鞋。在施工过程中，严禁非本工序人员进入现场。涂膜防水层的保护在涂膜防水层固化之前，严禁在工作面上踩踏、摆放杂物等，若要在防水层上堆料放物，都应轻拿轻放，并加以方木铺垫，以免涂膜防水层受损坏，造成渗漏。

涂膜保护层：最后一道涂膜固化干燥后，即可根据建筑设计要求的适宜形式，做好保护层。稀撒砂粒：为了增加

图 6-45　现场施工图

涂膜防水层与保护层的粘结力，在做保护层之前可再在基层表面涂刷一遍单组分聚氨酯防水涂料，并随即稀撒干净、干燥的粗砂；砂粒粘结固化后，造成粗糙表面，可以避免砂浆保护层基面空鼓。

在固化后的涂膜防水层上浇筑 100mm 细石混凝土保护层，以防止被后道工序破坏，同时要注意在浇筑混凝土过程中对成品的保护；在出现混凝土保护层推迟浇筑的情况时，应采取临时保护措施。

环形加速隧道（RCS）管沟层为电缆走线层，位于地下 18.2m，层高 3.45m，占地面积约 6000m²，筏板厚度为 0.9m 和 1.2m，且剪力墙结构侧壁密集、连续分隔成不同大小单元间，侧壁曲折，弧形墙体众多，封闭的单元间采取砂及 C15 混凝土回填。大体积钢筋混凝土结构施工以及防水、防裂和不均匀沉降控制要求高，地面年沉降量小于 1mm，不均匀沉降小于 0.3mm，施工难度大。主要技术难点如下：

（1）环形加速隧道（RCS）管沟层为剪力墙结构，墙厚为 300～1800mm，墙体为弧形墙与直形墙交错存在，密集并连续分隔成不同大小的封闭式单元间，曲折、转角较多，呈迷宫形状，圆环结构的放样点位密集，大量的放样点需要现场计算，因此现场计算及放样、复核的工作量相当大。

（2）环形加速隧道（RCS）管沟层位于地下负三层，主要承担隔绝隧道层向下辐射及抗浮配重的要求，原设计采用回填土的方法进行防辐射及抗浮配重处理，但由于侧壁弯弯曲曲、转折多、角位多，难以夯实达到 0.94 的密实度，可能造成回填土方沉降形成空隙导致辐射穿透进室内，影响抗辐射性能，严重拖延工期，为此，有必要进行回填方案优化，优化室内回填是管沟层施工的难题。

（3）环形加速隧道（RCS）管沟层位于地下 18.2m 的深基坑内，基坑坡顶面积约 11000m²，基坑采取单级放坡和多级放坡相结合的方式，坡顶线距离坡底线水平距离最长约 24m，距离混凝土泵送中心点最大距离为 84m，最短距离 50m，而市面上华南地区最长的混凝土泵车只有 68m，远远难以满足本工程的施工需求，这对大体积混凝土运输泵送提出更高的要求，且施工过程中需要将 2143.12t 钢筋、13000m³ 混凝土、14000m² 模板、5500m³ 脚手架等材料快捷运送至施工点，全方位多层次的施工部署是管沟层大体积混凝土浇筑及材料转运的重点。

（4）管沟层墙体施工的另一难点是大体积混凝土质量通病如裂缝、蜂窝、麻面、露筋、孔洞等，其中对大体积混凝土的裂缝控制最为重要，如何采取有效措施减少混凝土裂缝，选材是管沟层大体积混凝土施工的关键。

一、向心圆环形阵列弧形墙的放样技术

1. 工程特点

环形加速隧道（RCS）管沟层剪力墙由 4 个向心圆和若干个封闭式的不规则图形组成，结构侧壁密集、连续分隔成不同大小单元间，侧壁曲折，弧形墙体众多，测量定位难度大，施工结构平面图、三维图如图 6-46、图 6-47 所示。定位精确度控制在 ±3mm 以内，相邻变形观测点的高差中误差为 0.1mm，不均匀沉降小于 0.3mm/a，沉降量小于 1mm/a，某些预埋钢板和钢管的安装需保证管道轴线水平及偏转误差不超过 1mm/m。

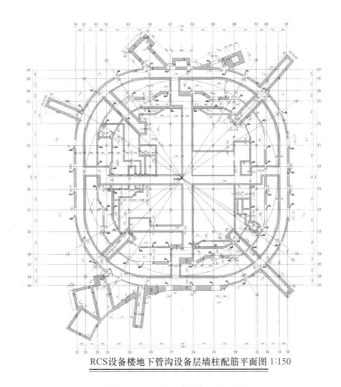

RCS设备楼地下管沟设备层墙柱配筋平面图 1:150

图 6-46　施工结构平面图

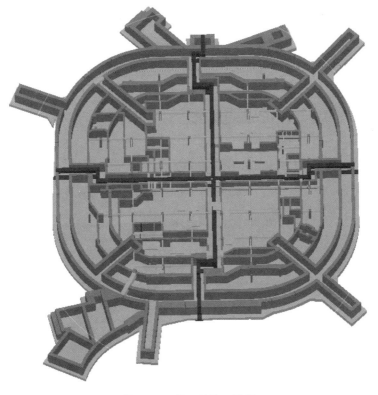

图 6-47　施工结构三维图

2. 放样技术

（1）场区控制网

选用测角 1″ 级、测距 1.5mm+2ppm 级 SOKKIASET1X 高精度全站仪，测高 0.3mm 级 TrimbleDiNi 高精度电子水准仪，建立测量首级控制网，在业主提供的四个 GPS 点，另加设 3 个平高控制点（D1、D2 和 D3）以及 3 个高程控制点（B1、B2 和 B3），统在一起组成中子源控制网及其扩展网，即为场区控制网，如图 6-48 所示。

（2）墙体模板组装

在环形加速隧道（RCS）管沟层弧形模施工时，采用轴线竖向引测方法，在弧形墙外四角测量控制点上架设垂准仪，将轴线控制点引测至筏板平面上，在向心圆的圆心处架设全站仪，经过内角闭合检查、边长检测复核，采用极坐标放线，放出弧形墙的主要轴线点，结合圆弧等分放线法控制弧形模板的精度，对跨度较长的弧形墙进行加密放样，保证剪力墙弧线圆润流畅，采用手持激光给向仪控制模板安装定位，在模板安装过程中严格按照规范进行受力计算。

模板的背部支撑由两层龙骨（木楞或钢楞）组成。直接支撑模板的为次龙骨，即内龙骨；用以支撑内层龙骨的为主龙骨，即外龙骨，如图 6-49 所示。

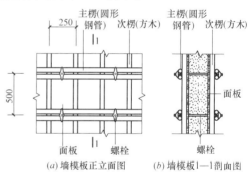

图 6-48　场区控制网效果图

图 6-49　模板的组成

组装墙体模板时，通过穿墙螺栓将墙体两侧模板拉结，每个穿墙螺栓成为主龙骨的支点，严格控制弧形墙拼缝数量与质量，合理加工整体模板，整装整拆，减少拼缝。图 6-50 和图 6-51 为模板的安装实况。

图 6-50　模板的安装实况（一）

图 6-51　模板的安装实况（二）

二、多级放坡大跨度滑槽回填砂施工技术

1. 设计优化

环形加速隧道（RCS）室内回填原设计（图6-52、图6-53）采用级配良好的回填砂土或碎石土，压实系数不小于0.94，回填土总方量约13425m³，但室内侧壁密集并连续分隔成不同大小单元间，侧壁曲折、转角较多，难以高效组织土方运输及保证回填密实度，影响抗辐射性能，严重拖延工期，经过反复讨论研究，决定对回填方案优化，对有防辐射要求的地方采用回填C15混凝土，只有抗浮配重要求的地方采用回填砂。管沟层变更为沿环型通道内侧换填C15混凝土，其他部位采用回填砂方案（图6-54）。

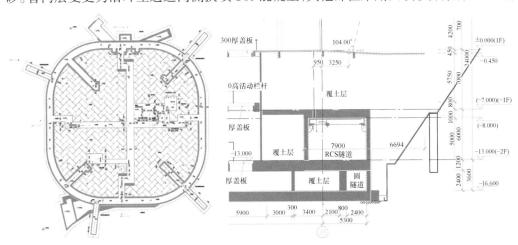

图6-52 RCS原设计回填土区域　　　　图6-53 RCS原设计回填土剖面

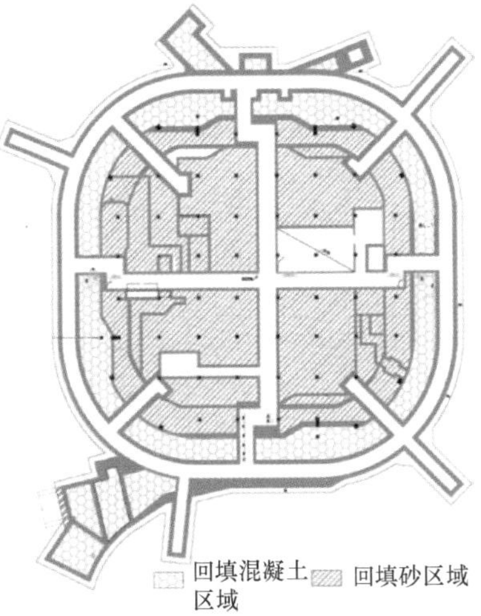

图6-54 RCS优化后回填图 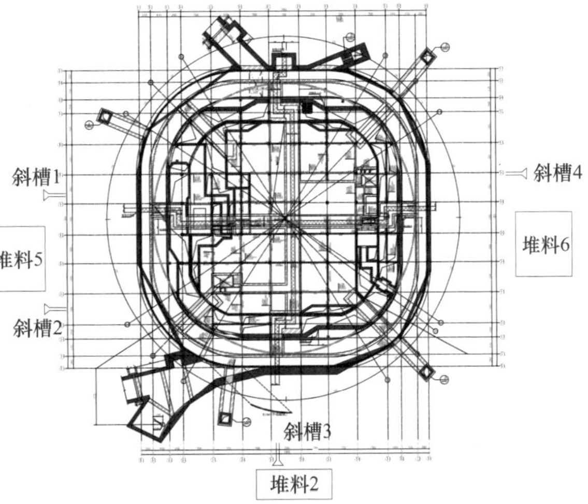　　　　图6-55 堆砂场设置平面图

2. 施工部署

根据环形加速隧道（RCS）回填方案优化，对室内回填进行区域划分，进行分区

流水施工,室内回填砂采用滑槽运输的方式,首先在基坑坡顶设置2个堆砂场,4条滑槽,砂通过铲车运送至滑槽下料口在经过滑槽自上往下输送至管沟层回填区域,回填区域配置一台小型勾机转运砂至各个区域,大大节省材料运输过程中人力,促进回填的机械化施工。

（1）堆砂场设置

在坡顶坑边外5.0m往外设置堆砂场,经过筛选,将堆土场设置在基坑东西北空旷位置（图6-55）,满足材料进场交通便利要求及基坑周边材料堆载安全。

（2）滑槽的设置

在坡顶向外1m处设置下料口,从坡顶自上往下搭设钢管架,钢管架顶部标高按滑槽的倾斜角度搭设,保证最终搭设完成的滑槽倾斜度（图6-56～图6-58）。

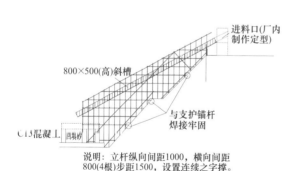

图6-56　滑槽设置示意图

图6-57　滑槽设置（一）

（3）回填砂材料的要求

回填砂选用干燥中细砂,既能满足回填的含水率要求,又能加快回填砂在滑槽的传输速度,但是由于现场采用的砂大多是河砂,运输至施工现场的砂蕴含大量的水,必须进行晒砂处理,对3个堆砂场采取流水施工,1个堆砂场在回填,另外2个堆砂场进行砂暴晒,交叉作业,保证施工进度和材料的质量要求。

图6-58　滑槽设置（二）

（4）回填砂施工工艺流程

回填砂施工工艺流程如图 6-59 所示。图 6-60 为回填砂夯实的现场实况。

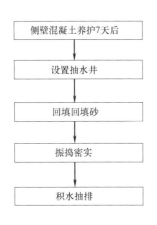

图 6-59　回填砂施工工艺流程　　　　　　图 6-60　回填砂夯实

三、大范围小空间材料运输周转施工技术

1. 施工技术难点

环形加速隧道（RCS）管沟层位于地下 18.2m 的深基坑内，基坑坡顶面积约 11000m²，基坑采取单级放坡和多级放坡相结合的方式，坡顶线距离坡底线水平距离最长约 24m，这对于钢筋、模板、脚手架的运输及混凝土的泵送产生极大困难。

2. 施工部署

考虑到环形加速隧道（RCS）的工程特点，为了有效地解决垂直运输问题，在环形加速隧道（RCS）内设置 1 台塔式起重机，如图 6-61 所示。

施工区域的划分，根据现场施工特点和区域将 6000m² 结构划分为四个区域，跳槽法分区分段施工，交叉作业，施工先后顺序依次是：一区→三区→四区→二区。采用"隔一跳一"施工顺序，既是场地限制、运输的需要（二区在坡低设置运输通道），也是为了方便模板、架子等周转材料的转运。

在环形加速隧道（RCS）南侧基坑坡顶外 5m（即塔式起重机的运输范围内）设置钢筋加工厂，通过塔式起重机将 2000 多吨加工完成的钢筋吊至管沟层，减少了钢筋的二次转运，见图 6-62、图 6-63。

利用结构分区施工，将 RCS 设备楼二区预留最后施工，在基坑东北角即环形加速隧道（RCS）与 Rtbt 楼交界位置设置材料运输通道，增加环形加速隧道（RCS）材料的运输渠道，见图 6-64。

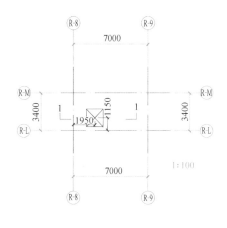

图 6-61　塔式起重机平面位置图

图 6-62　各区域材料调配

图 6-63　钢筋加工厂设置

图 6-64　坡底运输通道设置

四、大体积纤维混凝土制备及浇筑技术

大体积混凝土容易出现的质量通病主要包括裂缝、蜂窝、麻面、露筋、孔洞等，其中对大体积混凝土的裂缝控制最为重要。

1. 大体积纤维混凝土制备技术

大体积纤维混凝土配合比设计及优化

大体积混凝土施工时，如何降低水泥用量、控制水灰比，对降低混凝土水化热、控制裂缝尤为关键。在混凝土中掺加一定量粉煤灰、矿粉来改善混凝土的泵送性能，提高混凝土的耐久性；采用新型聚羧酸系高效减水剂，有效减少泌水，减少混凝土的收缩；混凝土中掺入聚丙烯纤维，提高混凝土的抗裂性能、抗辐射性能。项目通过系列配合比试验，获得满足工作性能和强度要求的配合比，并交付预拌混凝土厂家调配。

2. 大体积纤维混凝土浇筑与养护技术

（1）大体积纤维混凝土的浇筑方法

混凝土由混凝土拌和站集中拌和，混凝土输送车运输，经混凝土泵送至施工点，混凝土分区布料、分层浇筑，采用插入式振捣器振捣，当混凝土自由落体高度超过 2m 时，采用串筒下料，防止混凝土离析。混凝土浇筑完毕后，在顶部混凝土初凝前，对其进行二次振捣，并压实抹平。

浇筑采用分块分段跳仓施工、后浇带技术及分层连续浇筑技术。分层连续浇筑时混凝土浇筑层厚一般为 300 ~ 500mm。分块浇捣时，将环形加速隧道（RCS）筏板基础按设计后浇带分成四块施工，RCS 环形隧道总长约为 230m，采用分段施工，该环形隧道没设诱导缝，后浇带位置除同筏板基础设四道后浇带外，另结合隧道墙结构、凹槽位置，再增设四道短期后浇带，8 道后浇带将环形隧道分成长度大致为 25 ~ 30m 的 8 段（图 6-65）。

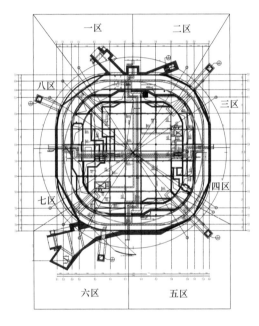

图 6-65 分块浇捣示意图

大体积混凝土浇筑时，缩短间歇时间，混凝土从搅拌到入模的控制时间为 60min，并在前层混凝土初凝之前将次层混凝土浇筑完毕，层间最长的间歇时间不大于混凝土初凝时间。

（2）大体积纤维混凝土的养护

混凝土浇筑完毕后即开始抹面收浆，控制表面收缩裂纹，减少水分蒸发，混凝土终凝后即开始覆盖养护，混凝土浇筑完毕后的 12h 内即应覆盖养护。混凝土采用保湿蓄热法养护，即在大体积混凝土四周及表面覆盖 1 层薄膜，1 ~ 2 层草袋，或采用泡沫塑料，使敞露的全部表面覆盖严密，形成良好的保温层，并应保持薄膜内有凝结水。

混凝土养护时间以混凝土内部温度与表面温度之差小于 25℃以下为标准，至少养护 14d。

混凝土强度达到 1.2MPa 前，不得使其承受行人、运输工具、模板、支架及脚手架等荷载。

当混凝土浇捣完毕后的最初 3d 内，混凝土处于升温阶段，内部温度急剧上升，因此要采取保温保湿养护措施，以减少混凝土表面热量的扩散，防止表面裂缝产生；为了严格控制混凝土的内外温差，确保混凝土的质量，在底板混凝土平仓收头后即覆盖一层塑料薄膜作养护，上面再盖一至两层土工布或泡沫塑料起保温作用。

土工布掀去时应按下列三个要求进行：①时间 14d；②根据测温数据，温度达到最大峰值呈回落趋势，使表面与大气温度温差小于 20℃时，方可逐渐掀去；③土工布不可在同一天全部掀去或成片掀去，应分两天进行，第一天采用间隔夹花方式掀，使温度通过有限的空间逐步散去，避免急剧降温，余下部分的土工布在第 2 天中午掀去。

施工缝处采用快易收口钢板网，外用二层土工布与混凝土密贴养护。底板侧模浇注完 5 ～ 7d 后拆模，模板外绑扎 2 层土工布与模板密贴。拆模后及时用 2 层土工布与混凝土密贴。

侧壁混凝土浇筑完后，待侧壁混凝土终凝后约 2d，松侧壁螺栓，使侧模与侧墙有 2 ～ 3mm 空隙，在墙顶装喷淋管道，采用温水慢淋养护，温水考虑用太阳能热水器或电热水器加温，待顶板施工完后拆除侧模，拆模后即在混凝土外包裹双层塑料薄膜养护（或一层塑料薄膜外挂土工布）或泡沫塑料养护；拆模及包裹塑料薄膜分段进行，拆一段随即用塑料薄膜包裹一段。包裹塑料薄膜依次搭接，搭设长度不小于 200mm，搭接处用封箱带封闭。为确保墙体不被污染及有较长的养护时间，塑料保护薄膜一直保留，直到影响后道工序施工时去除。

由于隧道不规则，拐弯折角多，在养护时要特别做好对这些应力集中部位的保温养护，主要采用加厚保温层厚度，使保温材料粘贴覆盖密实，适当推迟拆模时间等办法。

图 6-66 和图 6-67 分别为大体积混凝土筏板和侧墙的养护实况。

图 6-66　大体积混凝土筏板养护

图 6-67　大体积混凝土墙体养护

（3）大体积纤维混凝土的温度控制

测温时间：自混凝土覆盖起测温点开始测温，直至混凝土内部温度与大气环境平均温度之差小于 20℃ 以下时止。

　　测温频率：一般在温度上升阶段 2 ～ 4h 测一次，温度下降阶段 4 ～ 8h 测一次，同时应测大气温度，并做好记录。另外：1 ～ 3d，每 2h 测温一次；4 ～ 7d，每 4h 测温一次；8 ～ 14d，每 8h 测温一次。

　　测温点布置：每个测温管内沿高度每 500 ～ 1000mm 设测温点一个；每个测温管内距大体积混凝土顶面、底面各设测温点一个。

　　温度控制：温度控制标准应符合表 6-3 规定，通过对测温数据进行计算、分析，及时指导现场混凝土养生。

大体积纤维混凝土的温度控制标准　　　　　　　　　　　　　　　　表 6-3

序号	项目	允许范围
1	混凝土浇筑温度（振捣后 5 ～ 10cm 深处的温度）	≤ 30℃
2	内表温差	≤ 25℃
3	内部最高温度	≤ 60℃
4	最大水化热温升	≤ 40℃
5	最大降温速率	≤ 2.0℃ /d

　　图 6-68 和图 6-69 分别为混凝土浇筑前、后的测温仪器安装和温度测量实况。

图 6-68　混凝土浇筑前加入测温仪器安装　　　　图 6-69　混凝土浇筑后温度测量

3. 大体积纤维混凝土的后期处理技术

　　主装置区地下结构需满足防水、防辐射要求，特别是其防水要求不同于普通地下防水工程，即隧道土建施工完后，设备安装、调试、运行期间，无法按一般土建工程进行 5 年防水保修（即可随时进入保修），综合考虑到业主的整体安装计划，经过参建各方多次技术专题讨论会，决定对 RCS 环型设备楼地下部分防水进行了优化：取消 RCS 环型设备楼地下部分外侧原来的卷材防水，采用水泥基渗透结晶型防水涂料＋单组分聚氨酯防水涂料形式，具体技术内容详见第三节"三、抗辐射混凝土的新型防水施工技术"。

第五节　主要创新

本关键技术的创新性主要体现在以下几方面：

（1）研发了新型的内外缝式双缝诱导缝。缝框采用型钢，缝内满焊 2 道沿底板、侧壁及顶板闭合的弧形止水钢板环，缝外焊接止水钢板环，诱导缝处底板、侧壁、顶板混凝土结构断开，采用混凝土环＋卷材防水层外包，可避免或减少隧道混凝土结构裂缝的出现，保证防辐射、结构伸缩及防水的功能。根据 U 形钢和弧形板形状尺寸分别开发制作压制成型模具，保证弧形止水钢板的制作质量；采取工厂内整体试拼装、分上、下节运输和现场安装、设置上下节定位装置、安装定位架等措施，实现了型钢诱导缝的高质量安装。

（2）通过深化设计，采用了压型钢板和外浇混凝土墙构成的新型防水、防辐射组合结构，有效地保证隧道侧壁的屏蔽厚度；利用压型钢板凹槽作为导水槽，增设隧道外排水沟，优化隧道顶板压型钢板的排版以及压型钢板的固定和封口，实现了隧道的防水、防辐射功能；采用工字钢和加强螺杆的组合结构，解决了超高单侧模板的加固问题。

（3）采用水泥基渗透结晶型防水和聚氨酯防水涂料相结合的防水工艺，优化对隧道施工中的施工缝、裂缝、蜂窝麻洞、空洞、钢筋头、后浇带等易漏渗水部位的修补和防水工艺，保证了隧道抗辐射混凝土的防水性能。

（4）基于场区控制网，采用轴向竖向引测方法将轴线控制点引测至筏板平面，应用极坐标法放出弧形墙的主要控制点，结合圆弧等分放线法控制弧形模板精度，解决了密集弧形墙施工的测量定位难题；优化回填方案，室内回填砂采用滑槽运输方式，分区流水回填施工，节约工期，保证回填质量。

（5）通过试验研制了防辐射、抗渗漏、低收缩、高密度的纤维混凝土，保证了大体积纤维混凝土的质量；合理设置后浇带，迷宫墙由里向外，分区域分工序阵列式向外扩散施工，解决了大范围小空间材料运输、周转困难的问题。

第七章

高标准基底沉降控制技术

第一节　概述

中国散裂中子源工程的主装置区是散裂中子源的工作区，整个工艺流程设备设置在深埋地下的隧道内，由长 245m 直线加速器隧道及直线到环传输线隧道、长 230m 的环形加速器隧道、长 123m 的环到靶站传输线隧道以及靶站组成。

中国散裂中子源土建工程包括主装置区、辅助设备区、实验配套区等为一体的科学实验室，工程共设置了 27 个准直永久点，按分布部位的不同，可分为园区永久点、装置永久点、园区矮点、园区高点（图 7-1）。园区点在主体结构施工中用于精确定位放线，装置永久点用于设备的高精度安装。准直监测网是对加速器整体控制网、局部控制网的定期复测，监测隧道地基的不均匀沉降。控制网应保证可以进行长期的定期复测，因此，准直点的沉降将影响到长期高稳定性运行 CSNS 设备的沉降监测精度。如何保证设置准直点的准直桩和周边的防干涉隔离、防水以及准直点预埋件的高精度预埋是项目的重点和难点之一。

图 7-1　中国散裂中子源一期工程准直点分布图

主装置区直线设备楼、LRBT 设备楼、RCS 设备楼、RTBT 设备楼、靶站设备楼及相应隧道工程基坑占地面积约为 20843m²，基坑周边长度约 1503m。基坑底面标高为 -22.05 ～ -10.1m，采用的支护方式为钻孔灌注桩、搅拌桩、喷锚、土钉、放坡相结合。基坑地处岩层地区，故主要采用爆破开挖作业。由于基坑界面多，基底沉降控制要求非常高：隧道地面不均匀工后沉降小于 0.3mm/a，工后沉降量小于 1mm/a；靶站基础和谱仪大厅底板的不均匀工后沉降应小于 0.2 mm/a，工后沉降量应小于 1mm/a，最大累积工后沉降量应小于 20mm。须采取相应技术措施，确保基坑开挖安全和减少对基底岩层的扰动。

针对本项目的特点，重点研发以下关键技术：

（1）沉降测量精度保障技术；

（2）高标准基底沉降控制技术。

第二节 国内外研究概况

国内外关于无干扰永久准直桩综合施工技术的研究很少。

杨文军等提出了一种准直点结构的施工方法，但未涉及准直桩的防水技术，对如何高精度预埋准直点也未详细说明。柯明等提出了北京同步辐射装置准直测量控制网的设计与优化，何晓业等提出合肥光源升级改造准直控制网方案设计及实施等，均只涉及准直控制网的设计、优化和检测、测量，对准直控制网点的施工均未涉及。Mikhailov，S. Ya 等和 Zheglova，P 等介绍了准直测量的研究及应用，同样未涉及准直桩的施工技术。

贾振华等采用 ABAQUS 有限元计算软件结合施工过程动态监测资料，总结了采用盖挖逆作法施工对地表沉降得影响，给出了相应的控制措施。王建秀等提出了一种基于立体帷幕—井群体系的基坑防渗水及沉降控制方法。瞿成松等通过数值模拟探讨通过人工回灌控制基坑工程地面沉降的可行性。谢弘帅等以某一工程为例，应用双液注浆控制基坑相邻建筑的沉降。骆祖江等采用有限差分数值模拟方法，探讨复杂巨厚松散沉积层以控制地面沉降为目标的最优化深基坑降水设计。周长喜等提出了一种采用降水回灌控制深基坑周边沉降的施工方法。吴才德等提出了一种通过水平注浆控制基坑外地面沉降的方法。张忠苗等运用有限元法分析特殊双排结构维护基坑周围的地面沉降。张启斌等通过模拟计算调整支撑刚度、围护墙体刚度和坑周土体强度等条件下基坑开挖引起的土体损失变化。以上的研究仅涉及基坑工程的沉降控制，没有关于多边界地质条件下高标准基底沉降控制技术的研究报道。

第三节 沉降测量精度保障技术

一、沉降测量精度保障的关键

准直点的沉降将影响到长期高稳定性运行 CSNS 设备的沉降监测精度，因此，对准直点的技术要求如下：①准直要求加速器及靶站谱仪设备安装地基年不均匀沉降小于 0.3mm；②永久控制点在隧道内通道一侧，其地下标志基础坐落在基岩上，与隧道地基不接触；其稳定性要求为：各永久控制点间，空间任一方向上，年相对位移小于 0.3mm；③园区控制网其中 5 个为基岩永久控制点，其标志基础坐落在基岩上，稳固性要求：各永久控制点间，空间任一方向上，年相对位移小于 0.3mm；④浇筑时，钢环上所有螺纹孔均旋入螺栓；⑤浇筑时，CSNS 园区高地面点标志和园区永久点标志钢环埋设水平度 1mm；⑥准直桩底部 ϕ1m 微风化岩层不允许使用爆破方式破除。

永久准直点采用冲孔桩冲击成孔，再沉放钢护筒做护壁，抽光泥浆后人工下至孔底进行一系列的施工，是集合大孔径冲孔桩、钢护筒沉放焊接、人工凿岩、圆柱结构、深孔底部复杂防水结构、高精度预埋件预埋等为一体的综合施工技术。因此，本项目沉降测量精度保障技术的关键主要体现在准直桩防干涉隔离技术、深井结构防水技术、准直点预埋件高精度预埋技术。

二、新型防水、防干扰隔离永久准直桩的研发

在对现有的准直点结构形式的研究过程中发现，现有的准直点结构构造形式难于防止深孔底部地下水的渗透，无法实现本工程要求的防水、防干扰隔离目标。经反复研究，研发了新型防水、防干扰隔离永久准直桩，见图 7-2 和图 7-3。

1. 隔离系统

井底采用设置钢片的钢套筒与准直桩分离，使准直桩和周围土层隔离。

2. 防水系统

在清理干净表面污物的 ϕ2.8m 护筒底部设有一圈 40mm 宽的凸出部位处塞入 20mm×40mm 遇水膨胀止水条密封，在准直桩底部外侧再贴一层 100mm×40mm 遇水膨胀止水胶条。止水条装好后在外圈浇筑由水性高分子聚合物材料、普通硅酸盐水泥、石英砂为主要成分并加入多种改性助剂配制而成 C15 聚合物水泥防水砂浆。

三、新型防水、防干扰隔离永久准直桩的施工

1. 施工流程

施工流程为：冲孔→沉放 2.8m 钢护筒→抽泥浆→底部 ϕ1m 岩层人工凿除→准直桩钢筋笼吊装→搭架子安装模板→浇筑准直桩混凝土→顶部预埋件安装→混凝土养护→拆除架子模板→外护筒底部用建筑封胶及 C15 聚合物水泥砂浆做防水→填充钠基膨润土→连接限位钢板钢筒安装→外护筒底部浇 500mm 高混凝土→1.15m 护筒吊装→里外护筒间混凝土浇筑。

2. 施工关键工艺要点

（1）桩底部 1m 微风化岩面凿除

抽排完泥浆后，对底部 1m 高微风化岩层进行凿除，为保证基岩凿除时不受破坏，

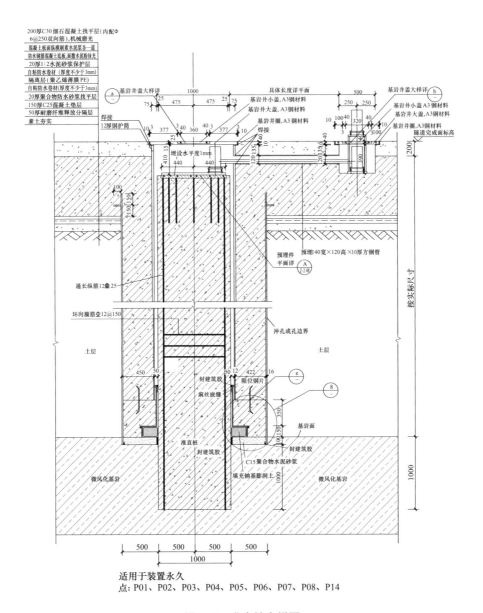

图 7-2 准直桩大样图

采用风炮凿除的方法，凿除流程为：定中心线→用凿岩机在周围打一圈排孔（图 7-4）→用风炮凿除→清理。

（2）连接限位钢片钢筒吊装

①限位钢片钢筒厚度为 10mm，底端紧贴聚合物水泥砂浆面层，上部有 8 片限位钢片，宽度为 15mm，在下部有一圈凸出钢板，宽度为 20mm，用来粘贴止水条，见图 7-5；②钢筒工厂制作，现场吊装，吊放前在准直桩底部外一圈填充宽210mm×150mm 高钠基膨润土，然后吊放限位钢筒，钠基膨润土刚好填充满钢筒底部

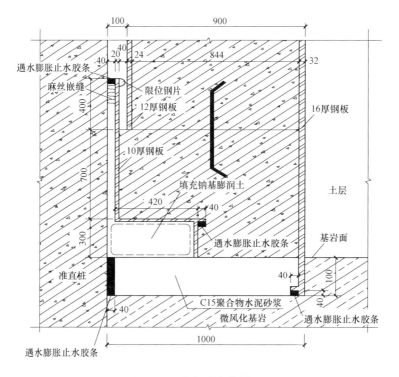

图 7-3　底部防水大样图

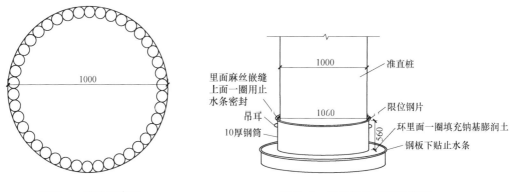

图 7-4　排孔示意图　　　　　图 7-5　限位钢片钢筒示意图

见图 7-6 和图 7-7；③吊装后用钢筋与外圈钢护筒焊接固定，保证在浇筑混凝土时钢筒不移位，钢筒与准直桩间的缝隙用麻丝嵌缝，最后用止水条封住，见图 7-8 和图 7-9；④所有工序完成后，在 ϕ2.8m 护筒与钢筒之间浇筑 500mm 厚混凝土。

（3）ϕ1.15m 钢护筒吊装

准直桩外圈的 12mm 厚 ϕ1.15m 钢护筒下部坐落在限位钢板外 500mm 高混凝土上，护筒里侧壁刚好卡在限位钢片上，保证护筒与准直桩之间的间隙；钢护筒吊装完成后，里外护筒间浇灌混凝土，浇筑时混凝土顶面先浇至结构底板底，上面部分与底板结构一起浇筑。

图 7-6 填充钠基膨润土

图 7-7 限位钢筒安装

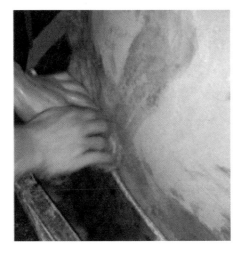

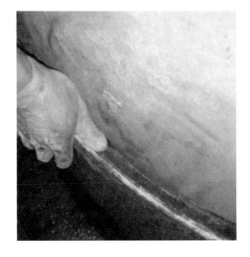

图 7-8 限位钢筒四周填充麻丝

图 7-9 止水条密封

（4）钢套筒的施工

①冲孔成孔后下放钢护筒，抽干护筒里的泥浆，人工下至井底凿除 ϕ1m 深的准直桩嵌岩部分，凿除时确保桩中心的精确度，在孔周用凿岩机凿除一圈排孔后，桩中岩层用风镐凿除，岩层凿除后将桩底石渣清理干净至新鲜微风化岩面；②钻孔完成后下放钢筋笼，保证中心线对中，完成后安装 ϕ1m 钢模板，浇筑 ϕ1m 中部桩至预埋钢板面；③下放 1.15m 内护筒时桩需拼接，四周用钢筋支撑连接固定，避免浇筑混凝土时护筒偏位。

四、准直点预埋件高精度预埋技术

（1）准直桩直径为 1000mm，如果在浇筑混凝土前安装好直径为 900mm 的预埋组件，则无法下放导管进行孔内混凝土浇筑，所以预埋钢板只能在浇完混凝土后安装，混凝土浇筑时在顶部预留 150mm，进行二次注浆。

（2）准直点顶部预埋钢板组件如图 7-10 所示，钢板上有 9 个锚筋固定孔，上下均有螺栓固定，锚筋长度为 607mm。浇筑混凝土前先将 9 根锚杆与顶部预埋件用螺栓拧紧，锚杆下部用钢筋或铁片连成一个整体，固定住每根锚筋，保证不发生水平方向的移动。

图 7-10　顶部钢板预埋件及锚筋现场制作安装图

（3）将混凝土浇至离设计标高 1m 处，放线固定整个预埋组件后，点焊固定下部锚筋与钢筋笼，再将预埋钢板顶部螺栓拧开，移开钢板，用钢筋笼加强筋与锚筋连接固定，锚筋锚头用胶纸保护，再浇筑混凝土至离顶部 150mm 处。浇完后重新拧紧螺栓固定钢板，测量中心点位置，如有需要重新调整。

（4）锚筋与顶板组件第一次灌浆浇筑后，按要求调整浇筑顶板的水平度，二次灌浆前将锚筋与两螺母三点焊接、螺母与顶板三点焊接。

第四节　高标准基底沉降控制技术

一、多边界地质条件下项目基坑的特点

1. 项目的基坑特点

本工程主装置区直线设备楼、LRBT 设备楼、RCS 设备楼、RTBT 设备楼、靶站设备楼及相应隧道工程基坑占地面积约为 20843m²，基坑周边长度约 1503m。基坑底面标高为 -22.05 ～ -10.1m，采用的支护方式为钻孔灌注桩、搅拌桩、喷锚、土钉、放坡相结合，如图 7-11 所示。

根据地质资料及周边环境，将中子源主装置区隧道基坑支护沿着周长分为 27 个区段，其中除 O 区段采用桩锚支护外，其余均采用喷锚支护。基坑范围内拟建建筑物 5 栋，基坑开挖深度为 3.0 ～ 17.5m，±0.000 绝对标高为 55.800m。基坑属于一至二级基坑支护，基坑重要系数为 $\gamma=1.0 ～ 1.2$，有效期一年。其中，A1、B1、C、D、E、F、G、H2、J、K、L、N、O 区为一级基坑支护，O 区、N 区为永久边坡。

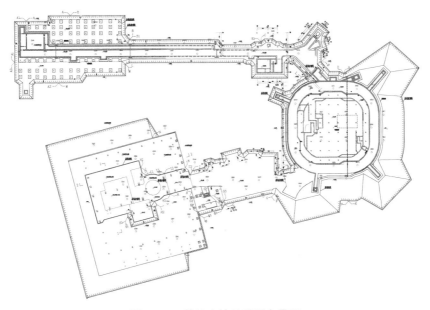

图 7-11　基坑支护总平面布置图

2. 项目的地质特点

据钻探揭露资料，场地内岩土层按其成因、时代及工程性质差异自上而下分为：第四系人工填土层（Qml）、第四系坡积层（Qdl）、第四系残积层（Qel）及震旦系基岩（Z）四大单元层。

（1）第四系人工填土层（Qml）

素填土（层序号 1）：直线设备楼、靶站及谱仪大厅有零星分布。

（2）第四系坡积层（Qdl）

含砂粉质黏土（层序号 2）：直线设备楼及隧道、RCS 设备楼及隧道、靶站及谱仪大厅普遍分布。

（3）第四系残积层（Qel）

直线设备楼及隧道、RCS 设备楼及隧道、靶站及谱仪大厅普遍分布。

（4）震旦系基岩（Z）

全风化带（层序号 4-1）：直线设备楼及隧道、RCS 设备楼及隧道、靶站及谱仪大厅普遍分布；中风化带（层序号 4-3）：直线设备楼及隧道、RCS 设备楼及隧道、靶站及谱仪大厅广泛分布；微风化带（层序号 4-4）：直线设备楼及隧道、RCS 设备楼及隧道、靶站及谱仪大厅广泛分布；未风化带（层序号 4-5）：直线设备楼及隧道、RCS 设备楼及隧道、靶站及谱仪大厅广泛分布。

3. 项目的水文地质条件

（1）上层滞水

含水层为全风化带以上的土层，其中：人工填土层水量贫乏，主要接受大气降水补给，透水性一般，排泄方式主要为自然蒸发和垂直下渗；坡积含砂粉质黏土和下伏地层残积粗粒带（砂质黏性土与全风化岩）水量贫乏，为弱透水层，相对隔水，透水性差，赋水性差，地下水来源主要接受大气降水渗透补给，排泄方式主要为自然蒸发和侧向径流。水位变化受季节和降雨影响较大。

（2）基岩裂隙水

主要赋存于基岩风化裂隙中，赋水性中等，含水层厚度因裂隙、节理发育程度不同而差异较大，透水性不均匀，透水性取决于裂缝宽度及贯通性，本场地裂隙水在强风化下部及中风化上部一带透水性相对较好，基岩裂隙水补给主要来源于外围基岩裂隙水的侧向补给，并接受上部土层孔隙水补给。

针对本工程，①基坑大部分位于岩层范围内，且平面呈凹凸多变形状，底部高低不一；②基坑基底沉降控制要求高（零沉降）；③采用冲孔桩进行回填土或岩层破碎带地基加固易在桩底产生沉渣；④基坑爆破开挖防震要求严格等难点进行研究，主要包括以下几部分内容：①基坑爆破开挖技术，②冲孔桩桩底沉渣控制技术，③局部增加抗沉降墩技术，④基底破碎带的处理技术。

二、基坑爆破开挖技术

1.基坑爆破开挖的基本思路

（1）为确保多边界基坑开挖的安全和减少对基底岩层的扰动，基坑边坡采用光面爆破，其他采用中深孔爆破为主，辅以浅孔台阶爆破。

（2）为控制工后沉降及地基承载力，爆破时不得对基坑底部岩层整体性产生破坏，在距离基坑周边轮廓线100mm处钻一圈炮孔，孔网参数按光面爆破参数进行作业；然后按台阶爆破高度从中心掏出自由面，往四周推进，在距离基坑边2.5m范围内采用浅孔台阶爆破；基坑底部预留2m岩层厚度作为缓冲层，采用小孔网、小台阶爆破；底板残留层采用小台阶、小孔网岩层劈裂施工法。在基底设置了400mm的预留保护层，采用机械破碎法，并人工配合进行清底，确保基底为新鲜基岩。图7-12为预留爆破缓冲层示意图。

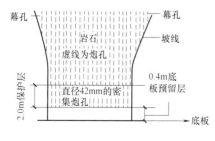

图7-12 预留爆破缓冲层图

（3）严格控制爆破振速，避免基坑扰动。在距爆破区中心30m处的完整岩石上设振速观测点，离开挖边界2.5m和保护层爆破施工时，振速不超过1.5cm/s，其他区域振速不超过3.0cm/s。

2.基坑爆破方法

（1）爆破作业流程

平整工作面→孔位放线→钻孔→检查炮孔→装药→堵塞→网路连接→安全警戒→起爆→爆后检查→解除警戒→下一个作业流程。

（2）孔网参数

单孔装药量：$Q=kabh$

式中　　a——孔距（浅孔台阶取 1.2m；中深孔台阶：76mm 型取 2.8m）；

　　　　b——排距（浅孔台阶取 1.0m；中深孔台阶：76mm 型取 2.5m）；

　　　　k——单位炸药消耗量（根据现场不同的岩层结构，通过试爆进行调整）；

　　　　h——炮孔深度（根据现场情况，适当调整钻孔深度）。

选用二号岩石乳化炸药（含粉状乳化炸药），浅孔台阶爆破、光面爆破选 Φ32mm 的药卷直径；中深孔台阶爆破选 Φ60mm 的药卷直径。

（3）浅眼台阶爆破

采用小孔网小台阶毫秒延时控制爆破，炮孔直径为 42mm，为避免爆破飞石影响，布孔时最小抵抗线方向必须朝向空阔地带（或以起爆顺序来调整临空面）。图 7-13 为钻孔作业图。

炮眼布置方式：梅花形布置炮孔（图 7-14），一般布置 2～3 排。

炮眼距离 a=1.2m，排距 b=1.0m，最小抵抗线 W=b=1.0m。

图 7-13　钻孔作业图

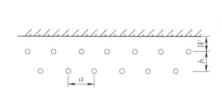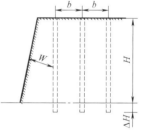

图 7-14　浅眼台阶炮孔布置图

根据周围环境、岩层结构、以往同类工程的施工经验，单位炸药消耗量 K 取 0.4kg/m^3。

单孔装药量 $q=Kabh=0.4×1.2×1.0×（1～4m）=（0.48～1.92）（kg）（h$ 为台阶高度，一般为 1～4m）。

表 7-1 给出装药量及堵塞长度。图 7-15 为装药结构图。

装药量及堵塞长度　　　　　　表 7-1

序号	台阶高度（m）	炮孔深度（m）	装药量（kg）	堵塞长度（m）
1	1.0	1.3	0.5	0.8
2	1.5	1.8	0.7	1.1
3	2.0	2.3	0.9	1.4
4	2.5	2.8	1.1	1.7
5	3.0	3.3	1.3	2.0
6	3.5	3.8	1.7	2.1
7	4.0	4.3	1.9	2.4

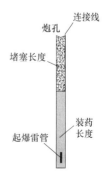

图 7-15 装药结构图

雷管段数选择，根据炮孔数分成 1 ～ 15 段起爆，孔间或排间微差间隔 25 ～ 50ms（图 7-16）。

网路连接大把抓时，每束不得超出 20 根导爆管，采用 2 发导爆管雷管引爆，导爆管必须将传爆雷管包裹在中央，用电工胶布缠绕紧缩（缠绕 10 层以上），雷管的聚能穴方向的能力较强，金属壳雷管爆炸时金属片容易将导爆管击穿而产生拒爆，包裹时应将传爆雷管的聚能穴指向导爆管传爆的相反方向（反向连接）。为保障爆破网路安全可靠，接好传爆雷管后，还须采取防护措施，防止传爆雷管爆炸后金属片击断后爆导爆管。图 7-17 为非电起爆链接法示意。

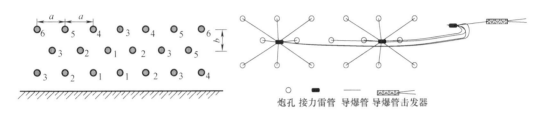

图 7-16　炮孔布置及起爆顺序示意图　　　　图 7-17　非电起爆连接法

爆破作业开始应先进行试炮，取单位炸药消耗量 $K=0.33 \sim 0.35\text{kg/m}^3$，按设计孔网参数布孔、钻孔、装药、堵塞、网路连接，根据试炮情况及时调整参数，确保爆破安全和取得良好效果。

（4）中深孔爆破

炮孔直径采用 76mm 规格，垂直钻孔，梅花形布孔，布孔方向从最小抵抗线朝向空阔区域。图 7-18 为中深孔爆破炮孔布置及起爆次序。图 7-19 为钻孔作业实况。

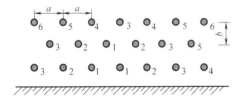

图 7-18　中深孔爆破炮孔布置及起爆次序　　　　图 7-19　钻孔作业图

根据现场不同的作业区域及不同台阶作业高度，及时调整炮孔深度，本工程炮孔深度控制在 7.5m 以内。

最小抵抗线 $W=2.5\text{m}$，炮孔间距 $b=W=2.5\text{m}$，炮孔距离 $a=1.2$，$b=2.8\text{m}$。

根据周围环境、结合现场的岩层结构、以往同类工程的施工经验，单位炸药消耗量 K=0.4kg/m³。

单孔装药量 $q = Kabh$（h 为台阶高度，一般为 $5\sim 7m$）$= 0.40\times 2.8\times 2.5\times（5\sim 7m）=（14.0\sim 19.6）（kg）$

表 7-2 给出了各参数和堵塞、装药量关系。

参数、堵塞及装药量表　　　　　　　　　　　表 7-2

孔径 （mm）	台阶高 （m）	孔深 （m）	抵抗线 （m）	孔间距 （m）	堵塞 （m）	装药量 （kg）	单耗 （kg/m³）
	5.0	5.5	2.5	2.8	2.7	14.0	0.4
76	6.0	6.5	2.5	2.8	3.1	17.0	0.4
	7.0	7.5	2.5	2.8	3.5	20.0	0.4

装药：先将孔口周围清理干净，如孔内有少量水应先处理一下，然后才能装药，可用长竹竿作炮棍用，将药卷一卷一卷送到孔底，不能发生中间卡堵。

堵塞：用岩粉和带湿度的砂土堵实、堵严，堵塞长度不小于 $1.2W$。

装药结构：采用连续装药，每个炮孔至少 2 发毫秒雷管，第一发雷管放置在底部位置，第 2 发雷管放置在孔口侧装药段开始的 1/3 孔深位置。

起爆方式：根据排数和炮孔数，采用排间延时起爆或 V 形延时起爆，如需要也可单孔顺序延时起爆。起爆网路与"浅眼台阶爆破"相同。延时时间为 $25\sim 50ms$。

爆破作业开始应先进行试炮，取单位炸药消耗量 K=0.33 ～ 0.35kg/m³，按设计孔网参数布孔、钻孔、装药、堵塞、网路连接，根据试炮情况及时总结现场情况，调整、优化爆破参数，确保爆破安全和取得良好效果。

（5）光面爆破法

按照各功能区基坑边坡坡率的不同，调整光面爆破孔钻凿倾斜度。

根据作业区域不同、地质条件变化，通过试爆效果调整装药量、最小抵抗线、钻孔间距、钻孔直径、钻孔角度等参数。

光爆孔最小抵抗线：W_{min}=12d

式中　W_{min}——光爆孔最小抵抗线；

　　　　d——钻孔直径。

钻孔间距：$Q_{线}$=qaW_{min}

式中　$Q_{线}$——光面爆破的线装药量，kg/m；

　　　　q——炸药单耗，约为 0.15 ～ 0.25kg/m³，软岩取小值，硬岩取大值；

　　　　a——钻孔间距，m，a=（0.6 ～ 0.8）W_{min}；

　　　　W_{min}——光爆孔最小抵抗线，m。

表 7-3 给出了光面爆破参数的经验数据。

光面爆破参数经验数据表
表 7-3

岩石性质	岩石抗压强度（MPa）	钻孔直径（mm）	钻孔间距（m）	线装药量（g/m）
中硬岩石	50～80	76	0.6～0.8	180～300
次坚石	80～120	76	0.8～0.9	250～400
坚石	>120	76	0.8～1.0	300～700

3. 边坡开挖爆破施工

（1）钻孔

过大的钻孔深度使钻孔精度难以控制而影响爆破效果。本工程台阶边坡的高度控制在 10m 以内，钻孔精度可以达到要求。图 7-20 和图 7-21 为钻孔施工炮孔布置平面和剖面示意图。

对钻机进行改造，搭设钻机样架，增加限位板和扶正器，提高钻孔精度。钻孔开孔偏差小于 0.1m，偏斜度一般在 5mm/m。

（2）装药结构

图 7-22 为装药结构示意。堵塞段的作用是延长爆生气体的作用时间，且保证孔口段只产生裂缝而不出现爆破漏斗，本工程取 1.2m。

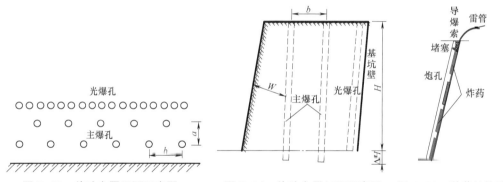

图 7-20　炮孔布置平面示意图　　图 7-21　炮孔布置剖面示意图　　图 7-22　装药结构图

均匀装药段：该段一般为轴向间隔不耦合装药，并要求沿孔轴线方向均匀分布。轴向间隔装药须用导爆索串联各药卷，为保证孔壁不被粉碎，药卷应尽量置于孔的中心，将药卷及导爆索绑于竹片进行药卷定位，采用胶布（或绑绳）固定药卷及导爆索。

孔底加强段：孔底受围岩夹制作用，需用较大的线装药量，一般为正常线装药量的 1～4 倍。

对炮孔进行堵塞（孔口不装药部分先用纸质物体堵塞，再用细沙堵严、堵实），尽量延长爆炸气体在孔内的作用时间有利于增加裂缝宽度，根据以往工程的实际情况，堵塞物冲出非常少，是可以接受的。

（3）起爆方法

一般采用导爆索起爆以保证光爆孔同时起爆，为了防止震动过大，也可采用分段起爆。起爆网路与主爆区连接，由于光面爆破孔是最后起爆，前面炮孔爆破可能扯坏导爆索，为保证光爆孔准爆，光面爆破孔采用高段位毫秒雷管与导爆索的双重起爆。

（4）光面爆破效果

光面爆破后孔间应形成贯通的裂缝面并具有一定的宽度，坡面平整度和半孔率应满足要求。

4.基坑底板岩层爆破

根据本工程的实际情况，采用小孔网、小台阶缓冲爆破法。缓冲预留层作业前，需在上一级台阶进行必要的试验，通过试验确定本台阶的爆破作业参数。

（1）岩石爆破裂隙范围

爆破产生的裂隙延伸范围与岩性、药卷直径及装药量有关，围岩整体性较好的裂隙一般为10倍药卷直径，围岩较发育的裂隙一般为10～20倍药卷直径。本工程围岩整体性较好，按10倍药卷直径计算。

为了更好地保护好基坑底板整体性，本工程预留了2m底板爆破缓冲保护层，采用小孔网、小台阶爆破（密布孔、少装药），炮孔底部装填0.2m长的缓冲物（缓冲物采用硬性胶管），底部0.2m部分采用特殊破碎法施工。

采用以上爆破施工，不会对底板围岩产生破坏性的裂隙。

（2）布孔方法

采用小孔网、小台阶毫秒延时（密布孔、少装药）控制爆破方法，炮孔直径为42mm。严格控制炮孔深度，钻孔前，由专业测量人员标出本区域炮孔的深度，防止炮孔超深。

（3）孔网参数

炮眼排列方式：梅花形布置炮孔（如前述浅孔台阶爆破炮孔布置平面图，图7-14）。炮孔直径42mm，一般布置2～3排，每排炮孔根据现场实际定。

炮眼距离：$a=1.0$m；排距：$b=0.8$m。

（4）炸药单耗K

根据现场环境、岩层结构、以往同类工程的施工经验，本工程选用乳化炸药（药卷直径为$\phi32$mm与$\phi26$mm两种规格，长度为200mm，单卷重量为200g与150g）。

装药方法：炮孔底部在缓冲物上面装一卷药卷直径为$\phi26$mm、长度为200mm的炸药，上部装药卷直径为$\phi32$mm炸药，单耗K为0.35kg/m³。

（5）单孔装药量q

$q = Kabh$（h为台阶高度，为2m）$= 0.35 \times 1.0 \times 0.8 \times （2m） = 0.56$（kg）

（6）缓冲物装填、装药及堵塞长度

图7-23为缓冲爆破法炮孔装药结构示意图。

炮孔深度2.0m，则装药0.6kg，即3节乳胶炸药，装药长度0.6m，堵塞长度2.0-0.6-0.4=1.0（m）。

（7）起爆顺序

雷管段数选择，根据炮孔数分成 1 ～ 10 段起爆，孔间或排间延时间隔 25 ～ 50ms（图 7-24）。

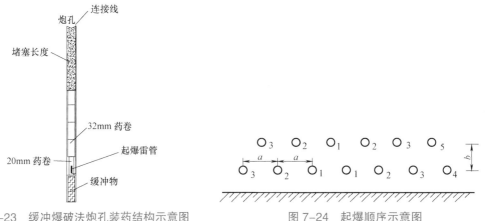

图 7-23　缓冲爆破法炮孔装药结构示意图　　　　图 7-24　起爆顺序示意图

（8）起爆系统

采用毫秒延时电（或非电）起爆系统爆破，雷管为毫秒延时电雷管（或毫秒延时导爆管雷管）。网路连接采用从爆破作业点向起爆站一段一段后退方式进行。

爆破作业期间，采取辅助检测措施，选取若干个有标志性意义地点进行爆破振动检测，为进一步优化爆破方案提供技术数据。

5. 底板残留岩层和预留岩层破碎

（1）底板残留岩层破碎

缓冲层爆破作业时，炮孔底部空孔 20cm，爆破时会残留部分岩坎。对残留岩层采取液压劈裂机进行破碎。

破碎工艺要点：①根据现场实际情况，严格控制钻孔深度；②操作劈裂机时，液压管道接头牢固，防止液压管接头断裂伤人；③劈裂机破碎岩层后，挖掘机应及时清理破碎岩石，为后面岩石破碎提供有利的临空面。

（2）二次破碎

块度较大的岩石采用机械破碎，不采用爆破法破碎。

（3）底板预留岩层破碎

为避免爆破对基岩造成过大的扰动，在基底设置了 40cm 的预留保护层。采用机械破碎法，并人工配合进行清底，确保基底为新鲜基岩。

三、冲孔桩桩底沉渣控制技术

1. 减少冲孔灌注桩底沉渣厚度

冲孔灌注桩底沉渣会导致桩基沉降及承载力的降低，必须采取有效措施减少桩底沉渣厚度。经比选，冲孔灌注桩采用二次清孔的方法，下钢筋笼前采用正循环清孔，下钢筋笼后采用反循环清孔，并在清孔过程中采用泥砂分离器过滤泥浆，减少孔底沉渣厚度。

（1）换浆正循环法清孔（第一次清孔）

利用泥浆胶体性的黏滞力，把桩孔中的冲渣粘起，顺泥浆的流动排出桩孔（图7-25）。泥渣混合物在经过泥浆分离器处理及沉淀池沉淀后，泥浆重新回流到桩孔内，保持孔内水位不变，此过程中定期测定泥浆的各项指标及孔底沉渣情况以判断清孔的效果。

（2）气举反循环清孔（第二次清孔）

通过钢风管将压缩空气送进吹管底部，使导管内的泥浆形成密度较小的泥浆空气混合物，在导管外水压力的作用下沿导管内向上排出，在泥浆迅速流动的同时带动桩孔沉渣沿导管内向上排出孔外（图7-26）。泥渣混合物在经过泥浆分离器处理及沉淀池沉淀后，泥浆重新回流到桩孔内，保持孔内水位不变，直到把沉渣清除至符合要求为止。

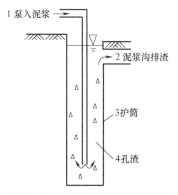

图 7-25　正循环法清孔示意图

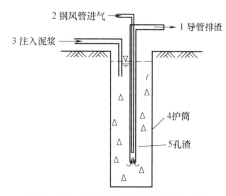

图 7-26　气举反循环法清孔示意图

（3）沉渣厚度的检测

本工程沉渣厚度采用简易测绳检测。测绳采用标准水文测绳，使用前及使用过程中应经常校核，当出现磨损、数字不清或标数位移时应及时更换。测锤采用不小于1kg的重锤，体积不宜太大。沉渣厚度的检测由专人负责。

2. 桩底注浆

为确保桩端持力层质量，每根桩埋设2根注浆管，在桩基混凝土灌注达14d后，对桩底进行高压注浆。

（1）预埋注浆管

在制作首节钢筋笼的同时，把2根 $\phi48\times3.5$mm 的钢管对称安装在钢筋笼内侧，随钢筋笼进行吊装入桩孔。注浆管的长度应确保其底部到达桩底。

（2）高压注浆

水泥浆采用强度等级为42.5的优质普通硅酸盐水泥与清水配制而成，水泥浆液水灰比为 1 ~ 1.2，刚开始注浆水灰比选大值，即按着先稀后浓的原则配制水泥浆液。再按水泥用量的 1% 加入防水剂，以增大水泥浆的和易性和流动性。

柱底注浆施工的主要参数如表 7-4 所示。

施工主要参数　　　　　　　　　　　　　　　　　　　表 7-4

序号	项目		数量	单位
1	清水旋喷	喷射压力	20 ~ 26	MPa
		排量	75 ~ 90	L/min
		旋转速度	10 ~ 28	r/min
		提升速度	10 ~ 15	cm/min
2	旋喷注浆	喷射压力	23 ~ 26	MPa
		排量	60 ~ 75	L/min
		旋转速度	15 ~ 20	r/min
		提升速度	12 ~ 15	cm/min

将高压旋喷器放入其中 1 根预埋钢管中，反复高压清水旋转喷射清洗桩底。压入清水，利用水循环将废渣排出桩身，清洗至出水口的水由浊变清，再用高压水泥浆液在桩底进行高压喷射。喷浆时以孔口返浆浓度与进浆浓度基本一致，即可停止注浆。

四、局部区域地基处理

1. 增加抗沉降墩

对于直线设备楼的柱下独立基础，调整地基承载力特征值为 700kPa，要求从现有标高向下挖去至少 500mm，清除浮土后尽快用垫层混凝土封闭基槽底。基础尺寸扩大且于基础底设置抗沉降墩（图 7-27）。

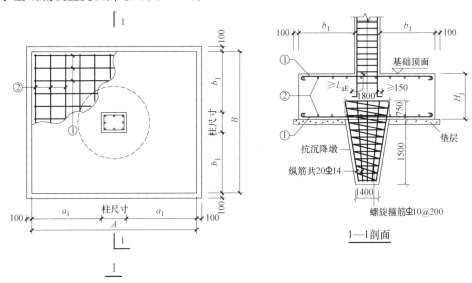

图 7-27　抗沉降墩

2. 基底破碎带的处理

对于个别基底区域出现的破碎带，采用如下的方法进行处理，确保基底整体性及承载力。

（1）隧道层直线段轴线 ZX-15 ～ ZX-23 范围内基底破碎带处理

隧道层直线段轴线 ZX-15-ZX-23 内基底破碎带处理范围如图 7-28 所示。在破碎带 1 和 2 上做钢筋混凝土板带跨越处理（图 7-29）。

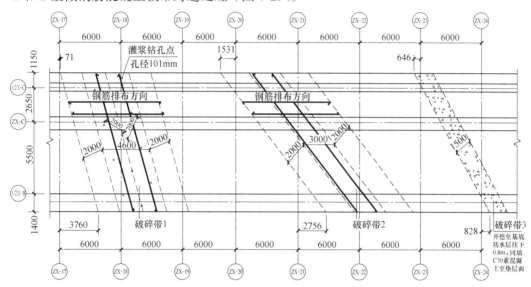

图 7-28　隧道层直线段基底破碎带处理范围平面图

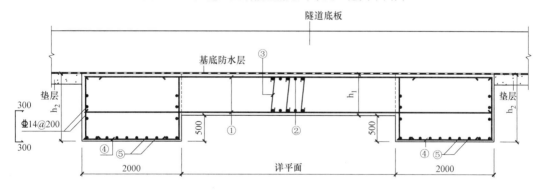

图 7-29　隧道层直线段基底破碎带处理剖面图

在破碎带上方跨越板带施工完成后，板顶上钻孔注浆，具体要求如下：①钻孔抽芯，孔径为 101mm，深度为钻到破碎带深度以下 0.5m；②成孔完成后以压力清水清孔，压力清水压力 0.5 ～ 1.0MPa，流量 40L/min，清孔至返回清水为止；③水泥浆液配置采用 42.5R 以上普通硅酸盐水泥，水灰比 0.5 ～ 1.0，采取先稀后稠的原则施灌；④高压灌浆，注浆压力 0.5 ～ 1.0MPa，待孔口返回纯水泥浆时即可终孔；⑤注浆结束后及时向孔内补充水泥浆液，直至液面不再下降为止。

破碎带 3 做换填处理。开挖至基底防水层往下 0.8m，回填 C30 素混凝土至垫层面。

（2）隧道层 LRBT 段范围内基底破碎带处理

隧道层 LRBT 段基底破碎带处理范围如图 7-30 所示。

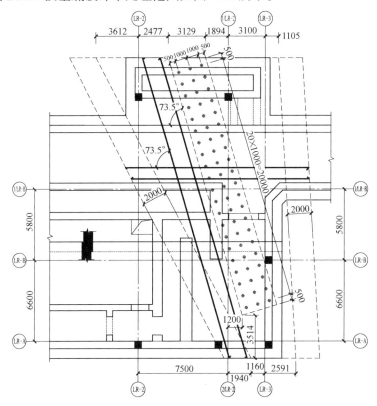

图 7-30　隧道 LRBT 段基底破碎带处理范围平面图

破碎带处理采用嵌岩微型注浆钢管桩，做法如下（图 7-31）：①采用的嵌岩微型注浆钢管桩桩长 15～29m，桩型为 GGJ2 钢管规格 $\phi168\times10mm$，钢管材料采用 Q235 号钢材；桩顶部做法分别如图 7-32 所示，要求桩端进入微风化岩内长度不少于 2000mm，单桩承载力设计值约 1200kN；②采用普通地质钻机成孔，成孔直径约 220mm，孔内灌注纯水泥浆，水泥强度等级为 425，水灰比不大于 0.5，要求桩身水泥立方体抗压强度不小于 25MPa，注浆压力不小于 0.3MPa；③水泥钢管底部加工 2 个"V"形缺口，并在下部 6m 长度范围内每间隔 1m 开 2 个对称 $\phi20$ 小孔，上下排小孔呈对称正交布置，钢管接长采用丝扣对接（图 7-33），且在接口外包 2 个与钢管同规格的半圆形钢箍套焊，以确保连接质量。

五、基底沉降控制效果

1. 基坑监测结果

中国科学院武汉岩土力学研究所为中国散裂中子源项目工程基坑的第三方监测单

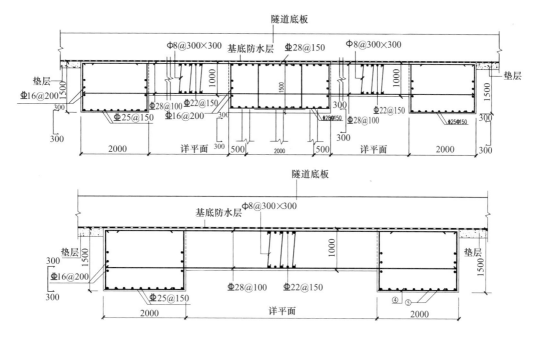

图 7-31　隧道层 LRBT 段基底破碎带处理剖面图

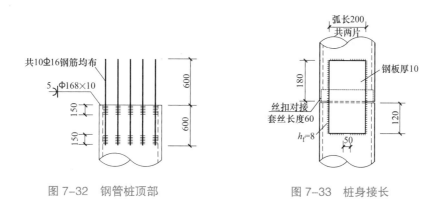

图 7-32　钢管桩顶部　　　　　　　　图 7-33　桩身接长

位，主要开展基坑支护结构顶部水平、垂直位移监测、深层水平位移监测及地下水位监测工作。基坑监测点布置如表 7-5 所示。

监测点布置　　　　　　　　　　　　　　　　　　　　　　表 7-5

测试内容	位置	编号	数量	合计
水平位移	RCS 设备区	S13-S23	11	24
	直线设备区	S1 ～ S9 S44-S47	13	
垂直位移	RCS 设备区	S13-S23	11	24
	直线设备区	S1 ～ S9 S44-S47	13	
深层水平位移	RCS 设备区	CX1 ～ CX20 CX33 ～ CX40	28	28

监测工作从 2012 年 7 月 28 日开始至 2013 年 1 月 17 日,共实施了 57 次监测任务,提交监测报告简报 57 期,预警报告 6 次。

（1）基坑支护结构顶部水平位移监测结果

直线设备区基坑水平位移监测点 X、Y 方向水平位移的监测结果如图 7-34、图 7-35 所示。可以看出,监测点的 X 方向最大累计变形为 52.7mm（监测点 S5）,在 8 月份因受钻机扰动,因而累计变形较大,后期整体变化较稳定;S44 点最大累计变形也高达 46.2mm,这两监测点处前期受到施工作业的影响,造成累计变形均较大,且超报警值 35mm,但后期变形相对较稳定。其余各点变化均比较小,累计变化量和 RCS 设备区监测点相比均较小。

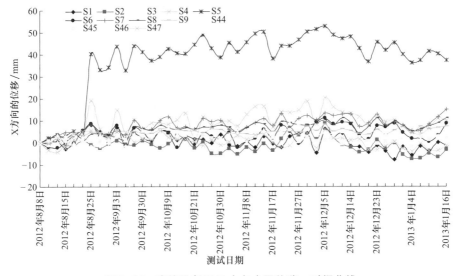

图 7-34　直线设备区 X 方向水平位移—时间曲线

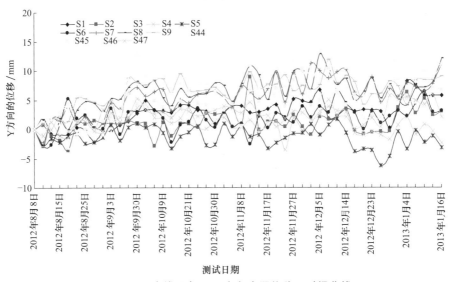

图 7-35　直线设备区 Y 方向水平位移—时间曲线

监测点绝对水平位移监测结果如图 7-36、图 7-37 所示 . 位于 RCS 设备区的各监测点的最大绝对位移为 72.1mm（监测点 S16），此外，S15 点最大绝对位移高达 56.1mm，S17 点最大绝对位移也高达 53.5mm。S20 点最大绝对位移达到 34.1mm，各监测点变化均较小。在直线设备区各监测点的最大绝对位移为 52.7mm（监测点 S5），S44 点绝对位移也高达 47.1mm，在后期观测过程中两个点变化均比较稳定，其余各点的最大绝对位移均小于 20mm。

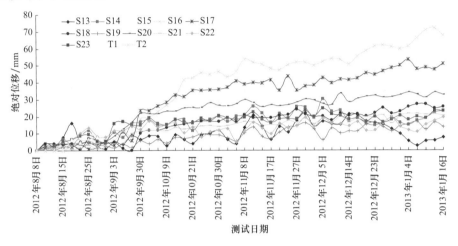

图 7-36　RCS 设备区绝对水平位移—时间曲线

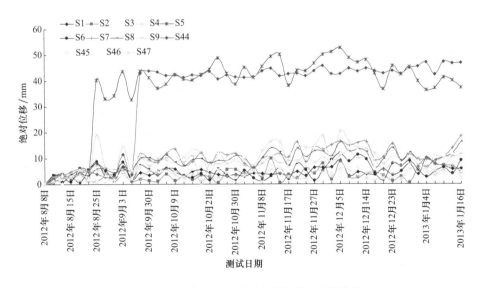

图 7-37　直线设备区绝对水平位移—时间曲线

（2）基坑支护结构顶部垂直位移监测

直线设备区累计变形较大，但后期监测结果显示变化不大，S5 变形波动较大，整体比较稳定。除此之外，其他各监测点的累计水平位移相对较小（图 7-38）。

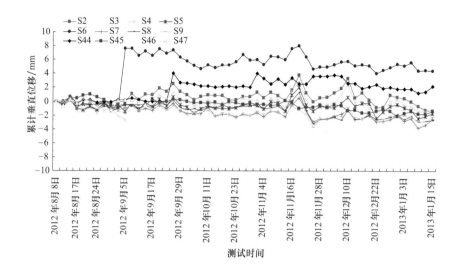

图 7-38　直线设备区垂直位移—时间曲线

RCS 设备区顶部垂直位移监测点 S15 ～ S18 最大累计沉降分别为 87.2mm、104.0mm、74.5mm、44.9mm。由于该区域为人工回填土，主要由粉质黏土组成，含少量 5 ～ 10mm 中风化岩块，欠固结，属高压缩性土。填土层之下为第四系坡积含砂粉质黏土，平均层厚 1.79m，主要由粉黏粒组成，含少量粗砂、砾石颗粒，局部为薄层耕土，平均含水量为 25.1%，天然孔隙比 e=0.692 ～ 0.752，平均值 e=0.725，土体较不密实，且基坑开挖深度大，雨季来临后土体含水量较高，在各种因素作用下土体产生固结沉降，导致变形较大（图 7-39）。

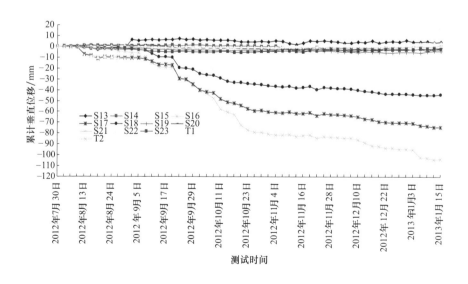

图 7-39　RCS 设备区垂直位移—时间曲线

（3）深层水平位移监测（测斜）

本监测期内进行了 28 个深层水平位移孔的观测工作，编号分别为 CX1～CX20、CX33～CX40，监测结果如图 7-40～图 7-43 所示。从图中可以看出，监测点 CX1～CX11、CX13、CX16、CX33～CX35、CX38～CX40 处的深层水平位移变化

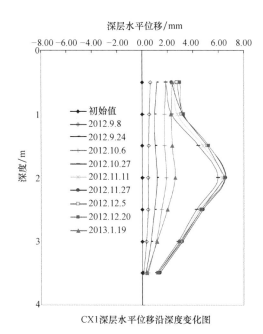

图 7-40　CX-1 孔深层水平位移曲线

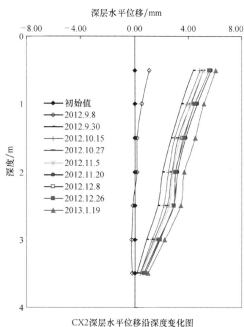

图 7-41　CX-2 孔深层水平位移曲线

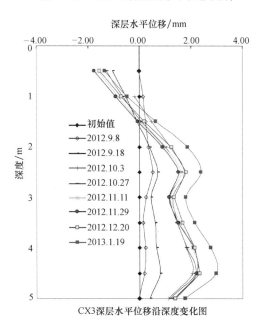

图 7-42　CX-3 孔深层水平位移曲线

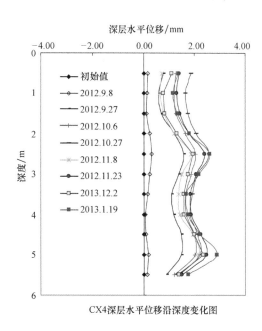

图 7-43　CX-4 孔深层水平位移曲线

较小，在整个基坑开挖阶段，均无较大的突变，变化比较稳定；CX12、CX15、CX17、CX18、CX19、CX20 累计变形较大，孔口累计水平位移分别为 41.75mm、103.03mm、33.72mm、20.93mm、15.58mm、28.75mm。其他测斜孔深层水平位移变形不大，处于较稳定状态。

（4）基坑地下水位监测

地下水位监测孔共 8 个，编号分别为 W1、W2、W3、W4、W6、W12、W13、W14，监测结果如下图 7-44 所示。由图可知，各水位孔水位总变化量均呈下降趋势，其中W3 水位累计下降最大，达 5.0837m；W13 累计下降 4.8925m。W1 和 W14 后期均为干孔。

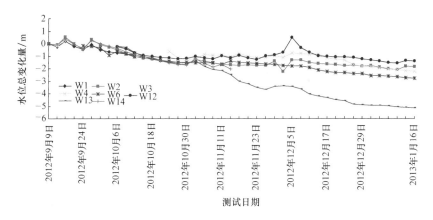

图 7-44　各水位孔水位总变化量随时间变化曲线

2. 地震监测

在距爆破区 30m 处，选择在坚硬的岩石上设置测振感应器，采用 TC-4850 测振仪进行监测、分析。一般爆破时，控制爆破地震波速小于 3.0cm/s；在缓冲保护层爆破时，控制爆破地震波速小于 1.5cm/s（图 7-45）。确保在爆破施工时，避免对基坑坑壁和基底岩层造成扰动。

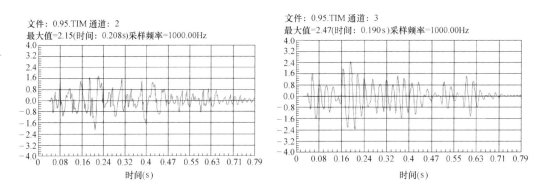

图 7-45　一般区域爆破测点振动记录波形图

由图 7-45 可知，本次测试的垂直向最大振动速度为 2.15cm/s，振动主频率约为 29.41Hz；水平向最大振动速度为 2.47cm/s，振动主频率约为 35.71Hz。这次振动测试结果小于振动安全允许值 3.0cm/s。

由图 7-46 可知，本次测试的垂直向最大振动速度为 0.313cm/s，振动主频率约为 23.81Hz；水平向最大振动速度为 0.142cm/s，振动主频率约为 45.46Hz。该次振动测试结果小于振动安全允许值 1.5cm/s。

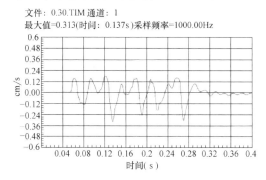
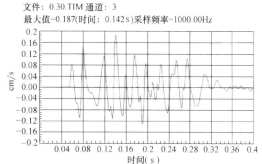

图 7-46　缓冲保护层爆破测点振动记录波形图

3. 桩基抽芯试验

通过抽芯检测（图 7-47），可见桩身混凝土为灰色，连续完整，断口拼好，粗细骨料均匀，胶结好，粗骨料为花岗岩碎石，碎石粒径 1 ~ 3cm，棱角关，细骨料为中粗砂，混凝土柱面光滑，混凝土芯呈长柱状。取上、中、下部的芯试样 4 组，测得其饱和抗压强度代表值均满足设计强度要求。桩底无沉渣，为未风化花岗岩，一般为青灰色，岩质新鲜、坚硬，岩芯呈柱状、短柱状。

4. 地基载荷试验

东莞市建设工程检测中心按广东省标准《建筑地基基础检测规范》DBJ 15—60—2008 中有关规定对工程基坑基底进行检测试验。试验采用压重平台反力装置（图 7-48）作为荷载反力，使用油压千斤顶分级加载。方形承压板面积 0.5m²，在压板两个方向对称安装 2 ~ 4 个精度为 0.01mm 的位移传感器，按规定时间测定沉降量。

图 7-47　桩基抽芯检测芯样　　　　　图 7-48　岩基承载力试验

从图 7-49 可以看出，试验加载到 2500kN 时，总沉降量为 4.67mm，沉降量小，且 $Q \sim s$ 曲线平缓，$s \sim \lg t$ 曲线呈平缓规则排列，承压板周围的土无明显地侧向挤出。综合分析，该检测点承载力特征值 f_{ak}=2500kPa。

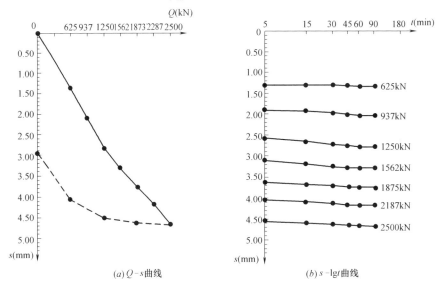

图 7-49　Q–s 曲线与 s–lgt 曲线

第五节　主要创新

本关键技术的创新性主要体现在以下几方面：

（1）研发了新型深井结构防水、防干涉隔离技术。独创性地采用三钢筒结构解决了地下狭窄空间作业及微小空间防水难题，实现了周边无干扰隔离，为射线装置的精准定位提供了可靠的控制基准网。准直桩和钢套筒间通过聚合物防水砂浆、遇水膨胀止水条等多种防水材料的综合应用，保证了两者间的防水性能。

（2）准直桩顶预埋件采用分步安装工艺，先固定锚筋，浇筑混凝土至预埋件底下150mm 处，再安装预埋件，最后注浆至预埋件底，实现了预埋件的高精度预埋。

（3）根据基坑多边界的特点，在不同的位置分别采用小药量光面爆破、浅孔台阶爆破、机械劈裂施工法、"考古式"清底法等方法，避免基底的扰动。对于冲孔灌注桩处理的区域，采用正反循环组合清孔法结合桩底注浆法，清除了桩底沉渣，为基底"零沉降"提供保证。基底遇破碎带时，采用钢筋混凝土板带跨越和钻孔注浆加固、微型钢管桩加固以及混凝土换填处理等方法，保证了基底承载力。

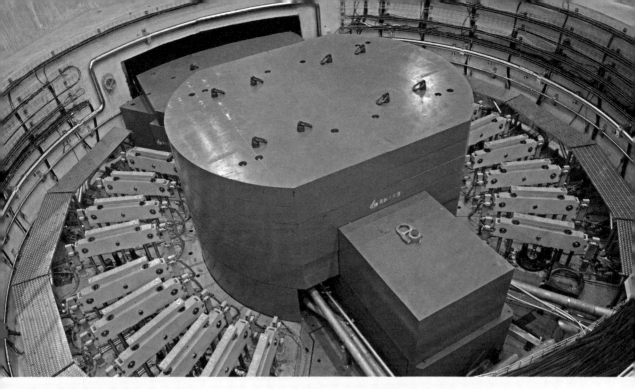

第八章

创新性成果及效益

第一节 主要创新性成果

一、主要成果

依托中国散裂中子源项目研发了以下具有创新性的关键技术：

（1）通过系统的原材料优选和配合比设计试验，研制出一种密度达 3600kg/m³ 以上，混凝土内保留结晶水达 110kg/m³ 以上的防中子辐射重质混凝土，满足防辐射、抗渗漏、低收缩、高密度、高均匀性等特殊要求。进行了重质混凝土的生产工艺和现场的预捣件的模拟施工试验研究，形成了防中子辐射重质混凝土的拌和技术和运输技术、密实度及防止重骨料下沉保障技术、大型屏蔽厚壁筒体防径向收缩裂缝分块分缝技术、长高厚墙的高精度施工技术、大型基板二次灌浆技术、细部结构浇筑技术、温控及养护技术和异型预制盖板的高精度制作技术等系列技术，为防中子辐射重质混凝土运用于中国散裂中子源的靶站靶心、热室及延迟罐等核心部位的中子辐射屏蔽体提供了保障。

（2）优化钢屏蔽铁的安装顺序和安装工艺，在屏蔽铁隧道中间凸块混凝土设置用于拉结屏蔽铁块的钢筋架，隧道中部设置钢支架控制屏蔽铁块的标高和垂直度，实现了 24m 屏蔽铁隧道的高精度安装；屏蔽铁盒利用分层分块错缝搭接工艺，保证了 70 余块钢板拼装而成的重超 400t 钢屏蔽体的高精度安装，铁板缝隙填塞铁粉充实，解决了屏蔽铁盒无法一次成型、气体和射线直接外泄等难题；隧道顶板内预埋设二次结构钢筋接口和止水钢，解决了切割已完成隧道顶板吊离屏蔽铁盒后二次结构封闭和防水难题。优化屏蔽铁外包混凝土结构的模板系统，保证了屏蔽铁块与四周墙体、顶板狭窄均匀的热效空间；通过限制偏差、预组装、联测、三维测量、预调低标高、等高模板、插入钢板微调等技术措施，实现了模板系统高精度定位；应用墙体自防水、外包镀锌薄钢板包衬、浇筑钢筋混凝土保护层、铺设聚合物防水卷材等多道防水防辐射工艺，实现了涉放结构隔离地下水。优化热室不锈钢壳体的工厂散拼工艺和流程，保证了近百根管线的精确定位放线、开孔和热室壳体各面的垂直精度；通过设置壳体的内部临时支撑和热室底部的可调节装置，现场实时监控和调控，实现了大型热室壳体的精确安装。

（3）研制了靶站大型基板安装的高精度定型钢套架和密封筒预埋群锚的高精度锚杆定型套架，利用预埋螺杆辅助安装大型基板，多重定位技术控制长锚杆的定位，实现了大型基板和密封筒的高精度安装。利用 BIM 技术进行桥架和综合管线的碰撞检测和调整，设计满足管线线型复杂多样要求的各种异形桥架和侧墙悬臂式综合支架，提高了密闭狭窄空间内密集管线的安装效率。利用施工现场废料制作可调整的内外管隔离支架，优化施工流程和工艺，实现了施工现场双层发泡管的高精度制作。

（4）研发了新型的内外缝式双缝诱导缝，根据 U 形钢和弧形板形状尺寸分别开发制作压制成型模具，采取工厂内整体试拼装、分上、下节运输和现场安装、设置上下节定位装置、安装定位架等措施，实现了型钢诱导缝的高质量安装；采用了压型钢板和外浇混凝土墙构成的新型防水、防辐射组合结构以及水泥基渗透结晶型防水和聚氨酯防水涂料相结合的防水工艺，保证了隧道混凝土结构的防辐射、结构伸缩及防水的功能。采用轴向竖向引测、极坐标法和圆弧等分放线法控制弧形模板精度；室内回填砂滑槽运输、分区流水回填，保证回填质量；通过试验研制了防辐射、抗渗漏、低收缩、高密度的纤维混凝土，合理设置后浇带，迷宫墙由里向外，分区域分工序阵列式向外扩散施工，解决了涉放大体积混凝土地下复杂结构防裂、防水和防辐射难题。

（5）研发了适用于准直桩的新型深井结构防水、防干涉隔离技术和桩顶预埋件高精度预埋技术，保障了涉放结构的沉降测量和设备安装精度。根据基坑多边界的特点，在不同的位置分别采用小药量光面爆破、浅孔台阶爆破、机械劈裂施工法、"考古式"清底法等方法，避免基底的扰动；采用钢筋混凝土板带跨越和钻孔注浆加固、微型钢管桩加固以及混凝土换填处理等方法，保证了遇破碎带基底承载力。

二、创新性技术和国内外同类技术的比较

以中国散裂中子源项目一期工程的施工为研究对象，形成了"中国散裂中子源工程建造关键技术研究"，技术通过了广东省科学技术情报研究所的国内外查新。该技术是一项散裂中子源大科学装置的综合性创新施工技术，创新内容涉及多个重要工序，主要包括以下5项创新技术内容：①防中子辐射重质混凝土的研制及施工；②防辐射屏蔽结构高精度施工关键技术；③设备底座和管线高精度安装关键技术；④涉放大体积混凝土地下复杂结构施工关键技术；⑤高标准基底沉降控制技术。技术涉及防中子辐射大科学装置的多个重要工序，促进了基建工程及整个行业施工精度和施工质量的提高，多个分项技术作为首创技术，填补了国内脉冲中子应用领域建造技术的空白，打破了国外的技术垄断，使我国在防中子辐射大科学装置建造领域实现了重大跨越，技术和综合性能进入国际同类装置先进行列。

本创新性技术获授权发明专利14项："一种防中子辐射的低水化热重晶石混凝土 ZL201410796644.6""一种防中子辐射重晶石低水化热混凝土施工方法 ZL201510042778.3""一种防中子辐射涉放风管 ZL201410729070.0""一种防中子辐射涉放风管组件的组装方法 ZL201410729047.1""一种靶心基板和密封筒底座高精度安装方法 ZL201510177294.X""一种基板底层混凝土浇筑方法 ZL201510177271.9""一种质子束流加速器预埋基板高精度安装技术 ZL201510037724.8""一种超大型的防辐射屏蔽结构 ZL201510033612.5""一种大型高精度防辐射隧道屏蔽铁结构的施工方法 ZL201510410780.1""一种超厚墙体内置钢板防水抗辐射施工方法 ZL201510027320.0""一种靶站密封筒锚杆精确安装方法 ZL201510177253.0""一种质

子废束站施工技术 ZL201510027258.5""一种移动型屏蔽铁盒穿越隧道顶板施工方法 ZL201510004280.8""一种移动型屏蔽铁盒 ZL201410730411.6";获授权发明专利 14 件、省级工法 14 项、广东省土木建筑学会科学技术奖一等奖 6 项、广东省建筑业协会科学技术奖一等奖 4 项,发表论文 9 篇,获 2018—2019 年度中国建设工程鲁班奖(国家优质工程)、第十七届中国土木工程詹天佑奖、2018—2019 年度国家优质投资项目。

目前国际上只有英国、美国、日本和本项目 4 个散裂中子源装置。英国和美国中子源装置位于地上,日本中子源装置位于半地下,本项目位于地下 28m,施工难度更大。目前国内运行的所有射线加速器装置(北京正负电子对撞机、上海同步辐射光源等),运行的都是电子或正电子,只有中子源运行的是质子,而质子束流运行时的辐射计量要远远大于电子束流、对环境污染风险更大、辐射屏蔽要求更高。技术指标对比如表 8-1。

本创新性技术和国内外同类技术的比较表 表 8-1

关键技术		同类技术	比较
防中子辐射重质混凝土的研制及施工关键技术		中子穿透力极强,防辐射难度远高于核、X 射线、电子等,国内无防中子辐射实例	国内外尚无密度 ≥ 3600kg/m³、混凝土内保留结晶水 ≥ 110kg/m³ 的防中子辐射重质混凝土及施工技术,本技术为首创技术
防辐射屏蔽结构高精度施工关键技术	大型防辐射隧道屏蔽铁结构安装技术	国外中子源先浇筑混凝土墙体,再安装屏蔽铁,对屏蔽铁本身精度要求极高	本项目先安装屏蔽铁,再浇筑混凝土墙体。在成形后的隧道同等精度要求的条件下,对屏蔽铁本身精度要求相对低,节约成本
	废束站屏蔽体建造技术	英美两国的中子源废束站位于山顶,无地下水困扰	本项目废束站位于地下,需解决废束站防水和避免废束站外围地下水活化的技术难题
	内置可移动型屏蔽铁盒的废束站综合施工技术	国外三大中子源的废束站均为固定型,未见移动型	本废束站满足屏蔽性能,屏蔽铁盒可吊离性能及高精度定位要求,技术为首创技术
	屏蔽薄钢壳高精度施工技术	本项目热室是亚洲最大的热室	在相同精度要求的情况下,体积越大,施工难度越高
设备底座和管线高精度安装关键技术	靶站大型基板安装技术	未查到国内外相同的技术	国内外均未见关于承重 1500t 大型基板安装的文献报道,本技术为首创技术
	密封筒群锚预埋及安装施工技术	美国中子源锚杆精度要求:位置度公差 φ20mm,垂直度 2/1000	我国中子源的精度要求:位置度公差 φ10mm,垂直度 2/1000,精度要求更高,施工技术更先进
	质子束流加速器预埋基板高精度施工技术	国外中子源预埋基板水平度及绝对高程及相邻两块预埋钢板绝对高程误差不超过 2mm,整体预埋板高程累积误差不超过 5mm	我国预埋基板水平度及绝对高程及相邻两块预埋钢板绝对高程误差不超过 1mm,整体预埋板高程累积误差不超过 3mm。精度要求更高,施工技术更先进
	新型双层发泡涉放风管施工技术	未查到国内外相同的技术	国内未见关于此种防中子辐射涉放风管及其施工方法的文献报道,本技术为国内首创技术

续表

	关键技术	同类技术	比较
涉放大体积混凝土地下复杂结构施工关键技术	反角中子隧道群型钢诱导缝施工关键技术	未查到国内外相同的技术	国内首创双框式防辐射防水可变形钢结构诱导缝
	新型复合隧道及波导口竖井防水和抗辐射综合施工技术	未查到国内外相同的技术	未见关于防水防辐射的超长隧道施工技术、多达19种截面形状的不规则波导口竖井的施工技术及防水方法的文献报道
	抗辐射混凝土的新型防水施工技术	英美中子源隧道无地下水困扰	未见关于采用水泥基渗透结晶型防水和聚氨酯防水涂料相结合的防水工艺的文献报道，本技术为国内首创技术
	环形加速隧道（RCS）圆形迷宫结构施工技术	未查到国内外相同的技术	未见向心圆环形阵列弧形墙施工技术与多级放坡大跨度滑槽回填砂施工技术
高标准基底沉降控制技术	沉降测量精度保障技术	未查阅到国外中子源的准直桩结构图纸，但了解到英美中子源准直桩无地下水困扰	我国中子源准直桩有地下水困扰，施工时，需考虑防水难题
	高标准基底沉降控制技术	国外三大中子源地质基础相对均匀单一	我国中子源地质基础多变，施工时，需采用多种施工技术处理，工艺更复杂

第二节　主要经济效益和社会效益

一、经济效益

中国科学院院士、中国散裂中子源工程指挥部总指挥陈和生在接受《南方都市报》记者采访时表示："美国散裂中子源用了14亿美元，日本散裂中子源用了18亿美元，我们用18亿人民币建成了先进的散裂中子源，是我国单项投资规模最大的科学工程。它有一系列创新的思想，设备国产化率超过90%，它的主要性能超过英国的散裂中子源"。

作为一台体积庞大的"超级显微镜"，散裂中子源是中国为全人类研究物质微观结构贡献的"国之重器"！散裂中子源的建设是国家是迎接新科技革命挑战，抢占未来经济、科技产业发展制高点、培育战略性新兴产业的需要，它不但会对我国工业技术、国防技术的发展起到有力的促进作用，也必将带动和提升众多相关产业的技术进步，产生巨大的经济效益。

二、社会效益

本项目的研究成果涉及防中子辐射大科学装置的多个重要工序，促进了基建工程及整个行业施工精度和施工质量的提高。多个分项技术为首创技术，填补了国内脉冲中子应用领域建造技术的空白，打破了国外的技术垄断，使我国在防中子辐射大科学装置建造领域实现了重大跨越，技术和综合性能进入国际同类装置先进行列。

技术成功应用于中国散裂中子源工程，经中国科学院高能物理所辐射防护组验算，满足防辐射精度要求，使得后面的精密工艺设备安装一次到位。国家验收委员会评价，中子源高质量完成全部建设任务，国内外科技界对装置建设给予高度评价，见图8-1。2017年8月，中国散裂中子源首次打靶即捕获中子。2019年2月，本装置完成首轮运行，取得涵盖物理学、纳米科学、生命科学、化学、材料科学、环境科学和医药学等众学科领域的多项重要成果。2020年初，装置打靶功率提前达到设计指标100kW，并在该功率下稳定运行。

图8-1　国内外科技界对装置建设给予高度评价

施工过程多个行业单位、国内外科技界专家、学者到现场参观交流学习，中央电视台、广东电视台等多家权威媒体多次进行报道，见图8-2。业主单位发来多封感谢信，工程施工受到各参建单位的一致好评！

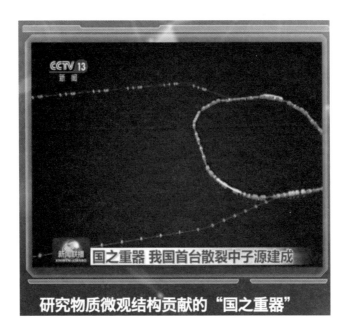

图 8-2　媒体报道

第三节　展望

《国家重大科技基础设施建设中长期规划（2012—2030 年）》中指出：新中国成立特别是改革开放以来，国家不断加大投入，我国重大科技基础设施规模持续增长，覆盖领域不断拓展，技术水平明显提升，综合效益日益显现。"十一五"时期，启动建设重大科技基础设施 12 项，验收设施 10 项，2013 年在建和运行设施总量达到 32 项。设施的建设和运行为科学前沿探索和国家重大科技任务开展提供了重要支撑，推动我国粒子物理、核物理、生命科学等领域部分前沿方向的科研水平进入国际先进行列。依托设施解决了一批关乎国计民生和国家安全的重大科技问题，在载人航天、资源勘探、防灾减灾和生物多样性保护等方面发挥着不可替代的作用。"十二五"期末要实现以下目标：投入运行和在建的重大科技基础设施总量接近 50 个，重大科技基础设施总体技术水平基本进入国际先进行列，物质科学、核聚变、天文等领域的部分设施达到国际领先水平，初步建成若干在国际上有一定影响的重大科技基础设施集群，重大科技基础设施体系初具轮廓。

在国家扩大重大科技基础设施建设规模和覆盖领域，抢占未来科技发展制高点的新形势下，本项目的研究成果对我国后续的散裂中子源和类似具有复杂结构防水、防辐射、高精度要求的工程建设项目具有极高的借鉴意义。

参 考 文 献

[1] 段谨源，张华等．高分子材料在中子辐射防护中的应用 [J]. 天津纺织工学院学报，1989，3：53-57.

[2] 李星红．辐射防护基础 [M]. 北京：原子能出版社，1982.

[3] Nunomiva T，Nakao N，et al. Measurement of deep penetration of neutrons produced by 800-MeV proton beam through concrete and iron at ISIS[J].Nuclaear Instruments and Methods in Physics Research，2001，B（179）：89-102.

[4] 伍崇明,丁德馨，等．高密度混凝土辐射屏蔽试验研究与应用 [J]. 原子能科学技术,2008 ,42（10）：956-960.

[5] Ueka K，Ohashi A. Evaluation of neutron shielding enhancement effect due to structural material[J]. Radiation Physics Chemistry，1998，51（4-6）：685-687.

[6] El-Khayatt A M，Abdo E S. MERCSF-N. A program for the calculation of fast neutron removal cross sections in composite shields [J]. Annals Of Nuclear Energy，2009，36：832-836.

[7] Makarious A S，Megahid R M，et al. Attenuation of reactor thermal neurons in a bulk shield of ordinary concrete [J]. Annals of Nuclear Energy，1981，8（2）：79-85.

[8] Makarious A S，Megahid R M，et al. Secondary γ dose distributions in light and heavy weight concrete shields[J].The International Journal of Applied Radiation and Isotopes，1982，33（7）：569-573.

[9] Bashter I I，Makarious A S，et al. Investigation of hematite-serpentine and ilmenite-limonite concretes for reactor radiation shielding [J]. Annals of Nuclear Energy，1996，23（1）65-71.

[10] Bashter I I，Abdo A E，et al. A comparative of the attenuation of reactor thermal neutrons in different types of concrete [J].Annals Of Nuclear Energy，1996，23（14）：1189-1195.

[11] Kharita M H，Takeyeddin M，et al. Development of special radiation shielding concretes using natural local materials and evaluation of their shielding characteristics[J].Progress in Nuclear Energy，2008，50：33-36.

[12] Kharita M H，Yousef S，et al. The effect of carbon powder addition on the properties of hematite radiation shielding concrete[J].Progress in Nuclear Energy，2009，51：388-392.

[13] Kharita M H，Yousef S，et al. The effect of the initial water to cement ratio on shielding properties of ordinary concrete [J].Progress in Nuclear Energy，2010，52：491-493.

[14] Kharita M H，Yousef S，et al. The effect of carbon powder addition on the properties of hematite radiation shielding concrete[J].Progress in Nuclear Energy，2009，51：388-392.

[15] 刘群贤. 补偿收缩重混凝土在核电站乏燃料后处理工程中的应用 [J]. 核工程研究与设计，2004，48：37-40.

[16] 刘霞，赵西宽，等. 防辐射混凝土的试验研究 [J]. 商品混凝土，2006（1）：25-26.

[17] 曾志献. 大体积防中子辐射特种混凝土墙体结构施工技术 [J]. 建筑技术，2003，34（7）：515-516.

[18] 除鹏雄. 防辐射重晶石大体积混凝土的施工 [J]. 西部探矿工程 .2006，2：192-193.

[19] 刘霞，赵西宽，等. 重晶石防辐射混凝土的试验研究 [J]. 混凝土 .2006，7：24-25.

[20] 吴文贵，顾青霞，等. 重晶石混凝土施工及质量控制 [J]. 混凝土 .2006，7：36-38.

[21] Atsuhiko M，Satoshi S，et al. Irradiation and penetration tests of boron-doped low activation concrete using 2.45 and 14 MeV neutron sources[J].Journal of Nuclear Materials，2004：1619-1623.

[22] 王萍，王福川. 防辐射混凝土的试验研究 [J]. 建筑材料学报，2000，3（2）：182-186.

[23] Turgay K，Adem U，et al. Neutron dose transmission measurements for several new concrete samples including colemanite [J]. Annals of Nuclear Energy 2010.37：996-998.

[24] 向友进,邓定继,邓承飞. 重晶石混凝土的生产组织、施工与控制技术 [J]. 混凝土世界,2011（10）：61-64.

[25] 高育欣，吴海泳，林喜华，等. 重晶石防辐射泵送混凝土的试验研究与工程应用 [J]. 混凝土，2011（10）：90-92.

[26] 刘霞，赵西宽，李继忠，等. 重晶石防辐射混凝土的试验研究 [J]. 混凝土，2006（7）：24-25.

[27] 刘小军，龚振斌. 岭澳核电站重晶石混凝土配制与施工 [J]. 江苏建筑，2005（1）：49-50.

[28] 杨刚，王幼琴，金强，等. 一种钢渣防辐射混凝土及其制备方法：，CN101805156A[P]. 2010.

[29] 黄健，麦国文、冯亦文、吴勇、蓝志强、梁文雄、单国威、钟生、刘柄扬、彭永秋. 一种基板底层混凝土浇筑：广东，CN104831731A[P]. 2015-08-12.

[30] 袁斌、冯亦文、李宏亮、黄俊锐、黄少鹏、李强、罗伟杭、刘热强、吴子超、耿凌鹏. 一种靶心基板和密封筒底座高精度安装方法：广东，CN104831745A[P]. 2015-08-12.

[31] Perry C. Monroe. Pump base plate installation and grouting [C].//12th Turbomachinery Laboratory Pump Symposium. v.12.：2471-2479.

[32] Lee N H，Kim K S，Chang J B，et al. Tensile-headed anchors with large diameter and deep embedment in concrete [J]. ACI structural journal，2007，104（4）：479.

[33] 张玉山. 预制涵洞混凝土盖板的施工工艺 [J]. 河南水利与南水北调，2010，6：61-61.

[34] 杨医博，蔡铉烨，等. 一种角钢优化的超高性能混凝土盖板. 广东，CN204645396U[P] 2015-09-16.

[35] 张岩，李文东，等 .1 限位加固混凝土预制盖板. 黑龙江，CN201125394[P]. 2008-10-01.

[36] 彭向阳．一种预制混凝土管线护沟及盖板．广东，CN201188529[P]. 2009-01-28.

[37] 王术亮，高锋，等．一种预制钢筋混凝土检查井盖板装置．天津，CN203924126U[P].2014-11-05.

[38] 吴小平．变电站电缆沟壁预埋铁件施工方法 [J]．建筑工人，2009，11：34.

[39] 岳世琦．屏蔽类厚大铸铁件铸造工艺的选择与研究 [J]．机械研究与应用，2002，3：20-22.

[40] 周雄锋，邹树梁，唐德文，谢宇鹏，袁联雄．Fe-W 合金屏蔽件的铸造数值模拟分析 [J]．铸造技术，2016，8：1663-1668.

[41] 杨雷，等．一种自动密闭门结构．江苏，CN102808542A[P]. 2012-12-05.

[42] 黄健，吴勇，谢明鸣，程艺，黄耀飞，潘伟根，李昕睿．一种移动型屏蔽铁盒：广东，CN104517661A[P].2015-04-15

[43] Brinksmeier E，Mutlugünes Y，Klocke F，et al. Ultra-precision grinding[J]. CIRP Annals-Manufacturing Technology，2010，59（2）：652-671.

[44] 黄健，麦国文，袁斌，陈健平，谭强，何成勇，程艺，傅韬，王鹏，潘伟根．一种质子废束站施工技术：广东，CN104658625A[P]. 2015-05-27

[45] 颜良．某中子源项目主装置区隧道防辐射诱导缝施工技术 [J]．广东土木与建筑，2013，20（9）：33-35.

[46] 白才仁，杨文军，吴俊平，干川川．防辐射诱导缝结构：上海，CN203256811U[P]. 2013-10-30

[47] Chen W，Brockman R，Castro-Krawiec R. Design and Construction Of Tunnels For the Spallation Neutron Source Project[C]// Structures Congress. 2004：1-10.

[48] Chen Y，Zhang L，Chen J，et al. Cracking similarity simulation of induced joints and its application in model test of a RCC arch dam[J]. Ksce Journal of Civil Engineering，2011，15（2）：327-335.

[49] 潘继军，马路远，王沪强，罗锡军，周均俐．一种用于核工程热室壳体制造的立体直角成型模具．四川，CN205200337U[P].2016-05-04.

[50] 耿振龙，王红伟．大型薄壁不锈钢箱体的焊接工艺 [J]．科技信息，2014，（13）：73+108.

[51] 蒋章发，宋智辉，徐莉，杨桂容．大型不锈钢箱体的焊接工艺设计 [J]．金属加工（热加工），2009，（14）：55-56.

[52] Cheng X. Installation Technology of Large-span Single-layer Space Curved Steel Shell Structure[J]. Industrial Construction，2013，43（5）：1-4.

[53] Xue C. The Weld Technology of Box-Section Column[J]. Steel Construction，2010.

[54] Bao G J，Zeng Q，Chen B Q. Site Welding Technology of Complicated Spatial Steel Structure[J]. Construction Technology，2005.

[55] 黄健，麦国文，冯亦文，吴勇，蓝志强，梁文雄，单国威，钟生，刘柄扬，彭永秋．一种基板底层混凝土浇筑：广东，CN104831731A[P]. 2015-08-12

[56] 袁斌，冯亦文，李宏亮，黄俊锐，黄少鹏，李强，罗伟杭，刘热强，吴子超，耿凌鹏．一种靶心基板和密封筒底座高精度安装方法：广东，CN104831745A[P]. 2015-08-12

[57]　Perry C. Monroe. Pump base plate installation and grouting [C].//12th Turbomachinery Laboratory Pump Symposium. v.12.：2471-2479.

[58]　Lee N H，Kim K S，Chang J B，et al. Tensile-headed anchors with large diameter and deep embedment in concrete [J]. ACI structural journal，2007，104（4）：479.

[59]　崔丽 . 预应力钢铰线群锚（VLM、QM、OVM）体系的施工技术与操作方法 [J]. 北方交通，2002，25（2）：28-31.

[60]　贾敬峰 . 矩阵式群锚地脚螺栓预埋安装施工技术 [J]. 山西建筑，2015（17）：66-68.

[61]　郭小华，惠云玲，幸坤涛，弓俊青，等 . 一种复杂群锚的安装方法：北京 .CN 101761138A[P]. 2010-06-30.

[62]　Węglorz M. Influence of Headed Anchor Group Layout on Concrete Failure in Tension[J]. Procedia Engineering，2017，193：242-249.

[63]　Liu Y L，Jiang T Z，Huan J H，et al. Experimental Study on Tension Performance of Anchor Group[J]. Advanced Materials Research，2014，912-914（4）：383–396.

[64]　Mahrenholtz P，Eligehausen R. Behavior of anchor groups installed in cracked concrete under simulated seismic actions[C]// Conference on Fracture Mechanics of Concrete Structures. 2010.

[65]　Jin-Luan H U，Chen C F. Displacement of anchor groups with consideration of reinforcement effects[J]. Journal of Railway Science & Engineering，2010.

[66]　何汛，吴国旗，任晓崧 . 土木试验室高精度预埋钢板施工工艺 [J]. 建筑技术，2015，46（10）：894-897.

[67]　李阳，赵瑞文，王湘华，毛明林，瞿国丽，耿开亮，杨龙腾，李伟，简伟，张亚磊，何寿海，姜晓明 . 一种洞桩法钢管柱台座预埋板及其施工方法 . 四川：CN103967038A[P]. 2014-08-06.

[68]　所明义，刘金平，刘欢，杨灵武 . 一种大尺寸预埋板高精度埋设方法 . 湖北：CN105442855A[P]. 2016-03-30.

[69]　和孙文，李国瑞，和丽钢，刘芳明，何毅，黄志直，叶华新，刘伟，王志崇，陈玉林，陆兴长，熊富有，刘军杰，黄远彬，孔得宽，向劲宇，李成伟，余江 . 一种调整钢板预埋件达到设计施工精度的施工方法 . 云南：CN105350654A [P]. 2016-02-24.

[70]　吴占超，丁立家，马军，罗国富 . 电缆桥架自适应变型设计研究及应用 [J]. 制造业自动化，2013，35（4）：110-113.

[71]　舒立，陈静平 . 三维软件在电缆桥架设计中的应用 [J]. 湖南电力，2010，30（6）：34-35+62.

[72]　周家明，刘建彬 . 电缆桥架系统在电缆廊道中的应用 [J]. 水力发电，2002，（6）：50-51.

[73]　张元平 . 电缆桥架在石油化工装置中的应用 [J]. 石油化工设计，2002，（4）：49-52.

[74]　卢庆新 . 电缆桥架在建筑智能化系统工程中的应用 [J]. 智能建筑与城市信息，2006，（9）：62-65.

[75]　王小乐 . 电缆桥架异形支架：浙江，CN200956508[P]. 2007-10-03.

[76] 张旭. 一种电缆桥架 E 型异形支架: 安徽, CN201787204U[P]. 2011-04-06.

[77] 张效刚. 一种新型不锈钢碳钢复合管道: 安徽, CN202708349U[P]. 2013-01-30.

[78] 赵锦永, 叶丙义. 一种双层合金钢管的成型方法: 河北, CN104668305A[P]. 2015-06-03.

[79] 韦再生, 梁启山, 李有胜. 钢基双层复合管道: 上海, CN201964048U[P]. 2011-09-07.

[80] 耿凌鹏, 袁斌, 黄耀飞, 莫承礼, 单国威. 一种防中子辐射涉放风管: 广东, CN104455775A[P]. 2015-03-25.

[81] 耿凌鹏, 袁斌, 黄耀飞, 冯亦文, 付梦求, 黄秋筠. 一种防中子辐射涉放风管组件的组装方法: 广东, CN104633302A[P]. 2015-05-20.

[82] 冯金荣, 何以芹. 超厚筏板基础大体积混凝土施工技术 [J]. 建设科技, 2014, （5）: 98-99.

[83] 朱本涛, 王怀雷, 黄荣欣. 超厚基础筏板大体积混凝土浇筑技术 [J]. 上海建设科技, 2016, （1）: 32-34.

[84] 操丰, 王建军, 丁有元. 核电站水池不锈钢覆面泄漏检测及其焊接修复技术 [J]. 机械制造文摘（焊接分册）, 2010, （5）: 5-10.

[85] 葛超. 筏基大体积混凝土温度裂缝控制的研究 [D]. 沈阳建筑大学, 2012.

[86] Chen W P, Brockman R, Castro-Krawiec R. Design and Construction Of Tunnels For the Spallation Neutron Source Project[C]// Structures Congress. 2004: 1-10.

[87] Matsuura T, Ushiroda K, Makita T, et al. Construction method of nuclear reactor reinforced concrete containment vessel and diaphragm floor structure of nuclear reactor reinforced concrete containment vessel: US, US5748690[P]. 1998.

[88] Tang J. Comprehensive Application and Construction Technology for Underground Waterproofing of Qinshan Phase II Nuclear Power Station Project[J]. Architecture Technology, 1999.

[89] Ghafari N. Corrosion control in underground concrete structures using double waterproofing shield system（DWS）[J]. International Journal of Mining Science and Technology（矿业科学技术学报）, 2013, 23（4）: 603-611.

[90] Yang S, Yuan D, Sun X, et al. Research on Self-compacting Concrete Pouring Method in Large Module of Nuclear Power Project[J]. Construction Technology, 2013.

[91] 颜良. 某中子源项目主装置区隧道防辐射诱导缝施工技术 [J]. 广东土木与建筑, 2013, 20（9）: 33-35.

[92] 白才仁, 杨文军, 吴俊平, 干川川. 防辐射诱导缝结构: 上海, CN203256811U[P]. 2013-10-30

[93] 曹建. 大体积混凝土分块跳仓浇筑的施工方法 [J]. 铁道建筑, 2006（2）: 77-78.

[94] 晏伟. 超长大体积混凝土箱型基础无缝施工的分块跳仓浇筑技术 [J]. 安徽建筑, 2009, 16（3）: 59-61+83.

[95] 汲庆玉, 夏恩磊. 跳仓施工法在大体积钢筋混凝土地下室工程中的应用 [J]. 青岛理工大学学报, 2014, 35（6）: 45-48.

[96] 刘悦.大体积混凝土分块跳仓浇筑温控抗裂施工技术 [J].建筑与预算，2013（3）：29-30.

[97] 张庆芳.大体积混凝土基础"分块跳仓、抗放结合"的施工方法 [J].四川建筑科学研究，2012，38（1）：146-148.

[98] 陈晓明，等.竖井施工方法.上海，CN107034893A[P].2017-08-11

[99] 张先锋，等.由压型钢板和混凝土组合成的隧道二次衬砌结构.河南.CN102758637A[P].2012-10-31

[100] 马晓明，等.超长混凝土结构收缩裂缝控制方法和结构.北京.CN106639321A[P].2017-05-10

[101] 邵剑文，等.一种采用隐式裂缝诱导插板的超长混凝土墙体裂缝控制设计方法.浙江.CN106703224A[P].2017-05-24

[102] 杨文军，嵇康东，白才仁，蔡庆军，郝盼盼.准直永久点结构及其施工方法：上海，CN103233465A[P].2013-08-07.

[103] 柯明，殷立新，董岚，黄开席，韩庆夫，盛伟繁.北京同步辐射装置准直测量控制网的设计与优化 [J].测试科学，2007，2：122-124+181.

[104] 何晓业，王巍，汪鹏，许少峰，姚秋洋.合肥光源升级改造准直控制网方案设计及实施 [J].核技术，2013，10：11-15.

[105] Mikhailov，S. Ya.；Grozov，V. P.；Chistyakova，L. V.. Retrieval of the Ionospheric Disturbance Dynamics Based on Quasi-Vertical and Vertical Ionospheric Sounding[J]. Radiophysics and Quantum Electronics，2016，10：341-351.

[106] Zheglova，P；Danek，T. Asymptotic full waveform inversion for arrival separation and post-critical phase correction with application to quasi-vertical fau lt imaging[J]. Geophysical Journal International，2013，5：886-897.

[107] 贾振华，尚超，张社荣，等.盖挖逆作法基坑开挖对地表沉降的影响及控制措施研究 [J].交通运输研究，2015（5）：7-11.

[108] 王建秀，刘笑天，刘无忌，宋东升，胡明治.一种基于立体帷幕——井群体系的基坑防渗水及沉降控制方法：上海，CN105421498A[P].2016-03-23.

[109] 瞿成松，陈蔚，黄雨.人工回灌控制基坑工程地面沉降的数值模拟 [J].中国海洋大学学报（自然科学版）自然科学版，2011，41（6）：87-92.

[110] 谢弘帅，顾宝洪，谢永健.双液注浆在基坑相邻建筑沉降控制中的应用 [J].建筑结构，2007（1）：502-504.

[111] 骆祖江，张月萍，刘金宝.深基坑降水与地面沉降控制研究 [J].工程数学学报，2004，23（2）：47-51.